KITCHEN

奈潔拉的廚房

TK

Also by Nigella Lawson
同出自廚房女神奈潔拉羅森

HOW TO EAT
THE PLEASURES AND PRINCIPLES OF GOOD FOOD

HOW TO BE A DOMESTIC GODDESS
BAKING AND THE ART OF COMFORT COOKING

NIGELLA BITES

FOREVER SUMMER

FEAST
FOOD THAT CELEBRATES LIFE

NIGELLA EXPRESS
GOOD FOOD FAST

NIGELLA CHRISTMAS
FOOD, FAMILY, FRIENDS, FESTIVITIES

NIGELLISSIMA
廚房女神奈潔拉　義式美味快速上桌！
INSTANT ITALIAN INSPIRATION

SIMPLY NIGELLA
簡單而豐富•快速又滿足　奈潔拉的140道療癒美味

奈潔拉的廚房

KITCHEN

最棒的食物，出自家的中心。匆忙日常也能安撫脾胃的190道！

NIGELLA LAWSON
廚房女神奈潔拉羅森

LIS PARSONS 攝影

系列名稱／EASY COOK
書　名／奈潔拉的廚房：
最棒的食物，出自家的中心。匆忙日常也能安撫脾胃的190道！
作　者／奈潔拉羅森 NIGELLA LAWSON
出版者／大境文化事業有限公司
發行人／趙天德
總編輯／車東蔚
翻　譯／胡淑華
文編・校對／編輯部
美　編／R.C. Work Shop
地址／台北市雨聲街77號1樓
TEL／(02)2838-7996
FAX／(02)2836-0028
初版日期／2018年1月
定　價／新台幣980元
ISBN／9789869451444
書　號／E109

讀者專線／(02)2836-0069
www.ecook.com.tw
E-mail／service@ecook.com.tw
劃撥帳號／19260956大境文化事業有限公司

原著作名 KITCHEN
作者 NIGELLA LAWSON
原出版者 Chatto & Windus

國家圖書館出版品預行編目資料
奈潔拉的廚房：
最棒的食物，出自家的中心。匆忙日常也能安撫脾胃的190道！
奈潔拉羅森 NIGELLA LAWSON 著：-初版.-臺北市
大境文化，2018 512面；19×26公分.
(EASY COOK；E109)
ISBN 9789869451444
1.烹飪 2.食譜
427　　106017064

FOR MY FAMILY
獻給我的家人

Contents 目錄

Introduction 前言 XII

廚房對我的意義，以及我爲何以廚房爲家

Kitchen caboodle 廚房大閱兵 2

使生活輕鬆一點的工具與設備

Kitchen confidential 廚房機密檔案 14

在烹飪生涯中傳承下來或學習到的秘訣、捷徑和習慣

Part I: Kitchen Quandaries 廚房難題

What's for tea? 晚餐吃什麼？ 22

增添新鮮感的最愛全家餐

Hurry up, I'm hungry! 快點，我餓了！ 54

幾乎沒時間做飯時的晚餐選擇

Easy does it 慢慢來 84

如何在幾乎忙瘋的同時，還能把朋友們餵飽

Cook it better 煮得更好 126

能夠充分利用廚房材料的食譜，以及如何取悅味蕾並滿足口腹之慾

My sweet solution 我的甜蜜配方 156

解決問題的甜點布丁

Off the cuff 常備材料的即興晚餐 186

櫥櫃、冰箱和冷凍庫裡挖出的大餐

Part II： Kitchen Comforts 廚房慰藉

Chicken and its place in my kitchen
雞肉與它在我家廚房的地位 220
我母親的傳承以及家的味道

A dream of hearth and home 爐火與家的夢想 236
利用周末烘焙擺脫工作日的忙亂，並找到溫暖與耽溺的慰藉

At my table 我家餐桌 316
放逐晚餐宴會，找到廚房裡的滿足，得以享受歡聚與烹飪

The solace of stirring 攪拌的慰藉 350
義大利燉飯的放鬆之路

The bone collection 食髓知味 362
可以盡情用牙齒咬下的美味，食肉主義者的喜悅

Kitchen pickings 廚房手指小點心 410
當我不想準備整頓大餐時的另類選擇，給無法應付開胃小點心的朋友－
簡單的雞尾酒和聚會小零食

The cook's cure for Sunday-night-itis
爲周日夜晚準備的廚房解答 446
舒適滿意、提供安慰和力量的晚餐食譜，將昨日的晚餐轉變成明日的力量

Acknowledgements 致謝 474
Index 索引 476
Express Index 快速食譜索引 486

NOTE FOR THE READER 讀者須知

- 所有的雞蛋都是大型、有機的。
- 含有生蛋或未完全煮熟蛋的菜餚，不應讓體質虛弱或免疫系統欠佳的人食用，如懷孕的婦女、老年人和幼童。
- 所有的黑巧克力，應含有70%以上的固體可可（cocoa solids）成分。
- 所有的橄欖油爲一般種類（regular，而非特級初榨extra-virgin），除非另外註明。
- 所謂的早餐杯（breakfast cup），約爲量（measuring jug）裡的250ml。
- 若要保留剩菜，應在冷卻後馬上覆蓋冷藏或冷凍，不可超過指定的保存期限。重新加熱後，絕不可再度冷藏或重覆加熱食用。
- 若沒有特別註明，則不建議事先準備或冷凍。
- 製作果醬或糖漿時，要特別小心，須全程觀看爐火，除非有特別說明，否則不可攪拌。
- 特殊材料或用品的供應商名單，可參考我的網站：www.nigella.com
- 需要查看可在30分鐘內完成的快速食譜時，請翻到**第486頁**的Express Index快速食譜索引。
- 動手前，務必將食譜從頭到尾看過一次。

編註：

1. 本書中若無特別標註，所有配方中的萊姆爲綠萊姆 lime；檸檬爲黃檸檬 lemon。
2. 磨碎果皮（zest）是指以超細刨刀（fine-grade grater）磨下果皮表面黃色的部分，成爲果皮細屑後使用，請勿磨得太深，白色的中果皮會有苦味。
3. 本書中使用的麵粉均爲 plain flour 中筋麵粉。
4. 份量未註明的材料，則表示可依個人的喜好而定。

Dragon Chicken

Dragon chicken
4 hot Thai red chillies,
split lengthways
7cm - 2½ inch piece
ginger, peeled and
finely sliced
3 cloves garlic, peeled
3 onions, cut in 1cm
slices

INTRODUCTION 前言

廚房對我的意義，以及我為何以廚房為家

我想要寫這樣的書很久了。最初的想法在十年前開始萌芽，接著便持續不斷地在爐子上小火醞釀著。也許我就是需要在廚房裡待得更久一點，才能動筆。我工作的廚房，其實不只一個，雖然各不相同，但它們都有一個共同的特色：是個讓我感覺像回到家一般舒適自在的地方。

如果以此做爲本書的起點，也可以說，我從來沒有偏離過這個主題。我知道我們不可能反證論述，不過還是讓我試著從相反的角度來告訴你，這本書不是什麼。它不是一本工具書或使用手冊；它不是生活方式指南或富有野心的論文；它也絕對不是一本社會史，雖然我相信所有的食譜書最後都免不了是一種社會史；關於食物的任何歷史，無可爭辯地自然是我們生活方式和身分認同的歷史。事實上，這本書只是我和廚房美味關係的故事而已。不論你怎麼稱呼和目前流行的文學類型(悲慘的回憶錄)相反的主題，我這本書屬於這一類：帶給我身心慰藉的編年史。

然而，請聽清楚：我的重心，並不在鼓吹一種強烈的信仰，認爲烹飪本身具有一種內在的道德感，或能顯露出目的感和崇高美德的基本純潔精神。絕對不是：我從不認爲享用他人爲我準備的食物，有什麼好內疚的－只要我喜歡吃就好－就像我也不會因爲沒有自己縫衣服，而是買衣服來穿而覺得罪惡。那種帶著宗教般狂熱、喜歡批判且自視甚高的人，我認爲，似乎來自廚房裡，不，應該是廚房外的幸福生活。我不是覺得自己應該下廚才做菜的，而是純粹因爲自己想要。當然，有時候我也不想進廚房，這就是現實生活。現實有時勝過浪漫，雖然我說過，現在再一次宣誓：廚房並非我要逃離的地方，而是我逃離生活的避難所，但是我仍然承認，有時候，想到要下廚並不會讓我特別開心或興奮。

經過了感覺像是一輩子的烹飪工作後，我的心得是：在廚房通用的眞理，到了廚房外一樣適用。這是我終生奉行的金科玉律，恐怕這也不會是你聽我最後一次這樣說。如果聽起來帶點素人哲學(homespun philosophy)的味道，我很抱歉，但事實如此。所以，雖然有時候－辛苦了一天的晚上，或我眞的累到連坐直身子都是一種挑戰－我不像平常那樣意氣昂揚地踏入廚房，但只要一開始動手，我就想不起來當初自己究竟在害怕什麼。在廚房之外，我們在生活中所遭遇的許多責任和義務，也是一樣。恐懼－害怕令人失望、覺得自己不得體和遭逢失敗－似乎時時綁架著我們，使我們忘記了從經驗中學習到的眞理：因爲恐懼而逃離，只會讓我們更害怕將來要面對的一切。也許有一天，我會寫一本書叫做：「感受恐懼，但還是動手煮吧。」其實仔細一想，我寫的每本書裡，多多少少都反映了這個終極訊息。

60
5
10
15
20
25
30
35
40
45
50
55
12
1
2
3
4
5
6
7
8
9
10
11

我知道爲何烹飪這件事讓人害怕，爲何廚房帶來壓力而非慰藉。我相信，部份的原因來自當今人們對名廚的崇拜，這個時代似乎瘋狂地追求完美，無疑是雪上加霜。我並非名廚(chef)，若是有人如此稱呼我，我必驚愧不敢當，眞心地對這個「專家」的角色抵死不從。我一次又一次地說過，但彷彿永遠說的不夠：要是我們眞的需要資格和專業認證才能踏進廚房，人類早就絕種了。

記得看過一集餐廳實境秀(這樣的節目可多了)，令我印象深刻：參賽者被要求做出一道義大利蘑菇燉飯，但每個人的成品都大不相同，因此被裁判羞辱了一頓。我明白，在餐廳裡的廚房，當然必須要求品質一致，但對我來說，每個人的作品都有一點差異，有自己的風格，正是家庭烹飪眞正的基本精神。在廚房裡不依照專業的標準，並非顯示出侷限性，而是表現出自我的獨特性。

一個眞正的名廚，若是被迫要在我的廚房工作，一定會同時中風加精神崩潰。工作台上堆滿了東西，鍋具的擺放凌亂，而且每過一天更亂(而且，我不懷疑這個廚房一定不會通過健康與安全檢查，以及人體工學標準)。可是我喜歡我的廚房，這裡比較像是我的窩，而不只是一個房間。我的廚房充滿了線上購物和意外發現的特價戰利品－特別的瓷器、餐具、古色古香的小東西、放不進抽屜或櫥櫃，所以留在外面的厚重燉鍋－這些東西我全都喜歡，正因爲它們物超所値，不相搭配卻各有特色。廚房的凌亂正是它迷人之處，所以何必擔心它不像餐廳的廚房一樣光潔整齊？它本來就不該這樣。在我掛鍋具的橫桿上，還留有我八年多前教孩子認時間的卡紙時鐘，現在我也無法將它移除了，因爲它是我們共同歷史的一部分；這就是廚房對我的意義。

我們都夢想擁有完美的廚房，有滿足各式用途的櫥櫃鍋爐等、光潔的工作台和最新式的設備。空間大，但仍感覺溫暖舒適，並且明亮，它最重要的功用，便是當作我們理想生活的背景。但是，這種廚房我從未踏入工作過，更不用說爲它寫作了。

不論爐具的種類爲何、有多危險，你都得開火動工。不管空間多小，你也都得將就。即使設計退了流行，也還是得在這料理。不管是怎麼樣的廚房，它都可以發動。我最珍藏的烹飪記憶，有些就來自租借的康瓦爾 Cornwall 度假小屋裡的廚房，我在那裡可是端出了許多大餐。它的電子火爐(用電發熱、而非瓦斯)不只不熱，還不斷自行熄火。一個烤箱十分滾燙，另一個烤箱又不夠熱，我必須不斷在烤箱和電子爐之間走動，確保一個不會燒焦，另一個不會又熄了火，我覺得自已不像在做菜，而是像魔術師一樣，得憑空變出食物來。刀子和鍋子的品質欠佳、數量不夠，但這些都不重要，因爲廚房是－不論如何簡陋陌生，只要在裡面烹飪過幾次，便能成爲你爲自己營造出的，一個安全舒適的地方。

不只如此。廚房不只是我做飯的場所，也是我生活的地方。廚房裡那種持續運轉的動能，似乎能夠吸引人們。我發現，既是活動中心又是避難所的廚房，總比其他地方更能讓人暢所欲言。也許是因爲當你做飯時，仍然可以說話、傾聽，但又不會讓需要被傾聽的

那個人，覺得你把全副的注意力放在他身上。我發現，當我在廚房邊切蘿蔔邊攪拌濃湯時，最有機會聽到孩子告訴我他的困擾，或是讓有心事的好友抒發一下。比起將專注完全放在某人身上，一邊忙著手上的事，一邊傾聽時，似乎反而自然地讓溝通更加良好。

你可別誤會：廚房不只是避難所或一個溫暖舒適的洞穴。它比屋子裡的其他房間，更歡迎引入外界的新事物，這便是它一部分動力的來源。你可能不會定期爲客廳的沙發增加新的坐墊，或每兩周在走道掛上新圖片，但廚房需要定期持續的補給。我承認自己不是很愛整齊的人，但對我來說，買回來的菜已經成爲廚房布置的一部分了：工作台上一瓶油的造型、一罐漂亮的小東西，讓我捨不得收進櫥櫃裡、桌上的一盆水果；東西不斷地出現和消失，廚房每天看起來都不一樣，卻依然熟悉。

我曾經寫過異教精神(paganism)的吸引力，我很喜歡在廚房裡感受四季變化，或許只是水果盆－裝滿櫻桃或小柑橘，或是滿溢深紫色調、溫暖秋末盛產的葡萄、無花果與黑莓－和蔬菜籃裡的內容物變化。對我來說，當季水果既是裝飾也是甜點。當廚房餐桌上放滿了最後收成的當令蔬果時，我可以開心地捨棄鮮花和布丁。而且沒有什麼是我覺得不能拿出來放的：要是看到漂亮的帶藤番茄，我會把它們放在蛋糕架或砧板上，公開展示出來（番茄本來就不該放在冰箱裡）。我並不反對鮮花，只要不干擾到食物的擺放和用餐，也不會擋到視線即可。事實上我喜歡的是，在陳舊、簡單的廚房瓶子裡，插入新鮮的香草或不招搖的小花，就像剛從花園裡摘下的。我沒有花園，所以營造假象是必要的。

我不怕在廚房裡加入一點俗套元素(kitsch)，到了傍晚，我抵擋不住彩色燈泡的誘惑，讓那珍珠白到辣椒紅的各式色調，將廚房轉變成魔法寶窟。這種自負我還不討厭，我的廚房要能工作，也要有魅力。

在接下的章節裡，我試著儘量表達出我運用廚房的方式。總共分成兩部分，廚房難題和廚房慰藉，雖然我覺得要替上班日的一週訂出菜色，應該也是一種對難題的慰藉。同時，請您記得，我替食譜分類的方式－不論是快速的周間晚餐，或周日大餐－基本上遵從個人定義，而非硬性規定：我完全按照自己的生活和烹飪方式來寫作。不想爲自己設限，你也不該如此。我提出建議，而非規定。我盡量遵循實用的原則，若非如此，也無法在

廚房派上用場。因此，某些食譜下方有剩菜做得對(Making leftovers right)的附註，列出善用剩菜的方法。對我來說，這些部分就是家庭下廚者和餐廳名廚的差異，使我們更堅定、更有生產力。這種貪心的機會主義和精打細算，基本上就是眞實烹飪的主旨，也是本書的主旨。

廚房的精采生命，可以由許多不同的心情及菜餚展現出來，本書的食譜就是要呈現出，或說是，慶祝這一點。和我其他的書一樣－在我對本書有了寫作靈感，但仍在醞釀，之前和之後的作品－這本書的信念是，廚房是一個永恆提供慰藉的地方，從廚房端出來的食物，不只餵養身體，也滋養著性靈。

KITCHEN CABOODLE 廚房大閱兵

在我年輕時，甚至在這之前，依照法國古典食譜書的傳統，一部分的內容，稱爲 batterie de cuisine，也就是任何自命爲下廚者的人，都應具備的工具設備等，以減輕做菜的焦慮。別擔心，我無意強行加上權威式的命令，說眞的，你該爲廚房添購甚麼，完全是你自己的事。同時，這也不是完全操之在己的任務，開始擬採購清單前，我們就不得不受到一些限制，如預算、空間大小等。

總之，大多數的廚房用具都是一種奢侈，一種帶來愉悅的放縱；烹飪眞正需要的，不過是火、容器和能用來攪拌的東西罷了。但是，我要小心不要說得太嚴苛。畢竟，鞋子之於馬可仕夫人，就如同充滿誘惑的整套廚房用具(也包括食物類)之於我。我哪裡有資格叫你少買一點呢？對我來說，爲廚房裡的東西花錢，是生命裡最大的享受之一。雖然我不能完全免除奢侈之罪，許多工具的支出其實比衣服還少，而且還不用試穿。

不過即使不用花大錢，一不小心就很容易發現，廚房裡堆滿了自己想要、或以爲需要的東西。我的忠告是，如果收藏的問題超過使用的好處，就不要下手－就算你看到 ebay 上只賣一鎊。沒有甚麼比每次下廚時，都要從擠滿的抽屜和櫥櫃裡，費力抽出鍋鏟，更煩人的事了。若是爲了收藏一樣東西，而必須犧牲便利性，那最好就捨棄不要了。

同樣地(或許只因爲我是個懶蟲－不過是有背痛舊疾的懶蟲，所以情有可原)，不管這個鍋具多了不起，要是你的力氣就是拿不動，我覺得也不用麻煩了。我就是沒辦法對付笨重的道具。同樣的，需要特別照顧和維護的東西，最後也會把我打敗。我喜歡鑄鐵，這是廚具世界不易保養的冠軍，但我把所有的鑄鐵平底鍋都送人了，只留下一個，因爲它們的重量對我脆弱的手腕太過吃力，再加上養鍋(seasoning)的功夫，使我變得討厭使用這些鍋子，而不珍惜它們。

CAST-IRON SKILLET 鑄鐵平底鍋

ENAMELLED CAST-IRON COOKWARE 上釉鑄鐵鍋具

上釉的鑄鐵鍋具例外－雖然有時候當我將它從櫥櫃裡搬到爐子上時，會發出女網選手伴隨發球時的喊聲－因爲它們加熱食物的效果眞的很好，而且可以直接端上餐桌，省了上菜的容器和洗碗的工作。雖然如此，我得說它們眞的是令人心痛的貴。經過這幾年的陸續添購，我收集了一整套的上釉鑄鐵鍋家族，其中，小型和中型的鑄鐵圓燉鍋(直徑26cm/5.3公升以及直徑24cm/4.2公升)是我最常使用的，因爲它們通常就放在爐子邊。如果要我從其中只選一樣，大概會是常被稱爲自助餐燉鍋的那一個(我也不知道爲什麼)。這是一個寬口淺鍋，蓋子略呈圓頂型，用途極廣。我有兩個尺寸，用的通常是較大的那一個(直徑30cm/3.2公升)，但如果你常煮的是2人份的食物，小的(26cm/2公升)比較適合。

雖然上釉鑄鐵鍋很貴，但也耐用持久。事實上，我的一個鑄鐵鍋(我媽傳下來的)，是我爸媽在1956年的結婚禮物，難怪在美國，像這樣經得起時間考驗的美好禮物，稱為傳家之寶(heirloom pieces)。因此，你有兩種選擇可以考慮：第一種是既要省錢又不犧牲品質，就買二手的像這樣的高級鍋具(second-hand，在美國叫pre-owned)，就當作買懷舊品。就像我說的，50年代買的鍋子在我家都還耐用得很，就算你現在買的鍋子是舊的，我也不覺得有什麼關係。第二種作法，就是除了買昂貴高品質的鍋具以外，也可以買便宜貨，那就要有時時更換的心理準備。中間地帶，除非眞的有難以抗拒的設計，則根本不需考慮。平底深鍋、平底鍋和各式烤盤，更是如此。若是不考慮預算(在這個世界上很難吧)，全部都應使用銅底的(copper-bottomed)。熱度的確能夠更均勻的被導入，不易沾鍋；因此料理和清洗都會更容易。即使如此，我也還是有一兩個鍋子，得事先鋪上鋁箔再煮，否則就要泡水兩天，再刷洗40分鐘才行。

BUFFET CASSEROLE
自助餐燉鍋

PANS
平底鍋

不過(想想和飲食烹飪相關的花費，以及家裡有個餐廳的成本)，也別只專注在宴客需求上，而忽略了你日常飲食的模式，不論你多喜歡交際，還是有單獨一人不需排場的時候。此時，對每天的日常烹飪特別有幫助的，是一個小型烤盤(roasting tin)，必須能夠輕易容納一隻全雞。我認為，用大小恰好、沒有太多多餘空間的烤盤，來爐烤禽鳥或大型肉塊時，流出的肉汁特別濃郁，雞皮香酥，朝上的雞胸部分，呈現出香酥的焦褐色；同時方便收藏，重量又輕。我最喜歡的是直徑28cm的圓形烤盤，能烤出完美全雞，在飢腸轆轆的晚餐時間烤出各式香腸、香腸鹹布丁(a toad in the hole 蟾蜍在洞)、12片羊肉排、兩人份的爐烤晚餐等。如果餐後清洗的工作比準備晚餐還要吃力，我會覺得很蠢。如果你覺得，找一個常見的長方形烤盤比較容易，那我會選30×20cm的。另外，請翻到**19頁**廚房機密檔案(kitchen confidential)的筆記，參考烤盤的另一種選擇：可拋棄式的鋁箔盒(foil tray)。

ROASTING TIN
烤盤

現在來看看現代生活必備的：不沾平底鍋。我相信，每個人都缺少不了一個品質優秀的不沾鍋，但是不沾鍋的本質就是：我們通常找不到一個讓人完全滿意的。是，這幾年來不沾鍋的品質已大幅改善，但事實上，就算買了最上等的不沾鍋，除非你在烹飪時完全不用金屬器具，清洗時只用特殊不磨損的刷洗器，否則它的壽命仍十分有限。我還沒遇到過不需替換的不沾鍋，雖然我對待鍋子的方式，也許比別人更粗暴一點，但我也曾聽說，其他人常有類似的經驗。但我並不放棄，我喜歡不沾鍋，尤其是把手可以拿掉的，或是附耐熱(ovenproof)把手的，這樣就可以在加熱煎封肉汁(sear)之後，直接送入烤箱，進行爐烤、烘焙、慢燉或炙烤。我還需要一個不沾中式炒鍋(wok)，我知道這並不道地，但我就是沒法應付眞正的中式鐵鍋，老是黏鍋，還把鍋子刮壞。不沾中式炒鍋，還能方便地用來做義大利麵醬汁、西班牙海鮮飯等，因此用途很廣。對我來說，其他必備的不沾鍋具，還包括不沾橫紋鍋(griddles)：一個有橫紋(煎肉用)、另一個是光滑的(煎薄餅)。不過

FRYING PAN
平底煎炒鍋

WOK
中式炒鍋

GRIDDLE
橫紋鍋

當我說必備，也只是從現代生活重消費的角度出發。事實上，沒有哪一個物品是絕對不可或缺的，它們都是當代社會滿足人心需求的產物，日常的奢侈用品。

我在烘焙領域的起步相對地晚，但也因此總是懷抱著皈依教徒的澎湃熱情，從我的烘焙器具便可看出。我每次打開櫥櫃，都是冒著被瑪德蓮模（madeleine moulds）、塔圈（flan rings）、活動蛋糕模（springform）、邦特蛋糕模（bundt tins），以及五彩繽紛的瑪芬紙模等淹沒的危險。別擔心，我不是要你如法炮製，備齊每一種烘烤模具。只有你知道，自己多常烘焙。如果你不知道，或是你並不烘焙，就不用看下去，直接跳到下一段。否則我會說，一套基本的模具，包括一個12份的馬芬連模、一個900g（2lb）的吐司模、搭配這兩者的防沾烘焙襯紙（paper cases，見**第14－15頁**廚房機密檔案，有防止蛋糕沾黏的額外說明）、兩個20公分的淺圓模（sandwich tin）、一個23cm 活動蛋糕模，和一個超級省事的邦特蛋糕模（bundt tin，是這個模具的形狀立了大功）。不過請注意：這個漂亮的玩意兒可是會讓人買上癮的。

BAKEWARE
烘焙用烤模

專業廚師特別挑剔刀子。真的，他們會隨身帶著自己的刀子到處跑。專不專業且不論，我可不是那種廚師，雖然有偏愛的刀具，卻也不打算因此拜物成癖。我也不認爲刀子需要很多把：一把小蔬菜刀、一把中型的刀子、如果你要的話，再添一把介於廚刀（hacking knife）和剁刀（cleaver）之間的，刀身短而寬，尾端變尖，這樣就夠用了。最後一把刀不是用來進行什麼可怕的屠宰工作，而是用來切厚重蔬菜、起司蛋糕和分切肉塊。刀子鋒利，事半功倍，就像剛維修過的車子，但磨刀是我不擅長的事。以前還有磨刀師傅，挨家挨戶地來拜訪，我還記得他們來過我外婆家（還有騎著單車的法國人來賣洋蔥－眞的，不開玩笑），所以如果有人帶來磨刀器，我是毫無招架之力的。

KNIVES
刀子

還有，分切叉（carving fork）是蠻好用的，不過一般的叉子也行，最好用的還是一對三齒叉（trident-like forks）。我有兩把，20年前在市中心買的，每次我做爐烤肉類，一定會用到，將肉從烤盤移到砧板上，也用來固定（當我笨拙地分切時）。其實最好不要將肉的表皮戳破，因爲我們希望肉汁被完整的封鎖在裡面；讓我能夠拿取大型肉塊的唯一方法，便是單獨使用隔熱手套，而非其他工具。當然也有壞處（順便一提，我覺得最好用的烤箱手套，是使用一種有襯墊的矽膠做成的，可以用洗碗機洗）。

CARVING FORK
分切叉

OVEN GLOVES
隔熱手套

有一種刀子是我不可或缺的：香草刀（mezzaluna）（每次短期租借度假小屋，面對不熟悉的設備時，總會帶上一把）。這種半月形（Luna 名稱的由來）、雙把手的刀，被許多人認爲是專家級的配備，但這對它並不公平。我承認，它給人的第一印象，並不是平易近人，甚至有點可怕，但你仔細思考就會發現，這正好是專家級選擇的相反。我是一個十分笨拙的人，就是紐約客所稱的 complete klutz（笨手笨腳）；但當你使用這種刀子，來切香草、蔬菜、巧克力、堅果等，便會發現雙手都必須用上，也就不可能會切傷自己。

MEZZALUNA
香草刀

KNIFE STORAGE 存放刀具

至於存放刀子的方法，我使用有磁性的厚重金屬條，黏或掛在離爐子最近的牆上。這個方法的好處之一，是香草刀也可吸附上去。其他任何方法，我覺得都不恰當。唯一勉強可考慮的是木製刀盒（knife block），但我對它的偏見之一，是它佔據工作台上的空間，而且一個根本不夠。最糟的方法（雖然是最安全的），是將刀子放入抽屜。然而，我真的做不到，因爲每次用完，就要將刀子套上保護套再放進去，眞的太煩人了；所以最後會變成，你（或我）乾脆不加套子，但是，這樣又容易割傷自己（或別人）的手。若是家裡有小孩，更要小心。當然，你可以上抽屜鎖，但放刀子的抽屜，會是你最常開的，加鎖會把人逼瘋。

不，一兩個有磁性的刀子金屬條，特別堅固的，才是唯一解答。刀子可以緊緊地黏在高處的牆上，只有你拿得到。不錯，一開始我也有點怕，不想把潛在的武器掛在廚房，來歡迎第一個光臨的小偷、強暴犯或連續殺人犯，最後我決定，不去擔心這種事，無論如何，總是比在抽屜裡亂抓一通好。

DRAWERS 抽屜

說到這裡，我理想中的完美廚房，或說是在這個不完美世界裡，盡可能實現的（符合我們大多數人期望的），是盡可能地捨棄抽屜。眞的，我相信廚房裡的抽屜越少越方便。我發現，雖然我知道抽屜裡裝了甚麼，每次要找某樣東西時，幾乎總是開錯抽屜。就算開對抽屜了，拿出來的也不是我要找的。我的建議是，抽屜盡量小，也就是淺。每個人都以爲抽屜要大，才裝得下各式各樣的東西，但其實你只是讓自己每次找東西更麻煩而已：本來以爲空間大、好用的抽屜，會變成雜亂的災區。我連刀叉都沒法放入抽屜裡，我將刀子、叉子和湯匙，分別放在有洞的容器裡，像在工作台上裝飾了三把怒放的金屬鮮花。我唯一特別準備的抽屜，就是我所謂的馬克杯抽屜，這是一個很大的抽屜（但不深），一層可裝入許多馬克杯。我不喜歡懸掛式馬克杯樹（mug tree），把杯子都堆在工作台上又十分麻煩，所以我發明的馬克杯抽屜（在好幾個廚房之前），對一個喝茶上癮的人來說，十分珍貴。

CUPBOARDS 櫥櫃

另外，使表面（字面上和比喻上的意義都是）的事物更加複雜，我也盡量縮減廚房裡櫥櫃的數目。從空間頗小（眞的很小）的廚房開始，我一直覺得，櫥櫃只是增加壓迫感，使空間更窄小。當然，完全沒有櫥櫃也行不通，但在小型廚房裡（其他的廚房也是一樣），櫥櫃最好設在工作台下方。並不是說，剩下的空間都要保持空白－我還從來沒用過這樣的廚房－但何不做些開放式的架子？我已經是不那麼愛整潔的人了，就算是一堆烹飪書都比有壓迫感的櫥櫃門好。

另外，還要考慮可供懸掛的空間。任何牆面都可以用，我會釘上橫桿，掛上各種鍋子、鏟子、量杯、濾盆、過濾器、剪刀等，只要是可以掛的都行。若是牆面不足，可以在天花板釘上橫桿，將物品懸掛在爐子上方。

我知道有些比我更實際的人，擔心脂肪、油煙和灰塵等髒東西的問題。秘訣是，像我一開始強調的重點一樣，只掛你常用的東西，這樣它們就會經常被清洗。而且現在是洗碗機的時代了，只要一個循環，通常就可以把一堆髒東西洗乾淨。

當然，這項精明設計理念背後最大的障礙就是，我們的廚房，與其尺寸大小，通常都是從前任屋主繼承下來的；但話又說回來了，將一些櫥櫃門拿掉、整理一下雜亂的部分、添加一些懸掛橫桿等，也算不上大工程。

FOOD PROCESSOR 食物處理機

FREE-STANDING MIXER 直立式電動攪拌機

像廚房一樣，這本書也講求時間和空間的控制。若在此詳細列出每樣我建議購買(或避免)的器具，你也不會感謝我的。這樣也好。但若是不告訴你，有那些東西，對我的廚房生活助益良多，也令我不安心。先從重量級的談起吧，包括食物處理機，和直立式電動攪拌器(free-standing mixer)。沒有人說，這兩樣東西絕對必要，但需要切割大量食材時，食物處理機的幫助眞的很大。直立式攪拌機，則能使烘焙工作更輕鬆；它的另一項優點是(和食物處理機不同)，設計優美，可直接留在工作台上當作裝飾，不致讓人看了心煩。食物處理機應收納起來，但方便拿取，若每次使用時，都需要大費周章，不如不要買。在製作濃湯時，果汁機(blender)比處理機更好用。

STICK BLENDER 手持式攪拌棒

ELECTRIC WHISK 手持電動打蛋器

以上這三種器具，也有比較便宜的替代品，首先是手持式攪拌棒(stick-/hand-blender)，它具備處理機和果汁機的功能，處理小份量的食材，效果更好。第二個是手持電動打蛋器，藉由你的幫助，能夠替代直立式電動攪拌器。我並不反對刀子、砧板、碗和木匙，只是有時候，電動機器眞的使人輕鬆不少。

THERMO METERS 溫度計

雖非高科技、但也值得考慮的道具(即使你認爲自己做菜時隨興、不講求精準)，是烤箱溫度計。你會驚訝地發現，固定在烤箱上的顯示溫度器根本就不準。而且每個烤箱都不一樣，有的就是比較熱或比較冷，外面的溫度設定只是參考用。當然，經驗是很好的指標，但若能以更科學的方式來測量更好。煮肉溫度計也是不錯的投資，這樣就不用把肉切開來檢查，是否已煮到想要的熟度。我通常用的是按壓法－如果肉輕易地彈回來，就是三分熟 rare，若是可以壓下去一點，就是五分熟 medium, 若是根本壓不下去，就是老鞋皮革。不過有時候，你就是想要更明確的知道。

VEGETABLE MILL 手動食物研磨器

POTATO RICER 壓薯泥器

另外，我還有一些低科技的器具：手動食物研磨器(vegetable mill)，在很多方面都優於食物處理機或果汁機，尤其是需要將蔬菜過濾和研磨成泥狀時，它可以同時完成這兩樣工作，而且製作薯泥很好用。不過要做出完美的薯泥時，我會用壓薯泥器(potato ricer)。它在美國很受歡迎，但我的(大部分)是義大利製的。這個東西有圓柱形杯，底部有小孔。中間有把手相連，上臂可以把蓋子壓入杯中，像大蒜壓泥器一樣，把馬鈴薯裝進去以後，壓下把手，馬鈴薯泥就從細孔中出來，像米粉而不是米。一次只能放入一個馬鈴薯，然後從細孔擠出，聽起來似乎頗爲費事，但並不會，它的好處是，馬鈴薯不需事先削皮。擠出馬鈴薯泥後，皮會留在杯子內部，取出(用刀尖很方便)丟棄後，再進行下一個。

同樣的，我覺得用食物處理機來磨碎食材，也很辛苦。不在於過程，而是事後的清洗善後，更爲累人。我的橫桿上，掛有各式研磨棒(Microplane graters) －細孔的磨大蒜、薑和帕瑪善起司；粗孔的磨切達等起司－抽屜裡有舊式的手動旋轉式研磨器(rotatry grater)，如果所要的起司需要測量，或份量大過我的研磨耐心時我就用它。

GRATERS
研磨器

我發現我的打蛋器(whisks)永遠不夠多，我的廚房裡有各式種類的，但我最常用(還會帶到別人家裡去)的，是一種稱爲magic whisks的小型打蛋器。最基本的造型是，小不鏽鋼把手附上一把圈狀鋼絲，外面又有一層圈狀鋼絲，有點像小孩子畫的鬍子。這種基本打蛋器，可以用來製作醬汁、乳化調味汁、移除結塊、打發煎餅糊等等。

WHISKS
打蛋器

另外兩個我覺得永遠不嫌多的工具，是剪刀和小湯匙(teaspoons)。不管買了多少，似乎總是一個接著一個地消失。我知道有一天，一定會發現一個秘密櫥櫃，裡面堆滿了剪刀和小湯匙，但在那之前，還是得持續補貨。不用買貴的，普通便宜的廚房剪刀即可勝任一切工作，包括剪全雞。我也毫不介意使用塑膠或美耐皿湯匙，事實上，我很喜歡，我把它們放在舊式法國陶製優格罐裡，或其他在線上或旅遊購物找到的特殊容器裡，再擺在工作台上(既然你問了，就告訴你是放在熱水壺旁邊)。

SCISSORS AND TEASPOONS
剪刀和小湯匙

另一項在我的書裡絕不能缺少的道具是－很多的塑膠夾子，用來封好打開的包裝米、北非小麥、冷凍豌豆等。它們很便宜，並且避免了昂貴惱人的傾倒意外開銷。

CLIPS
夾子

基本工具列表上的最後一樣，是計時器(timer)，要好幾個。必須要能帶著走的，否則若是需要一直守在廚房，便喪失了賦予它自由的目的。

TIMER
計時器

只要是廚房相關的器具，很容易說服我下手買，但其實眞正值得買的並不多。不過有一樣東西，是我以前覺得不必要的奢侈，現在卻少不了，就是電子鍋。所有以米飯爲主食的文明，都有專屬的煮飯電器，並非巧合。無論基本或豪華款，眞的有用。要買的話，在一般的蒸煮功能之外，最好還能保溫。我告訴你，回到家只要把米和水倒入電子鍋，打開開關，就可以走開完全不用管它，眞的是超級方便的事。不管是給小孩準備吃的，或是宴會都很實用。我保證，如果有人剛生小孩，你和同事好友合夥起來送一個電子鍋給她，會比其他的嬰兒用品還要貼心。我生完第一個小孩時，只吃起司和巧克力，生第二小孩的時候，我已經有電子鍋了，就勉強可以吃得健康一點。當小孩還小的時候，我會先把電子鍋啓動再出門，我知道我可以在球池、游泳池、公園、博物館等地方待上好幾個小時，回到家時，飯菜就差不多準備好了。只要再加上一點玉米、雞肉絲或胡蘿蔔絲就行了。現在，當我疲累不堪又要煮晚餐時，便打開電子鍋，馬鈴薯也不用削皮，也不用一直看顧爐子還是烤箱裡的鍋子。同樣的，剩飯剩菜也是一個熟悉可靠的開關就可搞定。

RICE COOKER
電子鍋

在我太過自滿前，我也列出了一張清單，這些東西，我貪心地買回家後，就放在樓梯下方的櫃子裡積灰塵，等到再也忍受不了，才放棄捐到慈善二手店裡。我滿懷愧疚地承認，有些連暫時棲身在櫃子的時間都沒有，就原封不動外箱嶄新的送出去了。

MY KITCHEN GADGET HALL OF SHAME
廚具揮霍罪狀

半夜失眠，對寫食譜很有幫助，卻無法協助堅持購物時的理智。仔細查看以下清單，赫然發現，許多都是我在半夜上網購物的瘋狂戰利品。因為夜半造成的神智不清、受到新奇產品的引誘、失眠的焦慮等都影響了我，使我的頭腦混亂，結果也造成櫃子裡的混亂。

SUPER-PROFESSIONAL ELECTRIC ICE CREAM MAKER
超級專業電動冰淇淋機

我買這個倒不是出自午夜瘋狂。是我親自造訪大型營業用餐飲器具賣場採購的。我必須要說，這不只是一項物品，簡直算得上是廚房裡的藝術裝置。大而美，能夠做出任何你想要的冰淇淋。然而，雖然屬於營業用機種(因此體積龐大)，但一次能做出的冰淇淋，分量並不多。還有，因為容器不能分離，所以事後清洗很麻煩。俗話說：技不精怪工具。我不常自己製作冰淇淋，因此無法忍受這台機器每天擺在工作台上，用閃亮而帶著怨懟的眼神看著我。因此，我發明了**180頁**的免攪拌冰淇淋 no-churn ice cream；同時，這台機器也要從樓梯下積灰塵的櫃子，搬到一個樂觀好友的鄉間廚房去了。

HEALTHY-EATING ELECTRIC GRILL
健康電動炙烤爐

我知道，我知道 ... 我到底在想甚麼啊？我在騙誰？當然是我自己呀。就像 Samuel Beckett 說的(在這個情況下，似乎再也找不到比他更錯置的代言人了)：世界上大概沒有什麼比節食開始的頭幾個小時，能給人更多虛假的希望。所以沒有什麼比在失眠而頭昏腦脹的夜晚想像明天開始節食的光明前景，能激發更多愉悅的幻覺(肚子填飽時考慮節食的問題，似乎很能使人興奮起來呀)。我強烈懷疑，就是在這樣的夜晚，我將這個不想要的東西迎進了家門。不是它的錯，至少烤爐本身沒有問題，就像分手信裡常說的，問題不在你，在我。雖然我還是有點不好意思把它捐給了樂施會(Oxfam)，希望對雙方所帶來的益處，勝過其中的諷刺性和低劣品味。

ELECTRIC BREAD MAKER
電動麵包機

我絕對不會自己去買一台的，因為(1)做麵包的過程中，我最享受的就是揉麵團這件事了(2)我不認為一天任何時刻都有條熱呼呼的新鮮麵包等著，對我是件好事，但是我的兒子－那個時候只有十歲－在朋友家過夜後，回來哀求我一定要買一台，還指定了品牌和型號。當然我不該立即屈服，但我無法拒絕他對廚房事物表現出的一丁點興趣。但是，這款麵包機在廚房擺了一整年，總共也只用到三次而已，接著就被送到 Great Bakery in the Sky 了。**第86頁**的愛爾蘭燕麥麵包(Irish Oaten Rolls)不需要酵母、揉麵或機器，更讓我堅信我最後的選擇是對的。如果你對手做麵包這件事很緊張，喜歡麵包機在晚上幫你把麵包做好，那就忽略我的偏見吧。

ELECTRIC JAM MAKER
電動果醬機

我沒有藉口，也不能怪任何人。對不起，我眞的不知道當初怎麼買下它的。雖然我不介意在廚房裡有工具的幫忙，但我眞的不要機器來幫我製作任何東西。而且，我蠻喜歡做一點簡單的果醬(**第285頁**的什錦莓果果醬 Jumbleberry Jam 就是證據)。不過，和我一樣對購物上癮的人，也許能夠展現一點同情，瞭解我對於極具有說服力的廚具目錄，幾乎毫無招架之力。有些企業眞的太厲害了，能夠讓你罔顧理性和嘗試，讓你覺得，若是不馬上買下他們推銷的贅物，就無法繼續過活。這種特殊能力，値得我們大家讚賞鼓掌而非批判啊。讓我們開心得明白，這台機器甚至從來沒有開封過，就直接捐出去做慈善了。

ELECTRIC CHEESE GRATERS
電動起司研磨機

這是另一個讓我引以爲恥的戰利品，而且還蠻貴的。從價格，就應該猜到這是給專業人士用的。我以爲，這可以使晚餐時間研磨 Red Leicester 起司的工作，更輕鬆快速，卻沒想到，這是讓外賣店將整顆車輪般帕瑪善起司磨成粉末用的。我後來又買了一個，是家庭用沒錯，但沒那麼好看，且缺乏效率。活該，誰叫我這麼懶。我很樂意爲自己的愚蠢付出代價。除了手動旋轉式研磨器(rotatry grater)(見**第7頁**)，我絕對不會再愛上別人了。

ELECTRIC SLOW COOKER
電子慢燉鍋

當我年輕充滿熱情，整天在辦公室超時工作時，曾經擁有一台這個寶貝。記得有一次，我在清晨7：30，站在爐子前炒洋蔥燉牛肉，還因此嚇到來抄電表的人；做好的食物，接著放入燉鍋，直到晚上下班回家。那時留著它還有理由，即使我不喜歡表面會變黑變乾－但不懂怎麼現在又買上一台呢？因爲(1)我現在在家工作，所以烤箱的東西要小火煮多久都行，只要不需一直看著就好(2)如果3個小時就能煮到軟爛，有必要煮12個小時嗎？於是促成了另一項不經開封，就直接送去贊助世界的行動。

ELECTRIC SAUCE MAKER
電動醬汁機

我申辯的理由是，這是出自業務需求；上個世紀某時期，我曾替 Vogue 寫過一篇測試各種機器的文章。不過，這台荒繆的機器待在廚房的架子上很久，久到令我終於明瞭，我的生命裡不會有它，它的生命裡不會有我。我想，它現在大概還蹲在我捐獻的某個慈善店角落。

ELECTRIC WAFFLE MAKER
電子鬆餅機

好了，我完全明白購買這樣物品的背後動機，就是大家所熟知的樂觀主義和幻想，結合在一起就會使買家輕易上當。在周末我可以替15個小孩準備鬆餅，一點都不礙事(但是我的小孩現在都是青少年了，別說是一大早，會不會在早上起床都難說)，但爲我的三個小孩做鬆餅，比你想的還要累人。我知道都是我的錯－都是我不會用機器－但是誰要付錢來面對現實啊？更蠢的是，到現在它還沒有從櫃子搬到慈善店去，我還幻想著有一天，我會比大家都早起，準備全家的鬆餅早餐。

SOUP-MAKING SUPER-BLENDER
可製作濃湯的超級果汁機

自從某次在舊金山的商展看到這一台機器後，接著數年都無法對它忘情。那時候，這台機器在英國根本買不到，因此更吸引人。多年後(其實是不久前)，我突然豪氣大發，一口氣砸下大筆銀子。但是當它一抵達家門，我卻顯現出大量購物後的 tristesse (廣告人所稱的買後低潮)，很奇怪地和它覺得十分疏離。說實在的，我很怕用它，並不完全明白其中的許多指示。但我喜歡假裝，有天一定會征服它，它的花費比不上對廚房所做的回饋。也就是說，它保證會在樓梯下待上一段時間。

ELECTRIC SUPER-JUICER
電動超級果汁機

這個機器是在上一項超級果汁機之前買的，我老早就送給一個朋友，她覺得她需要開始一個持續節食喝果汁的新生活。我不知道最初購買的動機是什麼(那是很久以前了，久到記不得當時的心理狀態，但我猜不會太好)，尤其是現在我發現，缺少纖維、只有糖分的果汁，對人體並無益處(我猜，這就是我後來買了上一台果汁機的理由－因爲纖維會被保留下來)。而且這台超級果汁機，事後的清理工作可煩人了，每次用完，都要清理出許多果皮果肉。而且，這台機器無法幫你省很多錢：要餵飽這台飢餓怪獸，在水果上的花費可是十分驚人。

YOGURT MAKER

優格機

我想，它能夠短暫地棲身在廚房裡，是出自我的懷舊心理(我外婆曾經有一台)，以及網路風行的新世紀效應，使人相信，手工製作的新鮮優格，含有對人體產生奇蹟般效益的細菌。門都沒有。

ELECTRIC CARVING KNIFE

電動切肉刀

我不知道的是，若你不擅長切肉，給你一把電動刀，也不會使你切得更好，只是更危險。或許我該這麼說：我因此成爲一個極度危險、且切肉技巧低劣的下廚者。還有，可怕的持續噪音(我本來就是很怕噪音的人)，保證每頓晚飯都使人頭痛。然而有人告訴我，這種刀子最適合用來切冷凍麵包 ...

NIGELLA
BAKING
POWDE
½ CUP

How would you like your tea?

KITCHEN CONFIDENTIAL
廚房機密檔案

這是我自己整理出來的廚房快速秘訣和技巧，許多都是母親傳授的，其他則是我自己的發明－受到我人格的兩項特質所激發出來：貪心和沒耐性。這些特質，在日常生活中通常被視爲缺點，但在烹飪上，卻能刺激靈感。這種個性也是遺傳的。

BOILING WATER
煮水

♥ 有客人來用餐，或平常要煮一大鍋義大利麵時，我會先用後方的爐子將水煮滾，然後關火蓋上蓋子，這樣要開始動手時，就不用等上半個小時水煮滾；幾分鐘就夠了。記得，這種方法對任何需要大量滾水的料理（如義大利麵）都適用。

♥ 若只需要煮少量的義大利麵－如兩人份左右－或水煮蛋和吐司宵夜，我會把自來水加入平底深鍋內到1公分的高度，放到爐子上以大火加熱，一邊看著它煮滾的同時，一邊把水裝入電熱壺，加熱到沸騰。（等水滾的過程中，不要離開廚房）於是，等到你將壺裡的滾水倒進去時，鍋子和裡面的水也已經熱了（小心滾水噴濺，離火比較安心），不用等它重新沸騰。

BAKING
烘焙

♥ 我知道我曾反覆說過，烘焙的食材都應維持室溫，同時應該補充說明，攪拌盆也不能太冰。因此，攪拌盆裡可注入一點水龍頭的熱水，靜置10分鐘，倒掉、擦乾，再繼續。

♥ 若沒有烘焙噴霧（baking spray），來替蛋糕模等上油，可用一張廚房紙巾蘸上無味蔬菜油（如花生油），抹在模具內側，不斷重複蘸、擦的動作，直到確認油份足夠。若是蘸得太多，模具顯得太過油膩，可將一張舊報紙放在工作台上，再放上冷卻網架，將過度油膩的模具倒扣在網架上，使油脂往下低落在報紙上即可。

SILICONE LINING
矽膠墊

♥ 若你是慣性烘焙者－我可不是故意讓它聽起來像一種罪行－我建議你買上一捲可重複使用的烘焙紙（parchment）（其實是由一種矽膠材料製成）。剪下符合各式蛋糕模的圓形尺寸放進去－周圍塗上一點油脂－當你的烘焙癮發作時，便可隨時準備好使用。我也會剪下兩三張長方形的，放入餅乾烤盤裡。用完後，我會把襯墊紙洗一下，放入關火的烤箱裡晾乾，再放回烤模裡，以待下次使用。

❤ 在家裡，我不會自找麻煩地同時保存一般麵粉和自發麵粉（self-raising）。若你不常用自發麵粉，在整包用完前，它的自發作用大概老早過期了。你也應該經常檢查膨脹劑的罐底，看看是否過期。如果蛋糕不膨脹，通常罪魁禍首就是過期的泡打粉或小蘇打粉。我的食譜通常會列出一般麵粉（就是你會用來做成白醬的那種），與附加膨脹劑的份量，不過，將普通麵粉轉變成自發麵粉（嚴格來說不算自發，因爲混合了兩樣東西），基本原則是每150g的麵粉，應加入2小匙泡打粉。這只是基本參考值，因爲食譜中的其他材料，會影響其中的化學反應。若含有可可（cocoa）、優格或白脫鮮奶（buttermilk），我會在150g麵粉和泡打粉（雖然裡面已經含有小蘇打粉，但這時需要額外的份量），再加入¼小匙的小蘇打粉。

BAKING POWDER
泡打粉

❤ 小蘇打粉，不僅是最佳冰箱及一般家用清潔劑（用一點清水溶解，便可沾在布上適時擦洗，在耐熱皿（ramekins）裝入三分之一的小蘇打粉，可驅除冰箱異味）；若是感到膀胱炎要發作了，也可吃一點。用一杯溫開水，溶解1½小匙的小蘇打粉後喝下去，坐下來皺眉等一會兒，可能會讓你覺得好一些，直到待會看醫生爲止。

BICARBONATE OF SODA
小蘇打粉

❤ 即使你不烘焙，還是買把糕點刷吧。可用來在模具刷上軟化或融化奶油（代替食用油）；用來在牛排上刷油也十分方便；在烤雞的過程中，可用來蘸滴下的油脂，再刷在雞皮上，使雞皮更香酥。我建議你買矽膠製的，而非毛刷：可用洗碗機洗，也不會掉毛在你的食物上。

PASTRY BRUSH
糕點刷

❤ 白脫鮮奶可在冰箱裡保存很久，所以一次不妨買上兩三瓶，若買不到，也可用一般鮮奶來加工：將250ml的鮮奶倒入玻璃量杯裡，加入1大匙（15ml）的檸檬汁（或醋），靜置5分鐘，便可依照食譜進行。或者，也可用200ml液態的天然優格，混合50ml的鮮奶，我從不挑剔是全脂、半脂或脫脂鮮奶，但據說半脂的效果最好。

BUTTERMILK
白脫鮮奶

❤ 冷凍麵包片和培根條時，一次冷凍2片（分別包裝），因爲你想吃的時候，不見得有時間解凍一整批。說到麵包，如果發現整條麵包已經不新鮮了，可切片後撕成小塊，再用食物處理機打碎成麵包粉（breadcrumbs），分批放入冷凍袋內夾好或綁好，再進行冷凍。使用前不須解凍。

BREAD & BACON
麵包和培根

SCISSOR-SNUPPING
善用剪刀

♥ 趕時間的話，拿出剪刀儘管喀擦吧。處理香草植物時，用剪刀比搬出砧板和刀子或用香草刀來切，簡單多了；同時也是將豆莢的頭尾修切掉的好方法（也是教小孩的最佳方式）；用來剪蔬菜也非常方便。不過有時候，等到蔬菜剛煮好放入濾盆濾乾時，再用剪刀切碎更好。我印象最深的一幕，就是我媽站在一堆冒著蒸氣的菠菜面前，奮力地用剪刀攻擊，很有希區考克的氣氛（也許就因為那股母性的熱切之情，使我那麼執著這種原始而帶威脅性的工具）。事實上，我在很多時候都會用到剪刀：在已變熱的鍋子上方，將培根剪成小條；將冷雞肉或火腿剪成絲，加入沙拉裡；把剪刀伸入打開的番茄罐頭裡，瘋狂地喀擦喀擦把番茄剪成泥。

VERMOUTH
苦艾酒

♥ 只需一杯酒進行料理時，我不喜歡將一整瓶酒打開；因此，我常備有一瓶不甜的（dry）白苦艾酒，放在爐子旁邊，需要的時候可代替白酒，在鍋子裡加一點（可選用 Noilly Prat，我小時候家裡開玩笑，用英國腔稱為 nolly pratt，到現在我還是這麼稱呼）。若需要的量比較多（比義大利濃縮咖啡杯大），我會加一點水稀釋，因為它比白酒更濃烈刺激。同樣地，我也喜歡用紅寶石波特酒（ruby port）來代替紅酒，加水稀釋一點，不過我更常用的，是不甜的瑪莎拉酒（masala），爐子旁也一定會有一瓶。

♥ 說到這裡，有次看到某位美國名廚，在紐約時報裡說，認真的廚子絕不會把食用油等放在爐子旁，因為高溫會破壞其細緻風味。那麼結論就是，我並非認真的廚子。我覺得，就是因為材料伸手可及，我才會去使用它來烹飪，這樣應該讓我煮出來的東西更好吃。所以，除了一般的橄欖油、羅勒橄欖油、辣椒橄欖油、大蒜橄欖油外，我還有各種的醬油、伍斯特辣醬、魚露、不甜白苦艾酒、雪莉酒（Amontillado sherry）、馬沙拉酒，中式米酒、日本清酒和味醂（mirin）。若我不能隨心所欲地進行料理，烹飪對我產生的樂趣便不復存在，所以，這樣的安排其實會讓我比較常下廚，在這些瓶瓶罐罐過期前，把它們用光。

COLD-PRESSED RAPESEED OIL
冷壓芥花油

♥ 關於使用本地的（如果你是英國人的話）芥花油來當作有機燃料，現在的討論十分熱烈。令一方面，身為英國人的我們，並不常在廚藝上感覺高人一等，所以現在讓我們跳上跳下的歡呼吧，國產的冷壓芥花油，有美妙的芥末與堅果味，以及美麗的金黃色澤。我幾乎用它來取代特級初榨橄欖油了，不但沒那麼貴，而且我覺得風味似乎更佳。我用它來製成調味汁、澆在吐司上代替奶油、淋在蔬菜上、去別人家作客時也帶上一瓶（不帶酒了），你看我有多麼愛它。我自己用的是 Farrington's Mellow Yellow，但現在有好多優質的品牌上市了。你上網搜尋就知道，芥花油和低芥酸菜籽油（canola oil）一樣，但是這種冷壓、金黃色的極品食用油，和顏色淡而無味、流動感強的低芥酸菜籽油相比，有天壤之別。我試過北美的冷壓低芥酸菜籽油，完全比不上咱們家鄉由金黃色種籽萃取而來的東西。

LEMON & LIME
檸檬和萊姆

❤ 我的家裡不能沒有檸檬，不用想太多，我常順手就在菜裡加一點果皮或果汁；但綠萊姆可不一樣，剛買回來時就很硬，放入冰箱一段時間，變得和高爾夫球一樣硬。我現在家裡常備的，是塑膠萊姆汁，也就是裝在亮綠色塑膠瓶（通常是綠萊姆形狀）裡的那種。我從很久以前就採取這種作法，因此覺得十分自然、毫不羞慚。出自好奇，我分別用新鮮的萊姆汁和塑膠萊姆汁，試做過相同的食譜，比較之下，發現根本嚐不出差異。也許我只是運氣好，買到不錯的牌子，但仍然供你參考。

❤ 打發蛋白時，爲了確保攪拌盆裡完全無油脂，我會用切半的檸檬在內部擦拭一遍。檸檬的酸性能去除油脂，使蛋白打發得更蓬鬆。

CSI GLOVES
CSI手套

❤ 我喜歡在洗碗區，備有一包拋棄式乙烯手套（vinyl gloves）（本書稱爲 CSI 手套）。你可以戴上這些手套來觸摸熱肉塊、分解烤雞、用手撕下冷雞肉等。爲水煮番茄去皮和切塊時，我都會戴著它，以防酸性刺激皮膚。處理甜菜根（beetroot）時，這也是不可或缺的，除非你想要有如馬可白夫人般血染的雙手。一旦你開始嘗試使用，便會發現這不但是必需品，更是助益良多的小工具。

❤ 若沒有以上的手套，又需要接觸具有黏性的食材（如肉丸、餅乾等），將雙手沾上一層冷水，也很有幫助。打開水龍頭，分次將雙手放在流動的冷水下。若是很黏很黏的東西（如**312頁**的香脆米製布朗尼），在雙手擦上一點無味的食用油（像擦昂貴的護手霜一樣），雙手就會變成不沾烘焙道具。同樣地，若需要用到蜂蜜或糖漿，先取出適量的油（需要的話），或是在湯匙或量杯擦上油，如此在測量時，便不致黏上蜂蜜等。我在塑型餅乾的模具上，也喜歡擦上一點油。

TEA STAINS
茶漬

❤ 我是喝茶上癮的人，而且我喜歡建築工人常喝的濃茶，想當然耳，我的馬克杯上一定有茶漬；把馬可杯泡在溫水裡，再加入1大匙萊姆汁或醋（比較便宜），可以幫助去除茶漬。

STARCH
澱粉

❤ 喜歡做麵包的話，記得把煮馬鈴薯或義大利麵的水留著，因爲裡面的澱粉，可幫助麵包裡的酵母膨脹。亦可在1個馬可杯容量的水裡，溶化1小匙的即食薯泥粉，效果相同。

STOCK
高湯

❤ 如果煮了一大塊火腿（ham），但不確定何時會用到火腿高湯來煮成濃湯，可待其冷卻後冷藏一下，然後分裝成各500ml，分批冷凍（密閉容器內可保存三個月）。其他的高湯也是一樣。若因爲冷藏過久變壞，而必須丟棄，就太令人心疼了。

❤ 同樣的，若你開了葡萄酒（或啤酒stout或蘋果酒cider）但沒有用完，也可冷凍起來（密閉容器內可保存三個月），等到下次需要時使用。酒精飲料在冷凍後，不會形成固體，而是冰凌（slush）狀。若為氣泡飲料，我通常先讓汽完全散逸掉再冷凍。若你有一些可樂，因為孩子像青少年般隨興，忘了蓋蓋子，導致沒汽，也可用來煮火腿。

FLOWERS
鮮花

❤ 這是我母親的訓示，但希望仍值得一再提醒：餐桌上的東西，絕對不能擋住大家的視線。所以，省下大把的鮮花吧，與其放上快過期的花，不如用一碗檸檬或茄子代替，既美觀又能食用，也更省錢。如果真的要放花，就保持低一點的高度。只用自家院子和花園裡的小花，剪下插入一兩個舊芥末罐（mustard pot）裡，都很好看。

DRESSING
調味汁

❤ 說到空芥末罐，我發現我的爐子旁就放了7個。芥末快用完的時候，我先不急著清洗，而是用來調製沙拉調味汁，罐底殘餘的芥末，可增添風味。把冷壓芥花油（見**第16頁**），倒入芥末罐裡，混上最後一點英式芥末醬（English mustard），撒入一點鹽，加入檸檬汁，搖晃混合，就是金黃濃郁、無敵美味的沙拉醬汁。若用第戎（Dijon）或芥末籽醬來做，就加入橄欖油，再加入一點蜂蜜、鹽和檸檬汁。

❤ 我也會以快用完的醬油瓶來調，加入一點麻油、魚露和味醂，激烈搖晃後便可使用。若醬油瓶口太小，可將所有材料倒入舊果醬罐裡，蓋上蓋子後搖晃混合。

SHUSHI RICE
壽司米

❤ 也許因為擁有電子鍋（見**第8頁**），我常煮飯，最近更愛上壽司米（不過還是比不上我更常吃的巴斯馬蒂糙米）。我和孩子都喜愛那帶有甜味的黏性，所以家裡一定有一小包，雖然我不認為會用來做成壽司（我沒有必備的耐心和靈巧度），也許將來有一天吧。在那之前，用壽司米來吸收照燒雞肉、糖醋雞肉（見**38和37頁**）或其他菜餚的醬汁，就讓我很滿足了。我是用電子鍋來煮的，如果沒有，就按照包裝指示來煮即可。如果包裝上寫的是日文，那麼讓我告訴你，通常一人份需要75－100g的米。煮米的話，最好是以容量而非重量來計算（也就是說，米和水的比例才是重點），1個美式量杯（容納約175g的壽司米，見下方說明）可煮出兩人份。淘米洗淨到水不帶混濁為止，將米放入平底深鍋裡，加入1¼量杯的冷水。加熱沸騰後，蓋上蓋子，轉成最小火，慢煮20分鐘，直到水份完全吸收。用叉子翻鬆（任何種類的米都不能用湯匙攪，一定要用叉子）後上菜。

❤ 我很愛用壽司米當晚餐，加入一點醬油和綜合種籽，用叉子拌一拌就行，若有一些剩下的雞肉，可加入一點雞高湯溫熱，變得更為豪華。

CUP & SPOON MEASURES 量杯和湯匙計量

❤ 我沒法應付各式量匙和美式量杯。各式量匙－¼小匙、½小匙、1小匙和1大匙－是烘焙時必備的，因爲必須精準，而不能以餐具的尺寸爲準；而我覺得量杯用來量液體很有用。但是這有點好笑，因爲美國的量杯，是用來量切好的蔬菜、磨碎的起司等乾燥材料。你可能注意到了，我食譜裡的液體份量，多爲60ml、80ml、125ml或250ml等：它們分別是美式量杯的¼杯、⅓杯、½杯和1杯。

LONG PASTA 長條型義大利麵

❤ 要測量長條型義大利麵（如直麵、寬麵等）時，我會在數位的電子磅秤上放一個馬克杯或高玻璃杯，把指數歸零後，像插花一樣，在杯裡加入義大利麵。

CAKE TESTING 蛋糕測試

❤ 我不建議你用金屬籤（skewers）來測試蛋糕的內部是否烤熟，但若沒有蛋糕探針（cake tester），可效法義大利人，用一根生的直麵來測試。

FOIL TRAYS 拋棄式鋁箔烤盤

❤ 我的櫥櫃裡一定常備著一些老早可以丟掉的鋁箔烤盤。應該說是，因爲這些烤盤其實可以連續用好幾次，中間只需要清洗一次左右就行了。我用它們來做**336頁**的玉米糕（polenta），之後只要稍微擦拭一下，便可再用。它們最好用的時機是，當你要烤的東西不易脫模，或是之後不易清洗，或兩者皆是。事實上，我現在把做小蛋糕（tray bake）用的金屬模（metal tins）和其他可以捨棄的烤模都丟掉了。你看**第418頁**的香黏小香腸（sticky cocktail sausages）就知道了。

❤ 我以前不確定哪裡可以買到鋁箔烤盤，但現在發現30×20cm的鋁箔烤肉滴盤（網上可隨時買到），可滿足我大部分需求。知道需要時不會買不到，令我安心不少（另一個也許有幫助的資訊是，凡是可用30×20cm烤盤準備的食物，亦可用25cm的正方形烤盤代替）。若能找到爐烤用、稍微大一點的鋁箔烤盤（深度要夠），也會很有幫助。你會發現，在晚宴或特別忙碌的周末過後，免除清洗烤盤的煩惱，是多麼令人放鬆。

❤ 至於環保問題，我的一貫原則是，如果要在環保和保持理智之間作抉擇，我會選擇不要把自己累瘋。而且，我一個特別積極做環保的朋友告訴我，鋁箔烤盤其實很環保，因爲可以回收又免除了汙染環境的洗碗精，如此使我們的惰姓和美德同時得到認可。我想這就是所謂的完美解決方法。

PLASTIC TUBS 塑膠罐

❤ 你可以叫我剩菜女王－丟掉一點點殘餘的食物，對我都是一種折磨－這都歸功於那些特百惠（Tupperware）式的小塑膠盒，蓋子可快速脫卸。記得小時候，家裡的冰箱都塞滿了這些東西。唯一的缺點是我自己的錯，不到一個月，我一定會將蓋子弄丟。我現在已經進化到，使用外賣店的那種塑膠盒，當它們整齊地堆放在冰箱和冷凍庫裡，不僅覺得自己特別有效率，還有開外食店的錯覺。而且它們還可微波，眞方便。嚴格來說，它們是一次性的產品，不過我通常會用上兩次才丟。因爲這是量販產品，而且我是在網上購買，平均下來一個並不貴，問題是，你必須要一次大量採購。我的建議是，可以找朋友一起團購，下限是500個，等那個大箱子送到，再一起分贓。

SEA SALT
海鹽

❤ 我做菜和調味都強烈偏好粗海鹽（sea salt flakes，英國馬爾頓 Maldon 的牌子）。因爲容量問題（同樣的湯匙可容納兩倍多份量的罐裝鹽 pouring salt），它的鹹度比罐裝鹽低。如果你要用罐裝鹽來取代的話（我希望你不要），用量只需一半。

FRYING
煎炒

❤ 炒洋蔥時若不想上色，可撒入一點鹽，因爲鹽會使它出水，使煎炒熱度降低。

❤ 若用奶油煎炒，可加一點液體油，避免奶油變色。

GRIDDLING
橫紋鍋料理

❤ 用橫紋鍋料理食物時，應在肉、魚或蔬菜（而不是鍋子）上抹油，否則會冒出一大堆煙。

AND FINALLY
最後

❤ 也許說的比做的簡單，但我希望你在宴客時，儘量別爲準備的食物道歉，不用告訴他們只有你自己才會注意到的小失手，或其他本可事先預防的災難。這樣只會製造緊張而已，食物是很重要沒錯，但我相信美好的氣氛更是加倍需要。

POSTSCRIPT
附註

❤ 我出門度假時，必定會順手買條廚房布巾（tea towel），不管這是多麼低俗的觀光客風格。有三個好處：最起碼，這種紀念品方便攜帶，連隨身行李都塞得下；每次使用時，都會勾起當時的度假回憶；廚房裡擺著各式各樣的廚房布巾，也顯得不那麼嚴肅正式。廚房不應看起來過度裝飾，而該帶有人氣。

PRAIANO
SORRENTO
SANT AGATA SUI DUE GOLFI
PUNTA CAMPANELLA

Part I

KITCHEN QUANDARIES

廚房難題

WHAT'S FOR TEA? 晚餐吃什麼？

HURRY UP, I'M HUNGRY! 快點，我餓了！

EASY DOES IT 慢慢來

COOK IT BETTER 煮得更好

MY SWEET SOLUTION 我的甜蜜配方

OFF THE CUFF 櫥櫃常備材料的即興晚餐

WHAT'S FOR TEA? 晚餐吃什麼？

像我這樣執著食物、或說是對食物上癮的人，有時候仍然想不出該準備甚麼餐點。這並不常發生，就算發生了，我通常也能很快抓回口腹之慾，想出一些吃的東西來。不過，我承認我最大的弱點、在緊張時刻最容易鬆懈的，就是計劃孩子的點心。如果我沒在周一之前就先專心計畫，每次到了下午點心時刻（每天都是突然發現，剛好到了下午四點半，正是能量指數最低的時候），我就開始緊張而急切地（不是帶著熱情的那種），不斷地開關冰箱和冷凍庫的門。

我的孩子現在已經大了，他們放學回家後，就自己到冰箱翻箱倒櫃找吃的，晚餐吃不下，到了上床時間又去翻冰箱。你知道，這樣讓我準備起來格外傷腦筋。而且，現在孩子的回家功課眞多，讓傍晚時間的安排更有壓力。

我發現（我猜許多家長都一樣），這眞的是頗爲敏感的議題。我們都懷抱著那美妙的夢想：全家團聚在餐桌前，共享豐盛餐點，每個人忙著分享當日感想，話聲笑語不斷。天啊，請告訴我這只是幻想。

就像現在我們常說的，現實就是如此，從我的第一本書起（裡面有一整章都是寶寶副食品和幼兒食譜），我爲孩子設計的菜單，都有濃烈的自傳性色彩。以食物爲主題寫作，難道還有另一種態度嗎？我的書，必定就只能是我個人料理生活的紀錄。記得女兒還小的時候（她現在已經16歲了），她要我煮小孩的食物，那時候（現在還是）很堅決地跟她說，沒有小孩的食物這種東西，食物就是食物，就是這樣。並不是我不會縱容孩子的口味，或煮一些我自己絕對不會想要吃的東西，但以下的食譜，並非只讓爸媽煮來餵小孩的。

對，給一桌大人端上無殼披薩（crustless pizza），似乎有點詭異，但我的朋友大概都會很興奮。雞肉法士達（the chicken fajitas）是很棒的晚餐；熱那亞義大利麵（Pasta alla genovese）絕對能夠入選我最後一餐的名單。在我繼續說下去以前，大概應該先說明一下關於鹽和糖的問題。我承認，因爲孩子長大了，我在這方面就比較寬鬆了。不過，若你想限制孩子對這兩樣調味品的攝取量，絕對可以自行減少份量。我最近也剛發現龍舌蘭糖漿（agave nectar）的好處，它是一種天然未經加工的糖漿，GI 値非常低，可以代替糖來使用。事實上我覺得它的甜度更高，因此可減量25%，當然，仍依個人口味而定。

我想我的願望是，孩子能夠明白，眞正的食物是一種喜悅，不要太在意什麼不能吃或不該吃；我要他們在成長過程中瞭解到，吃東西是要感受那股樂趣，而不應參雜罪惡感。

Mortadella and mozzarella frittata
摩德代拉香腸和莫札里拉起司義式蛋餅

在舊時代的專業廚房，法國主廚會叫學徒先做一個蛋餅（omelette），來測試他的能力。爲了訓練他在火爐上操控的輕盈度和快速，而且使蛋餅保持那完美的濕潤度（法語的 baveuse），主廚會堅持把蛋餅鍋放在後排的火爐上，讓前方火爐無情地低空燒灼學徒軟嫩的手腕。沒錯，就是這麼殘忍，這就是爲什麼我選擇義式蛋餅而非法式蛋餅。義大利的版本沒那麼有壓力，鍋子和你的心臟都不用翻轉過來，等到在爐子上加熱了一半，直接把這肥厚滋潤的餡餅，送入已預熱的炙烤架（grill）下方即可。

這裡示範的是特別豐腴的義大利版本，蛋餅世界的瑪麗蓮夢露（她的名字 Marilyn Monroe 正好呼應兩種主材料的大寫 M）。

4-8人份，*依年紀和食慾而定*

雞蛋6顆
摩德代拉香腸(mortadella)125g，切碎
新鮮莫札里拉起司125g，切碎
切碎的巴西里1大匙 ×15ml，外加撒上的量
現磨帕瑪善起司1大匙 ×15ml
奶油1大匙 ×15ml(15g)
大蒜油少許

♥ 打開炙烤架(grill)，使其變熱。將蛋放入碗裡打散。加入切碎的兩種起司。

♥ 加入巴西里、帕瑪善、鹽和胡椒，攪拌混合。記得起司本身已有鹹味。

♥ 在直徑約25cm的平底鍋(附有耐熱把手)或鑄鐵平底鍋裡，加熱奶油和油，鍋子一變熱開始冒泡，就倒入蛋汁。

♥ 以小火煎約5分鐘，不要攪拌，直到餡餅底部凝固成金黃色。

♥ 將鍋子移到炙烤架下(把手遠離火源)，加熱到蛋餅表面凝固(不要走開，因爲可能一下子就會烤好了)。取出鍋子前，戴上手套。

♥ 靜置數分鐘，然後用刀子或鏟子，插入蛋餅周圍繞一圈，把蛋餅鬆開，不翻面，滑入盤子裡或砧板上。像蛋糕一樣切成8塊，撒上額外的巴西里，搭配四季豆或沙拉上菜。

Making leftovers right 剩菜做得對

FRITTATA SANDWICH 蛋餅三明治

*剩菜應盡快覆蓋冷藏，在1-2天內吃完。像**第28頁**的酥脆雞排 Crispt Chicken Cutlets 一樣，直接把一塊放到麵包或小圓麵包上，做成三明治，如同義大利全國都可見到的那種擺在玻璃吧台下賣的。*

Crustless pizza 無殼披薩

我不會到拿波里(Naples)到處宣傳這個名字，不過我就是這麼叫它的。不妨想成起司三明治吧，少了麵包的那一種。無論如何，當你太累、或不知道要煮什麼的時候，這就是簡單快速的晚餐。在你還來不及發現自己已經走到廚房裡的時候，這道菜一下就(幾乎是自己)做好了。

雖然我建議用西班牙臘腸片裝飾表面，你也可簡單地撒上玉米，剪下一點火腿或其他喜歡的材料。不過不用擔心，我也曾經什麼都不加就直接上桌：只有雞蛋、麵粉、鹽、牛奶和起司。這就是舒心安慰的：快速料理。

2 － 4人份，*依年紀和食慾而定*

雞蛋1顆
麵粉100g
粗海鹽或罐裝鹽適量
全脂鮮奶250ml
奶油，塗抹用
磨碎的切達起司100g

小型西班牙臘腸或佩波隆尼香腸(pepperroni)切片，直徑約為2cm，50g(可省略)

圓形耐熱派盤(pie dish)1個，直徑約為20cm

❤ 將烤箱預熱到200℃/gas mark6。將雞蛋和麵粉、鹽和牛奶一起打散，做成質地光滑的麵糊。

❤ 將圓形耐熱派盤抹上油，在麵糊裡加入一半磨碎的起司，倒入派盤裡。

❤ 烘烤30分鐘，將派盤從烤箱取出，撒上剩下的起司，加上臘腸(要用的話)或其他配料。放回烤箱，續烤2 － 3分鐘。

❤ 等到表面起司融化呈金黃色，即可取出，切片後上菜。搭上生菜或番茄沙拉也不賴。

Crisp chicken cutlets
with salad on the side 酥脆雞排和佐餐沙拉

我猜這個其實是大人版的雞塊，不過你也可以進入想像義大利模式，把它當作 scaloppine di pollo。其實吃到這種外表酥脆，內部鮮嫩多汁的食物時，我根本不管它到底叫甚麼。

並不是一定要你搭配我最愛吃的這種沙拉－小菠菜葉或芝麻菜，加上一點番茄塊和帕瑪善－但我眞的很喜歡，所以一定要附上食譜。

這裡說的新鮮麵包粉，其實是不新鮮的麵包做的，我只是認爲麵包粉的前身，一定要能看出來是一種麵包，而不是從塑膠罐倒出來的。我的冰箱裡全部都是，因爲我將麵包打碎後就往裡面塞，如果沒有，可用無酵麵包粉（matzo meal）代替，但要加倍分量：就算是粗粒裝的，和麵包粉相比還是太細，所以要加量，才能做出夠酥脆的麵衣。若買不到白脫鮮奶，可按照4比1的比例，混合液狀的原味優格和全脂鮮奶，或混合250ml的半脂鮮奶和1大匙的檸檬汁（或白酒醋）。

4人份

雞胸肉片4片，去皮去骨
白脫鮮奶1罐284ml（或見左方說明）
伍斯特辣醬（Worcestershire sauce）
1大匙 ×15ml
新鮮麵包粉125g（見左方說明）
西洋芹鹽1小匙，或 ½ 小匙（較適合小孩）
卡宴胡椒粉（cayenne pepper）¼ 小匙
乾燥百里香（thyme）1小匙
磨碎的帕瑪善起司50g
油炸用油（如花生油）
切碎的新鮮百里香4大匙 ×15ml

♥ 撕下一大張保鮮膜，在上面將所有的雞胸肉攤平，蓋上另一大張保鮮膜。用擀麵棍將肉均勻敲扁，但仍保持完整（底部有些分離無所謂）。

♥ 在淺碗裡，攪拌混合伍斯特辣醬和白脫鮮奶，或倒入冷凍袋裡擠壓混合。將敲扁的雞肉，加入碗裡或冷凍袋裡，靜置30分鐘，或冷藏一整夜（有時間的話）入味。

♥ 若使用小型平底鍋，在油炸第二批雞肉時，爲了讓第一批雞肉保溫，可將烤箱預熱到150℃ /gas mark2。在寬而淺的盤子裡，混合麵包粉、西洋芹鹽、卡宴胡椒粉、百里香和帕瑪善。雞肉入味後，將雞肉取出，壓入混合麵包粉裡，一次一片。

♥ 將雞肉的兩面都沾裹上麵包粉，放在冷卻網架上。

♥ 加熱鍋子裡的油，油的高度約爲5釐米。

♥ 油變熱後，將大塊雞肉放入油煎，一面各3分鐘，小塊的一面各煎2分鐘。煎好的雞肉放在廚房紙巾上瀝油，想要的話，可放入烤盤送入烤箱保溫。也可將煎好的部分先行上菜。不論怎麼擺盤，可在香酥雞排撒上切碎的巴西里。旁邊可擺上檸檬角以及下一頁的沙拉。

事先準備
雞肉可在一天前，放入白脫鮮奶內醃漬。放入冷藏，需要裹粉油炸前再取出。剩菜要盡快冷藏，在1-2天內食用完畢。

冷凍須知
2－3釐米厚的雞排：醃過、裹好粉的雞肉，可放入鋪了烘焙紙的烤盤，蓋上保鮮膜，冷凍。凍硬後，可移到冷凍袋裡，冷凍保存三個月。取出後不須解凍，直接以中小火每面煎4－5分鐘。上菜前要確認雞肉完全熟透。

Salad on the side
佐餐沙拉

特級初榨橄欖油2大匙×15ml
紅酒醋2小匙
鹽和胡椒適量
大型番茄2顆，去籽切小塊
菠菜或芝麻菜葉，或任選沙拉葉
1包180g
帕瑪善起司片50g

♥ 將油和醋在碗裡攪拌混合，以鹽胡椒調味，加入番茄塊。

♥ 準備上桌前，加入菠菜和帕瑪善拌勻。

事先準備
番茄可在一天前切塊，蓋好冷藏保存。

Making leftovers right 剩菜做得對

CHICKEN ESCALOPE SANDWICH
雞排三明治

隔餐的炸肉排（不管什麼肉），用這種義大利的吃法解決最棒了，也就是：加入一些芝麻葉，塞入巧巴達三明治裡，塗不塗美乃滋都可以，這就是地中海風格的潛艇堡呀。一想到這，就不禁流口水。佐上一點番茄，和一杯冰涼到喉嚨發痛的啤酒，便是得來全不費工夫的天堂晚餐。

Cheesy chilli 墨西哥起司肉醬

數不清自己有多少次，日復一日地攪拌著鍋裡的肉醬。我不認爲這有甚麼好抱歉的，肉醬既簡單快速，又令人滿足。用我吃過幾碗肉醬的數量，或許就能度量我的生活，亦非壞事。這道食譜，再度用到我最喜歡的省時手續，先煎香一些加了紅椒粉的西班牙臘腸（paprika-piccante chorizo），用逼出的辛辣橙色油脂，來煎熟並調味絞肉。

德州和墨西哥當地的習慣，是在肉醬加上一點磨碎的起司再吃（當然還有別的），我用的是沒耐性的方法，直接將莫札里拉起司切碎或撕碎，加入鍋裡的肉醬中，接著攪拌直到融化。

若有時間，也來得及事先準備的話，可將一些烘焙用馬鈴薯放入烤箱，就成了吸收肉醬湯汁最好的材料（也能讓一道肉醬增量吃得久一點）。不過若是在旁邊，放上一碗墨西哥脆餅（tortilla chips）或一條美味麵包，趁新鮮切片後蘸著吃，必定也不會有人抗議。唯一還需要添加的東西，大概就是清脆的生菜沙拉，味道可以調重一點，再放上一小碗現切的碎香菜葉，隨意添撒。不過我兒子喜歡搭配一些蒸熟飽滿的珍珠麥吃，這樣的一餐，自然就變得很豐盛。

4人份（飢餓的青少年男孩）或6人份（一般大人）

西班牙臘腸2條共110g，切成厚片後再切半
牛絞肉500g，最好是有機的
可可粉 ½ 小匙
乾燥奧瑞岡1小匙
日曬番茄醬或番茄泥（tomato paste or purée）1大匙 ×15ml
切碎番茄1罐 ×400g
水125ml，裝入空番茄罐再倒出
伍斯特辣醬（Worcestershire sauce）2小匙
紅腰豆（kidney beans）1罐 ×400g，瀝乾洗淨
新鮮莫札里拉起司2顆 ×125g，切碎
粗海鹽和胡椒適量
切碎的新鮮香菜1把，上菜用（可省略）

♥ 將小型鑄鐵鍋或底部厚重的平底鍋（附蓋子），放在爐子上加熱，加入西班牙臘腸塊，直到橙色油脂流出。

♥ 加入絞肉，用木匙稍微撥散，與橙色油脂混合煎香。

♥ 當絞肉完全變色後，撒入可可粉和奧瑞岡，倒入番茄醬，攪拌均勻，再倒入罐頭番茄。將番茄空罐裝入125ml清水，倒入鍋裡，再加入伍斯特辣醬和瀝乾洗淨的紅腰豆。加熱到沸騰。

♥ 轉成小火，蓋上蓋子，讓紅腰豆肉醬慢煮20分鐘。煮好後，我通常會將它舀入一個冷盤子裡（冷卻得較快），等到要吃時再加熱（我就是這樣做的，將紅腰豆肉醬舀入平底鍋內再重新加熱，因此照片裡裝肉醬的容器似乎不太恰當）。

♥ 如果你現在要繼續完成上菜手續，就把蓋子打開，轉成大火，讓肉醬再度大滾，然後關火，拌入莫札里拉起司。調味後立即上菜，想要的話，可撒上香菜。

事先準備
紅腰豆肉醬（不加起司）可在二天前先做好。做好後盡快覆蓋冷藏。用平底鍋或大型平底深鍋，小火重新加熱到沸騰，再如食譜指示，拌入起司。

冷凍須知
冷卻後的紅腰豆肉醬（不加起司），可放入密閉容器，冷凍保存三個月。移到冰箱隔夜解凍，再依照上方說明重新加熱。

Barbeued beef mince 炙烤牛絞肉

對我們全家來說，這是牛仔式的（我們都值得幻想吧，有時候生活沒有它們還不行呢）炙烤牛絞肉。也就是說，這道肉醬通常夾在鬆軟白麵包裡，做成邋遢喬三明治（Sloppy Joe 或 Sloppy Jose）。也可盛到一人份碗裡，搭配一盤爐烤起司玉米餅蘸著吃，或採用其他一樣愉悅的吃法。在好幾個為工作忙碌的日子，就是靠著它使身為母親的我不致累倒。我沒試過搭配義大利麵，但應該可行，我建議你試試小而有厚度的種類，如槽紋彎管麵（chifferi rigati）或頂針麵（ditalini）。

4-8人份，*視年紀和胃口而定*

西洋芹1根，切塊
大蒜3瓣，去皮
洋蔥2顆，去皮切半
去皮煙燻培根150g
胡蘿蔔2根，去皮切塊
蔬菜油2大匙×15ml
深黑糖1大匙×15ml
丁香粉1小撮
多香果粉（ground allspice）½ 小匙
牛絞肉500g，最好是有機的

在玻璃量杯裡混合：
切碎的番茄1罐×400g，外加一整罐水
伍斯特辣醬3大匙×15ml
波本酒3大匙×15ml
深黑糖2大匙×15ml
濃縮（日曬）番茄醬（tomato puree or paste）2大匙×15ml

上菜用：
漢堡麵包（或鬆軟白麵包）6個，或無鹽墨西哥脆餅（tortilla chips）400g
紅萊斯特（Red Leicester）或切達（Cheddar）起司175g，現磨（搭配脆餅）

♥ 開始製作醬汁，將西洋芹、大蒜、洋蔥、培根和胡蘿蔔，倒入食物處理裡打成橙色蔬菜泥。

♥ 用底部厚重（附蓋）的平底鍋或鑄鐵鍋，將油加熱，加入蔬菜泥。以小火煮15－20分鐘，不時攪拌，直到變軟。

♥ 當蔬菜在加熱的同時，在玻璃量杯裡混合液體材料（及2大匙黑糖）。

♥ 在蔬菜鍋裡加入1大匙黑糖、丁香與多香果粉。現在加入絞肉，用木匙撥散，和軟化的辛香蔬菜充分混合，直到絞肉完全變色。

♥ 倒入液體材料，輕柔地攪拌混合。蓋上蓋子，轉成小火。慢煮25分鐘。

♥ 若要夾入麵包裡，用雙手粗魯地食用（恐怕這也是唯一的方法），只需將鬆軟的白餐包分成兩半即可。若要搭配爐烤墨西哥脆餅，先將烤箱預熱到200℃/gas mark6。將脆餅撒在瑞士捲模（Swiss roll tin）或烤盤上（鋪上鋁箔，方便事後清洗），撒上磨碎的起司，送入熱烤箱裡烤到起司融化。5分鐘應足夠，但也可能花上10分鐘。這是我們最愛的家庭足球餐，用來在電視機前面、而非足球場內享用，足球賽後的終極慰藉。

事先準備
牛肉醬可在二天前做好。移到非金屬的碗裡，冷卻後儘快覆蓋冷藏。重新加熱時，放入大型平底深鍋內，以小火加熱到沸騰。

冷凍須知
冷卻的醬汁可放入密閉容器內，冷凍保存三個月。放入冰箱隔夜解凍，如上述方法重新加熱。

Sweet and sour chicken 糖醋雞肉

我完全明白，這些我為孩子準備的菜色，可能以今日健康食物的標準無法達標，但我必須說，能讓他們不吃包裝零食，我已經很感恩了。如果我們能讓家裡的青少年願意吃飯，對我來說，這就值得慶祝。這道菜其實是他們要求我煮的，所以，我不願意為了裡面添加的一點鹽和糖操心。我覺得，在新鮮的食物裡面加一點鹽和糖調味，總比吃加工食品（裡面許多成分根本是我不認識的）來得好，如果你的食客是幼兒，可減少醬油的分量。現在有人說番茄醬其實對身體不錯，我就很開心地加一點下去一起煮，寧願這樣，勝過大家在餐桌上拼命加。然而，這道菜的重點其實在於那略帶甜度的酸醋味。

用白飯和青江菜來搭配，一邊聽著孩子發出好吃滿足的聲音吧。

4-8人份，*依年紀和食慾而定*

大蒜油2大匙 ×15ml
紅洋蔥1顆，去皮切碎
紅甜椒2顆，去蒂去籽，切成約4cm方形塊狀
雞腿肉500g（去皮去骨）
中式五香粉1小匙
豆芽菜300g
荸薺片150g（可省略）

醬汁材料：
杏桃果醬（apricot jam）2大匙 ×15ml
醬油2大匙 ×15ml
鳳梨汁250ml
番茄醬（ketchup）3大匙 ×15ml
米酒醋2小匙（或適量，達到想要的酸味）
鹽和胡椒適量

♥ 以附蓋的大型中式炒鍋或平底鍋，將油加熱，加入切碎的洋蔥，翻炒約5分鐘。加入胡椒，續炒5分鐘直到變軟。

♥ 將每塊雞腿肉切成4塊（我覺得用剪刀剪最簡單），加入鍋裡，再加入中式五香粉。翻炒5分鐘。

♥ 在瓶子裡將醬汁材料攪拌混合（嚐嚐看甜酸度是否恰當）。倒入鍋裡，加熱到沸騰。蓋上蓋子，以小火慢煮15分鐘，直到雞肉熟透。

♥ 加入豆芽和荸薺片（要用的話）攪拌，檢查調味，再度沸騰。確認均勻滾熟後，搭配白飯上菜。

事先準備

這道菜可在一天前先做好。將雞肉和醬汁移到非金屬碗裡，冷卻後儘快覆蓋冷藏。以平底深鍋重新加熱，不時攪拌，直到雞肉和醬汁沸騰。

冷凍須知

冷卻的雞肉和醬汁可放入密閉容器內，冷凍保存三個月。放入冰箱隔夜解凍，如上述方法重新加熱。

Chicken teriyaki 照燒雞肉

我知道這個世界充滿了許多善心父母，他們爲小孩準備的食物，絕不添加一點鹽或糖；這道食譜（不是唯一的），證明了我絕對不是其中的一分子。喔，除此之外，裡面還有酒精。若你因此覺得這是罪大惡極，我也不知該說什麼。你知道，這道食譜在全世界都很受歡迎，而且是你想偷懶時的絕佳配方，如果你也贊同，就開火吧。如果食客是幼兒，可將醬油減半（10歲以下），或減少四分之三（5歲以下）。

4 － 6人份，*視年紀和胃口而定*

日本清酒2大匙 ×15ml
味醂（mirin）4大匙 ×15ml
醬油4大匙 ×15ml
淡黑糖2大匙 ×15ml
薑末2小匙
麻油少許
雞腿肉（去皮去骨，最好是有機的）750g，切或剪成入口大小
花生油1小匙
壽司米300 － 450g，依照包裝指示烹煮（見18頁）

♥ 在盤子裡混合清酒、味醂、醬油、糖、薑和麻油，用來醃雞肉。我用的是23cm方形的玻璃深盤（Pyrex），類似的就可以。

♥ 放入準備好的雞肉，醃15分鐘。

♥ 以大型淺平底鍋或鑄鐵鍋（附蓋）加熱花生油，用溝槽鍋匙將雞肉放入鍋裡，煎到表面變色。

♥ 倒入醃汁，加熱到小滾，轉成小火，蓋上蓋子煮5分鐘。將一塊雞肉切開，看看是否熟透。

♥ 用溝槽鍋匙將雞肉舀入碗裡（可蓋上鋁箔保溫），將火轉大，使醬汁大滾煮到形成濃稠深色的醬汁。

♥ 將雞肉放回鍋裡，和醬汁拌勻，搭配一大碗撫慰人心的壽司米，也可再添加一些清蒸青江菜或其他種類的青菜。

Pasta alla genovese
with potatoes, green beans and pesto
熱那亞義大利麵和馬鈴薯、四季豆以及青醬

小孩子－大概比我們對味覺的喜好更誠實－似乎特別喜歡碳水化合物，因此我開心地加以利用。如果我那天剛好較晚下班、覺得有點懶、忘了買菜，或他們的朋友要留下吃飯，卻不知道他們討厭什麼，我通常會懷著感恩的心，伸手取下一包義大利麵。眞的，我不知道在義大利麵普及之前，我們的父母是怎麼養大小孩的。好吧，其實我知道，他們根本不管我愛吃或不愛吃什麼，煮什麼吃甚麼就對了。

如果我端上的是一大盤義大利麵，澆上一些市售現成麵醬，我的孩子也一點都不會在意。坦白說，有時候我還眞的就這樣打發了。不過，爲了讓自己和他們都開心一點，有時間的話，我會做這裡的版本。其實也不麻煩：馬鈴薯用煮麵水一起煮－只需要多一點的時間而已－不加松子的青醬，用食物處理機也能馬上搞定。

做這道菜的時候，眞的請你要自己做青醬。我不認爲用市售瓶裝青醬，是甚麼大不了的罪惡。但是，這道菜有了手工青醬才顯得獨特。如果你覺得，在義大利麵之外又加上馬鈴薯，太過放縱孩子對碳水化合物的癮頭，我可以告訴你，這其實是利古里亞 Lugurian 地區的傳統。而且，眞的很美味：馬鈴薯軟化後破裂成濃郁甜美的小塊，裹滿青醬，共同形成優雅迷人、令人滿足、香氣四溢的濃郁醬汁。四季豆也加入了這一場綠色輝煌，你會覺得孩子終於吃了蔬菜，感覺太棒了。

6－8人份，*依年紀和食慾而定*

大型粉質馬鈴薯500g，去皮切成1.5cm厚片，每片再切成四等分
義大利細扁麵（linguine）500g
四季豆（fine green beans）200g，修切過切半

青醬材料：
羅勒葉100g（蔬果店買2把或在超市買4包）
磨碎的帕瑪善起司100g
大蒜1瓣，去皮
一般橄欖油100ml
特級初榨橄欖油100ml

♥ 將準備好的馬鈴薯塊，放入大型平底深鍋內，加入足夠的水（要煮義大利麵）與鹽。加熱到沸騰。

♥ 將馬鈴薯煮軟，約需20分鐘，然後加入義大利麵。查看包裝說明，在預定煮好前4分鐘，加入四季豆。使用手工蛋麵的話，料理時間要縮短。

♥ 同時，將青醬材料用食物處理機打成泥狀。瀝乾義大利麵，先舀出½杯的煮麵水備用。將瀝乾的義大利麵、馬鈴薯和四季豆，重新倒回乾鍋子內。

♥ 加入青醬與足量的煮麵水，調整醬汁濃度，同時用叉子或義大利麵夾拌勻，使醬汁均勻沾裹在麵條上。立即上菜。

事先準備
青醬可在二－三天前先做好。只用50ml橄欖油來製作青醬，移到果醬瓶或密閉容器內。小心倒入剩下的橄欖油，使青醬表面完全被橄欖油所覆蓋。放入冰箱冷藏保存。室溫靜置30分鐘後再攪拌使用。

冷凍須知
青醬可放入密閉容器內，冷凍保存三個月。依照上述說明製作青醬，使橄欖油覆蓋表面。以室溫解凍2－3小時，再攪拌使用。

Turkey meatballs in tomato sauce 番茄醬汁火雞肉丸

從孩子可以吃固體食物，我就開始製作肉丸，一直到現在。但是，固體食物眞是難聽的字眼啊，怎能用來描述這些鮮腴多汁的美味呢。因爲，奇怪的是，這些肉丸眞的十分鮮嫩。我說奇怪，因爲這些肉丸是用火雞肉做的，而非我一向偏好的牛肉，因爲當時大家都講求食物要低熱量，我也自然不能免俗。我的潛意識顯然比我更明白其中的道理，讓我朝向這個方向。原來，火雞做成的肉丸特別鮮美多汁，我的孩子非常喜歡，雖然不是他們平常吃的口味（很奇怪，因爲小孩子的飲食習慣通常比較保守，不喜歡改變），連最重視飲食傳統的義大利食客都讚譽有加。

總之，這道食譜現在是我們家裡的熱門菜單，我常常開心地一次做一大份－一半當晚餐，另一半冷凍起來下次煮。

4-8人份，*依年紀和食慾而定*

醬汁材料：

洋蔥1顆，去皮
西洋芹1根
大蒜油2匙 ×15ml
乾燥百里香1小匙
切碎的李子番茄（plum tomato）罐頭2罐 ×400g（外加2罐／800ml的水）
糖1小匙
粗海鹽1小匙或罐裝鹽 ½ 小匙
胡椒粉適量

肉丸材料：

火雞絞肉500g
雞蛋1顆
麵包粉3大匙 ×15ml
磨碎的帕瑪善起司3大匙 ×15ml
切很碎的西洋芹和洋蔥（醬汁材料）2大匙 ×15ml（使用醬汁材料）
伍斯特辣醬1小匙
乾燥百里香 ½ 小匙

❤ 將去皮洋蔥和西洋芹放入食物處理機，打成泥狀，或用手切得越細越好。預留2大匙來做肉丸。

♥ 將油放入大型底部厚實的平底深鍋，或鑄鐵鍋加熱，加入洋蔥和西洋芹末與百里香，以小火加熱10分鐘，不時攪拌。

♥ 加入罐頭番茄，裝滿2罐頭的水一起加入。以糖、鹽和胡椒調味。攪拌一下，加熱到沸騰。轉成小火慢煮，同時來做肉丸。

♥ 將肉丸材料和預留的洋蔥和西洋芹末，以及適量的鹽，放入大碗裡，用雙手輕柔混合（想要的話，可戴上CSI手套，**見17頁**）。不要揉搓太用力或太久，這樣會使肉丸質地緊實變重。

♥ 開始做肉丸，最簡單的方式是舀出一小湯匙滿滿的肉餡，用手掌揉出球形。將做好的肉丸放在鋪了烘焙紙的烤盤上。約可做出50個小肉丸。

♥ 將這些肉丸小心地加入慢滾的醬汁內，我通常會先放鍋子外側那一圈，再漸移到中央。

♥ 讓肉丸慢煮30分鐘，直到熟透。搭配米飯、義大利麵或其他你喜歡的主食。有時候，我會搭配芝麻菜和檸檬北非小麥（見**第90頁**），使口味更升級。

事先準備
醬汁和肉丸可在二天前先做好。將肉丸和醬汁移到非金屬碗裡，冷卻後儘快覆蓋冷藏。以平底深鍋用小火重新加熱，不時攪拌（不要弄碎肉丸），直到肉丸和醬汁沸騰。

冷凍須知
冷卻的肉丸和醬汁可放入密閉容器內，冷凍保存三個月。如果分量很多，分批冷凍會比較方便。放入冰箱隔夜解凍，如上述方法重新加熱。

Afrian drumsticks 非洲雞腿

第一次吃這道菜時，和現在的版本有些不同，那是在一個南非朋友的家裡。醬汁相同，但用來醃漬和烹調的是豬肉。我比較喜歡這裡的版本，因爲豬肉的油脂使醬汁太過油膩，你知道，我已經是最不怕油膩的人了，我的孩子也一樣。

我的朋友，也開始接受這雞腿版本，她說杏桃果醬是她家鄉菜的基本要素，然而，我對原始食譜所做的另一個調整，就是減少杏桃果醬的分量，希望她不會生氣。這樣甜度適中，仍帶有大人喜歡的溫暖辛香味，又不致讓小孩無法接受。若食客包括幼兒，可減少芥末粉的量。

如果講求眞實的南非風味，可加入一杓Mrs Ball's chutney－非洲大陸的官方調味品。

4-8人份，*依年紀和食慾而定*

伍斯特辣醬80ml
番茄醬（ketchup）4大匙 ×15ml
英式芥末粉（English mustard powder）2小匙或適量
薑末1小匙
杏桃果醬（apricot jam）1大匙 ×15ml
洋蔥1顆，去皮切碎
雞腿8根，最好是有機的
大蒜油1大匙 ×15ml

♥ 將烤箱預熱到200℃ /gas mark6。將伍斯特辣醬、番茄醬、芥末粉、薑末、杏桃果醬和切碎的洋蔥放入淺盤內混合。

♥ 將雞腿浸入醃料裡，均勻沾裹（想要的話，可覆蓋冷藏一整晚幫助入味）。將油倒入小型烤盤或耐熱盤裡（剛好容納全部雞腿的大小），稍微左右傾斜一下，使油均勻覆蓋底部。將雞腿擺放好，澆上剩下的醃料。

♥ 烤45分鐘到1小時，中間澆淋醬汁1-2次，盤子越深，雞腿上色和煮熟的所需時間越長。

事先準備

雞腿可先放入碗裡醃漬，覆蓋好冷藏一整夜。

冷凍須知

雞腿可放入醃醬裡，用冷凍袋冷凍保存三個月。放入冰箱隔夜解凍（用碗盛著以防冷凍袋醃汁漏出），依照食譜指示加熱。

Spaghetti with marmite 馬麥醬義大利麵

這道食譜是我在安娜戴康堤Anna Del Conte*的回憶錄Risotto with Nettles裡發現的。她很多食譜都是我可以借鏡的；我也的確借了不少，不過這道食譜我一定要在這裡介紹給你。她說，這根不算不上是食譜，但我還是要寫出來，因爲到目前爲止，我還沒發現有哪個小孩不喜歡的。一旦唸到這段開頭，我就被征服了（克服了最初的不爽以後，因爲相交多年，她竟然沒有提過這道食譜）。當然，因爲我瘋狂喜愛馬麥醬 Marmite 也有幫助，我知道一定好吃。結果，眞的是....。最近我成了叛徒，逐漸靠向維吉麥Vegemite的那一邊，但不意外的它也可行，雖然在地球恰恰相反的兩端。

我知道義大利麵和馬麥醬（Marmite）的組合，聽起來似乎無法引起食慾，但請稍待片刻。傳統上，這道麵食是在爐烤大餐的隔天享用，將義大利麵和剩下的雞高湯拌勻。我在義大利吃過快速版（我自己在廚房毫不羞恥地複製），一顆高湯塊捏碎後，加入一些奶油、橄欖油、切碎的迷迭香和少許煮麵水，就是好吃的義大利麵醬汁。如果這樣來想的話，馬麥醬就像高湯塊一樣，提供其中的美味鹹味。

我很開心這道食譜能收進來，感謝Anna。不過，就算這不是她的食譜，每次煮義大利麵時，我都會想到她，尤其是她教我的兩件事：第一，煮義大利麵的水要和地中海一樣鹹；第二，義大利麵不能完全瀝乾，而是con la goccia也就是應該還蘸上一點煮麵水，這樣才能和醬汁融合得更好。也是她教我，瀝麵前要先舀出一點煮麵水，以供調整醬汁的濃淡。

* 極富盛名義裔飲食作家與食譜作者。

4－6人份，*依年紀和食慾而定*

乾燥義大利直麵375g	**馬麥醬（Marmite）1小匙或更多，適量**
無鹽奶油50g	**現磨帕瑪善起司，上菜用**

♥ 用大量加了鹽的滾水來煮義大利麵，依照包裝指示的時間。

♥ 義大利快煮好時，用小型平底深鍋來融化奶油，加入1小匙馬麥醬和1大匙煮麵水，充分攪拌溶解。預留½杯煮麵水，將義大利麵瀝乾，倒入馬麥醬醬汁，需要的話，加一點煮麵水來調整濃度。搭配大量磨碎的帕瑪善起司上菜。

Chicken fajitas 雞肉法士達

不知道這是出自我雄性氣概或幼童的那一面（這兩面有其相似重疊之處，難免時有混淆），我喜歡在餐桌上來一點DIY。法士達fajitas，依照德州墨西哥人的道地念法是faheetas；支持Kath'n'Kim的念法是fagytas，可以讓我們有事做又不會太忙，對下廚的人和食客都是如此。我猜，它們就是中式烤鴨和捲餅的德墨版本，只不過更適合在家裡複製。首先，墨西哥捲餅可以買到現成的（我建議你一次買上2包而非只有1包，因爲我發現自己總是可以再多吃1-2張餅，而且剩下的餅可以冷凍起來下次再用）；其次，雞肉的部分只需花數分鐘。

如果你說這個版本並不道地，我也願意接受。我懂甚麼呢？不過，我知道的是，這是一道令人開心的晚餐，對下廚的人和食客依然如此，而且對我來說，比起在旅遊各地嚐到的法士達，味道相差並不大。在這裡，我用洋蔥、甜椒和辛香雞肉，做成一種多汁什錦快炒；有時候，我會把洋蔥和甜椒炒在一起，將雞肉分開來料理。如果有雞肉剩菜的話，我也常用來變化成清冰箱料理，將撕下的雞肉絲，和甜椒、洋蔥一起加入鍋裡翻炒到全部煮滾爲止。

傳統上用來搭配這道菜的莎莎，不太合我的口味，因爲醋味太重，所以我用冰箱常備的金寶辣椒醬Jumbo chilli sauce（**見121頁**）來代替。若你要捨棄洋蔥和甜椒，我建議製作搭配墨西哥千層麵（mexican lasagne，見**第105頁**）的番茄莎莎。另外我要重申，沒有墨西哥奧瑞岡也沒關係，就用一般的奧瑞岡。我只是上回剛好在美國時，順手買了一些墨西哥奧瑞岡回來，發現它們充滿美妙的大地農村氣息。不過我猜這只是幻想。

最後一點，要做出快速、跨世代的晚餐，可依照以下步驟準備雞肉，但不做成法士達，而是拌入白飯和豌豆（見**第344頁**）內享用。

4人份，*但可勉強做成食量小的8人份*

去皮雞胸肉，最好是有機的2片
乾燥墨西哥或一般奧瑞岡1小匙
小茴香粉（cumin）1小匙
粗海鹽1小匙或罐裝鹽 ½ 小匙
糖 ½ 小匙
大蒜油1大匙 ×15ml，外加2小匙
萊姆汁2大匙 ×15ml
花生油或一般橄欖油2大匙 ×15ml
洋蔥2顆，去皮切半，切成細的半月條狀
紅椒1顆，去核去籽切條狀
橙椒1顆，去核去籽切條狀
黃椒1顆，去核去籽切條狀
柔軟的墨西哥薄餅（tortillas，見上頁介紹）
8片

選擇性配料：
切達或傑克起司（Monterey Jack）
起司100g，磨碎
法式鮮奶油（crème fraîche）或酸奶油
（sour cream）125ml
玉米罐頭1罐 ×198g，瀝乾
酪梨1顆大的或2顆小的，切碎，
以 ½ 小匙粗海鹽和2小匙萊姆汁調味
萵苣（iceberg）¼ 或 ½ 顆，切絲
切碎的香菜裝滿1個耐熱皿（ramekin）
辣椒醬（hot chilli sauce），
上菜用（可省略）

❤ 在淺碗上方，用剪刀將雞肉縱切成細條狀（1-2cm），再剪成半（類似甜椒條的尺寸）。不用執著精確性，主要是要將雞肉切成好包裹的入口大小。

❤ 雞肉切好落入碗裡後，加入奧瑞岡、小茴香、鹽、糖、1大匙大蒜油和萊姆汁。混合均勻後醃漬入味。同時來處理洋蔥和甜椒。如果想溫熱墨西哥餅皮，可將烤箱預熱到125℃ /gas mark½。

❤ 以大型平底鍋或中式炒鍋加熱花生或橄欖油，將洋蔥半月條以中火炒熟，中間不時攪拌，約需5分鐘。

❤ 將墨西哥餅攤平在烤盤裡，放入烤箱溫熱。

❤ 將甜椒加入洋蔥鍋裡，續炒10分鐘，當洋蔥和甜椒都變軟後，移到碗裡。

❤ 在鍋裡加熱剩下的2小匙大蒜油，倒入雞肉和醃汁。加熱5分鐘，不時攪拌。確認雞肉沸騰並完全煮熟，加入碗裡的洋蔥和甜椒，混合均勻，倒入上菜的盤子裡。

❤ 取出熱好的墨西哥餅皮，和混合了洋蔥、甜椒雞肉，及其他配料，一起上菜。想吃甚麼就包入餅皮內，立即食用。

事先準備

洋蔥和甜椒可在一天前先切好。用保鮮膜包緊冷藏。雞肉可在一天前切好，拌上奧瑞岡、小茴香和大蒜油，用保鮮膜包緊冷藏。開火前，再加入萊姆汁和鹽。

HURRY UP, I'M HUNGRY!
快點，我餓了！

當我們最需要從食物補充元氣的時候，偏偏正是缺少時間的時候，這似乎真的是太不公平的事了。忙碌的一周過了一半，家務開始堆積，我和孩子的交稿 / 作業期限逐漸逼近（孩子的家庭作業對身爲家長的我來說，比我自己當小孩子時造成的壓力更大），心裡的壓力可以用蓋格計數器（Geiger counter）量得出來，在我的低血糖把已經夠緊繃的氣氛，逼得更一發不可收拾之前，最好能確保食物趕緊上桌。

我知道，如果我說太久沒進食，會讓我想要自殺和謀殺他人，聽起來似乎很歇斯底里，或是爲了追求戲劇效果太過誇張，但這是我已經在自己和他人身上體認的事實。因此，爲了避免這種不愉快的結果，我的策略就是準備這一章內（和本書其他地方，見第**486頁**快速食譜索引 Express Index）的食譜。

我曾經爲了這些快速美味的食物，寫了一整本書，這個主題當然不是什麼全新的概念，但我並不因此減少推廣或鬆懈。我仍然覺得，許多人不下廚，是因爲他們以爲這是什麼了不得的工程。最近有一次，我爲自己和好友煮晚餐（見**441頁**的血腥瑪麗亞 Bloody Maria），我們聊著天，說著閒話，時間就這樣過去了。我站在爐子前，有時認真地發表意見，有時閒扯淡，不時用一把廚房鉗把面前的食物推一推、挪一挪，她坐在廚房的餐桌上，面對著我。過了大概10分鐘，我把她的食物盛在盤子裡推給她，她看著我一臉驚訝，說根本沒看到我在做菜！從某個角度來說，我懂她的意思，因爲這不是大寫字母（引人注目）的做菜，而是小寫字母的版本，是我做任何料理的出發點，在忙碌的日子裡，我壓根不會想到要超越這個範圍。工作的內容就只是把東西放到爐子上，然後拿下來，就這樣。

也許這種描述太過簡化－不過只有一點點。接下來的快速午餐或晚餐菜色，就是這個主題的變化。酥脆的熱培根塊，轉變爲調味汁的基底。把肉從鍋裡取出後，立即倒入檸檬汁，就變成美味的醬汁。一切都是依照著食物的味道自然發展。

Egg and bacon salad 蛋和培根沙拉

我可以在一天的任何時刻吃早餐，我還眞的常這樣，但這是一種主題的變化，値得嘗試。我知道這樣就洩漏了我的年代－蛋和培根是八十年代晚期流行的宴會菜色之一。倒不是說要來個口味復興，只是像這麼美味豐腴的東西，是絕不會退流行的。

4人份，*當作清淡午餐或開胃菜*

雞蛋4顆
菊苣 escarole 或捲葉 frisee 或其他自選苦味生菜1顆
大蒜油1小匙
煙燻五花肉（lardons），或煙燻培根切塊200g
第戎芥末醬1小匙
蘋果酒醋4小匙
伍斯特辣醬少許
平葉巴西里1小把，切碎

❤ 將雞蛋放入裝了水的平底深鍋內，加熱到沸騰，滾1分鐘，關火，讓雞蛋在熱水裡靜置10分鐘。我都是這樣煮雞蛋的，因爲我喜歡蛋黃呈現剛凝固的狀態，中央透出接近液體般的金黃色；蛋白也是驚人的滑嫩。如果想要煮得熟一點、有彈性的扎實水煮蛋、蛋黃緊實呈粉末狀，就讓爐子上的火煮10分鐘（如果食客的免疫系統不是完全健康，如老人、孕婦、幼兒等，便要比照辦理）。

❤ 同時，將沙拉葉撕成入口大小（大一點沒關係），放入碗裡。

❤ 用平底鍋加熱大蒜油，將煙燻五花肉或培根煎到酥脆，約5分鐘。

❤ 倒出水煮蛋鍋裡的水，將雞蛋在冷水下沖洗，等到觸感不燙手後，便可剝殼。

❤ 將平底鍋關火，用溝槽鍋匙將培根移到廚房紙巾上瀝乾。同時來製作調味汁。

❤ 將第戎芥末醬加入鍋裡，和培根油脂攪拌混合，加入醋和一點伍斯特辣醬，再攪拌均勻，倒在沙拉葉上，拌勻。

♥ 加入培根拌勻。將雞蛋切成四等份，和切碎的巴西里一起加入。輕柔的混合一下，但不要攪拌將雞蛋弄碎。

事先準備
水煮蛋可在4天前先做好。冷卻後不剝殼，放入密閉容器內冷藏。上菜前再剝殼。

Mussels in cider 蘋果酒煮淡菜

這個標題就簡單解釋了其中的主要材料，但完全無法傳達那簡單省事卻營造出盛宴般的輝煌感。想要的話，可以將洋蔥和一把義式培根（pancetta）塊，一起煎到變色酥脆，做成鹹味湯汁。不過我很喜歡清爽的蘋果酒風味，能襯托出淡菜的簡單甜味。

2人份，*當作主餐，或是4人份的開胃菜*

淡菜（mussels）2kg
一般橄欖油2-3大匙 ×15ml
洋蔥1顆，去皮切末，或蔥3根，切片
大蒜2瓣，去皮切片
切碎的新鮮巴西里3-4大匙 ×15ml
不甜的（dry）蘋果酒500ml

♥ 將淡菜泡在裝了冷水的水槽或碗裡。用刀子刮除寄生螺，拔掉足鬚。如果買已包裝好的，就不需要處理，但最好有所準備。有任何一點破損的淡菜都不要用，將已經開啓的淡菜，在水槽邊輕敲一下，如果不會合上也予以丟棄。

♥ 將橄欖油倒入附蓋的大型湯鍋內（要能容納全部淡菜），以中火加熱，加入洋蔥末（或蔥片）、蒜片和約1大匙的巴西里。攪拌加熱約1-2分鐘，直到變軟。

♥ 倒入蘋果酒，轉成大火，再加入清潔好的淡菜，蓋上蓋子。煮2分鐘左右，並不時搖晃一下鍋子。

♥ 查看一下淡菜是否打開了，如果沒有，再煮1分鐘。如果開了，將鍋子離火，靜置一下使湯汁沉澱，也讓淡菜裡流出的砂礫沉到底部。

♥ 將淡菜分盛到碗裡，舀上湯汁，不要舀到沉澱的砂礫。撒上剩下的巴西里，和一個放殼的空碗、一條用來蘸取美味幸福湯汁的麵包，一起上菜。不要強行打開在烹調中未開啓或貝殼受損的淡菜，這些都應丟棄。

Lamb with rosemary and port 羊肉佐迷迭香與波特酒

我喜歡那種不用費力就可做好的晚餐，但大家一樣吃得津津有味。眞的就是這樣：做菜是很簡單的事，要搞得很複雜也可以，不過沒必要。就算體力不濟，這道菜做來仍然輕鬆，而且吃了就能讓你恢復元氣。它也帶有令我們懷念的舊味道：我猜來自於肉汁和刮除鍋底精華（deglaze）結合而成的美味（且大量）的醬汁。可搭配一兩個清蒸小馬鈴薯，吸取醬汁。但搭配罐裝坎尼里尼白豆或笛豆（cannellini or flageolet beans）（瀝乾後，混合一點大蒜油和水、鹽，用爐子加熱）、一堆義大利米麵（orzo，其實比較像珍珠麥吧，通常用來煮濃湯，在美國常做成沙拉）也一樣開心。撕成小塊的麵包，用來蘸取湯汁，以及一些簡單的水煮四季豆，便是絕佳搭配。

2人份

橄欖油1大匙 ×15ml
伍斯特辣醬2小匙
去骨羊腿排（lamb leg steaks）2片

醬汁材料：
奶油1大匙 ×15ml
迷迭香1把
大蒜1大瓣
紅寶石波特酒（ruby port）4大匙 ×15ml

❤ 將油和伍斯特辣醬在碗裡混合，抹在羊肉上（用刷子或直接將羊肉浸入碗裡）。

❤ 加熱底部厚實的平底鍋，將羊肉每面煎3分鐘，依照厚度和你喜歡的熟度而定。若想用羊菲力（lamb fillets）或里脊肉（noisettes），我建議1人份是2片，加熱時間要縮短。

❤ 將羊肉用鋁箔紙包起來，放在溫熱的盤子上靜置休息一下，同時製作醬汁。此時鍋子下的火仍開著，轉成小火，加入奶油融化，將迷迭香葉切碎後一起加入。

❤ 將大蒜去皮後壓碎或切碎，加入鍋裡。倒入波特酒，讓它沸騰稍微濃縮。打開羊排，將裡面的肉汁倒入鍋裡。將羊排盛到盤子上，澆上醬汁。

Tarragon chicken 茵陳蒿雞肉

這是經典法國菜 poulet a l'estragon 的快速版（想要更快速，可以把雞胸肉敲扁，或用火雞薄肉片 turkey escalope 取代－這道菜的名字就押頭韻了），再次重溫舊時代的溫暖韻味。鮮嫩雞肉（事先水煮過）、新鮮芳香、香草味十足的茵陳蒿、足量的苦艾酒，都被濃郁的白色醬汁包圍集中起來：它帶有我們記憶中、或快樂想像裡，法國小酒館懷舊厚實的迷人風味。買不到新鮮茵陳蒿也別喪氣，在開始的步驟裡加倍冷凍茵陳蒿的量，最後再加一點切碎的新鮮巴西里。鮮奶油之外，若能另外加入 1 小匙的茵陳蒿芥末醬，我保證，滋味絕對值得。至於鮮奶油的量 ... 先別怪我，這是傳統烹飪，可別讓新世紀的飲食考量來從中作梗。但是如果你堅持，鮮奶油的量可以減少一半，在雞肉煮了最初的 5 分鐘後，可和其他材料一起加入額外 30ml（2 大匙 ×15ml）的苦艾酒。

搭配一大碗四季豆和蘆筍尖，與清蒸小馬鈴薯。或是我自己最喜歡的，用叉子和一點點含鹽奶油與現磨白胡椒，一起拌鬆的巴斯瑪蒂米飯。

2 人份

大蒜油 2 小匙
青蔥 2 大根或 4 小根，切蔥花
冷凍（freeze-dried）茵陳蒿 ½ 小匙
雞胸肉 2 塊，去皮去骨
苦艾酒或白酒 80ml
粗海鹽 ½ 小匙或罐裝鹽 ¼ 小匙
濃縮鮮奶油（double cream）60ml
新鮮白胡椒，現磨用
切碎的新鮮茵陳蒿 2 小匙，
外加用來撒的小量

♥ 用附蓋、可剛好容納雞胸肉的平底鍋或鑄鐵鍋，加熱大蒜油。加入蔥、攪拌一下，撒入冷凍茵陳蒿，再攪拌一下，炒 1 分鐘，並不時攪拌。

♥ 加入雞肉，凸出的部分朝下，加熱 5 分鐘。如果蔥開始變色，把它們從鍋底刮下，移到雞肉上。

♥ 將雞肉翻面，加入苦艾酒（或白酒）。苦艾酒沸騰後，加入鹽。蓋上蓋子，轉成小火，慢煮 10 分鐘。在雞肉最厚部位劃切一刀，確保流出的肉汁不帶血色，即完全熟透。若尚未煮熟，續煮幾分鐘再檢查。

❤ 將雞肉移到溫熱的盤子上。將鍋裡醬汁加熱到沸騰，加入鮮奶油，攪拌均勻，撒入新鮮茵陳蒿，攪拌一下，磨入足量的白胡椒。

❤ 將醬汁澆在雞肉上，撒上預留外加用的茵陳蒿，上菜。

Redcurrant and mint lamb cutlets 紅醋栗和薄荷羊排

我媽以前常做一種仿坎伯蘭（Cumberland）醬汁，來搭配羊排。她會將數勺紅醋栗果醬（red current jelly）舀入碗裡，加入一點磨碎的柳橙果皮、柳橙汁與切碎的新鮮薄荷（或乾燥薄荷，若恰好沒有新鮮的）。奇怪，還眞好吃。以下的食譜，就是這種做法的延伸。我從她身上學到，不耐煩，也可以是促使料理者發揮創意的原動力。因爲懶惰，所以做出了這道菜；貪心得到回報：眞是不錯的結局。

這道菜我喜歡搭配一些快速香烤馬鈴薯餃（Rapid Roastini，見下一頁），和一小堆味道辛辣的沙拉葉。

2人份

大蒜油1大匙 ×15ml
羊小排（lamb cutlets）6片
克萊門汀 / 薩摩柳橙（clementine/satsuma）汁1顆（約75ml）
紅醋栗果醬（redcurrant jelly）1大匙 ×15ml
伍斯特辣醬少許
紅酒醋或雪莉酒醋少許
鹽和胡椒適量
新鮮薄荷，切碎1小把

♥ 將油以平底鍋加熱，將羊肉每面煎2-4分鐘，依照喜歡的熟度和羊排厚度爲準。

♥ 將羊排移到大張鋁箔上，塑形成袋狀並密封，放在溫熱的盤子上。

♥ 轉成小火，加入果汁、伍斯特辣醬、醋、鹽和胡椒，攪拌均勻。將鍋子離火。

♥ 打開羊排包裹，分盛到2個溫熱盤子上，將鋁箔紙包裡的肉汁倒入鍋裡，攪拌均勻。將醬汁澆在羊排上。

♥ 撒上約2大匙的薄荷碎，剩下的一起上桌，供食客取用。

Speedy scaloppine with rapid roastini
快速香煎肉片和馬鈴薯餃

好吧，我當然知道，薄肉片本不需長時間的烹調，但每次做這道菜，總是不禁心懷感謝，因爲眞的太快速了。這些肉片，就像義大利人擅長的做法，薄薄地沾裹上一點調香過的麵粉，然後澆上以檸檬入味的鍋底醬汁。在義大利，通常用的是小牛肉（veal），我在這裡用的是豬肉－或更常用的是－火雞肉。

2人份

麵粉2大匙×15ml
混合辛香料（mixed spice）少許
卡宴胡椒粉（cayenne pepper）少許
火雞或豬肉薄肉片（escalopes）4小片，共約350g
大蒜油2大匙×15ml
磨碎的檸檬果皮和果汁1顆
鹽適量

- ❤ 將麵粉和辛香料放入冷凍袋內，加入肉片，加以搖晃使肉片均勻沾裹。
- ❤ 以底部厚實的平底鍋，加熱油，加入沾裹了麵粉的肉片，每面煎2分鐘，直到剛熟透。
- ❤ 將肉片移到溫熱的盤子上，將鍋子離火。
- ❤ 將檸檬果皮磨入（仍溫熱的）鍋裡，擠入檸檬汁，攪拌直到果汁呈金黃色，略帶糖漿般質感。以鹽調味，將醬汁澆在肉片上，搭配接下來的快速香烤馬鈴薯餃。

Rapid roastini 快速香烤馬鈴薯餃

我是非常相信直覺的人，每次一旦猶豫，不勇敢去做自己認爲是對的事情，事後一定後悔，在廚房內外都是一樣。在廚房裡的例子是，有天深夜當我在泡澡冥想時，突然靈光一現，如果把馬鈴薯餃（ginocchi）油煎一下，可能就會像我在 Express 一書裡的熱煎（sautéed）馬鈴薯。我把這個想法和周遭的人提起，最好的反應就是一種客氣的苦笑。我不管，試做看看，結果如我所料，眞是滿意啊。它們的外表酥脆，內部鬆軟，十分香甜美味。事實上，與其說像嫩煎馬鈴薯，它們更像烤迷你馬鈴薯，因此才取了這樣的菜名。如果想要，眞的可以用爐烤的，送入預熱200℃ /gas mark6的烤箱，一面爐烤10分鐘。我發現，如果馬鈴薯餃的份量超過250g就不好煎，所以要餵飽很多人的時候，烤箱是不錯的選擇（只是較慢）。我用250g做出2人份，這是半包馬鈴薯餃的量（剩下的半包密封好，可在冰箱冷藏保存三天，或冷凍保存1個月）。一般的原則是：小孩子的1人份是100g，大人是125g，男人和青春期男孩是150g。我必須告訴你，用它來作爲雞肉的快速配菜，眞的太理想了，香噴噴熱呼呼，這金黃色的小餃子，撒上粗海鹽，和一杯冰涼的啤酒一起下肚，眞是過癮。

2人份

一般橄欖油2大匙 ×15ml

義大利馬鈴薯餃（ginocchi）250g

♥ 以大型平底鍋將油加熱。

♥ 放入馬鈴薯餃，確認彼此不相沾黏，油煎4分鐘，翻面再煎4分鐘。

♥ 若要用爐烤的，將餃子倒入烤盤裡，加入油，送入預熱200℃ /gas mark6的烤箱，烘烤20分鐘，在第一個10分鐘過後搖晃攪拌一下。

Golden sole
with tarted-up tartare sauce 黃金比目魚和酸味塔塔醬

不錯，這是用小頭油鰈（lemon sole）做成的，但是它的金黃色來自－眞令人開心－沾裹魚身的金黃玉米粉（取代麵包粉），放入鍋裡快速油煎一下即成。這裡的指示份量是2片魚，但我發現你去超市買的話，一包裡面會有3片。這也不是問題，要嘛貪心一點晚餐全吃光，或剩下一條吃冷的－對，沒錯－夾進三明治裡，塗上剩下的塔塔醬吃。

如果有時間蒸一點小馬鈴薯，就這樣做吧；不然的話，這些酥脆魚片配上略帶辛辣的塔塔醬、葉菜沙拉、也許再加一兩顆醃漬鵪鶉蛋，就是完美的晚餐。只是因爲我剛好找到一罐鵪鶉蛋，搭配起來還眞是天作之合。

2人份

雞蛋1顆
大蒜油少許
鹽和胡椒適量
即食玉米粉（instant polenta）125g
小頭油鰈（lemon sole）或其他白肉魚2片
花生油或玉米油，油煎用

酸味塔塔醬材料：
磨碎的檸檬果皮和果汁 ½ 顆
粗海鹽 ½ 小匙或罐裝鹽 ¼ 小匙
法式鮮奶油（crème fraîchen）100g
酸豆（baby capers）（nonpareil 品種）2小匙
甜酸醃漬黃瓜（pickled cucumber/gherkin）1根，或醃漬迷你黃瓜（cornichons）50g
墨西哥辣椒（Jalapeño 玻璃罐裝）3片（切碎）
切碎的新鮮茴陳蒿1大匙 ×15ml，外加用來撒的量
切碎的新鮮巴西里2大匙 ×15ml，外加用來撒的量

♥ 在能夠容納魚片的淺盤裡，將雞蛋、大蒜油、鹽和胡椒，一起打散。靜置一會兒。

♥ 將玉米粉倒入另一個相同尺寸的盤子裡。

♥ 一次一條，將魚片的兩面都沾裹上第一個盤子的蛋汁，再用力均勻沾裹上第二個盤子的玉米粉，將完成的魚片放在冷卻網架上，同時製作醬汁。

♥ 將檸檬果皮磨入碗裡，擠入果汁。加入鹽，攪拌溶化。

♥ 加入法式鮮奶油、酸豆、切碎的酸黃瓜、辣椒、茵陳蒿和巴西里，用叉子攪拌混合。將醬汁倒入耐熱皿（ramekin）或小碗內，撒上切碎的香草。

♥ 在平底鍋裡加熱高度2-3mm的油，加入沾裹好玉米粉的魚片，每面煎1-2分鐘，直到外表香酥，內部熟透。將魚片移到鋪了廚房紙巾的砧板或烤盤上，再裝盤。搭配塔塔醬汁、醃蛋和檸檬風味沙拉上菜。

事先準備

沾裹好的魚片可事先準備，但最好立即冷凍（見下方說明），再進行烹調。

冷凍須知

如果事先冷凍過，不要再進行冷凍。魚片沾裹上玉米粉後，放在鋪了保鮮膜的烤盤上，鋪上另一層保鮮膜，冷凍到變硬。移入可密封的冷凍袋裡，可冷凍保存三個月。取出後不須解凍，直接依照食譜方式油煎，烹調時間延長1-2分鐘，上菜前，確認魚肉完全熟透。

Scallops with thai-scented pea puree
香煎干貝與泰式調香豌豆泥

我愛極了鮮干貝的彈性與香甜，也許你以爲搭上同樣香甜的豌豆太過乏味，但是，泰式綠咖哩醬裡的香菜、辣椒和香茅，神奇地提供了一絲辛辣和深度，使豌豆泥雖然含一點辛辣感，仍然能夠撫慰人心。這眞是一道令人滿足的特殊美食，對食客和下廚者都是。

2人份

冷凍豌豆500g
泰式綠咖哩醬1-2大匙×15ml
法式鮮奶油75g
粗海鹽或罐裝鹽適量
花生油或其他無味油2小匙
奶油2小匙
大型鮮干貝（scallops）（魚販帶殼賣的那種）或小型干貝（超市包裝販售）12個，最好是潛水撈捕的
萊姆汁1顆
切碎的新鮮香菜或泰式羅勒1-2大匙×15ml

♥ 將豌豆放入加了一點鹽的滾水中，煮到軟後瀝乾，倒入果汁機內，加入1大匙泰式綠咖哩醬和法式鮮奶油。以鹽調味，再依個人口味也許再加入一點咖哩醬。

♥ 將油和奶油放入平底鍋內加熱，直到產生泡沫，將干貝每面煎2分鐘。若使用大型干貝，有時候斜切成兩半會比較容易。當中央部份變得不透明而鮮嫩美味，外表成幾乎焦糖化的金黃色時，就是煎好了。

♥ 將干貝移到2個溫熱的盤子上，接著擠入萊姆汁，刮下鍋底精華（deglaze），攪拌均勻，混合每一滴美味，再澆在分裝在2個盤子的干貝上。

♥ 將豌豆泥舀在干貝旁，撒上切碎的香菜或泰國羅勒。想要的話，搭配一顆萊姆角上菜。

事先準備

豌豆泥可在2-3小時前先準備。將豌豆瀝乾後，立即用大量冷水沖洗。冷卻後，加入1大匙泰式綠咖哩醬和法式鮮奶油打成泥。放入碗裡，覆蓋，放在陰涼處或冰箱保存。用平底深鍋小火重新加熱，上菜前加以調味。

Korean calamari 韓式烏賊

從來沒有一道快速料理嚐起來如此美味！是的，你的確需要特地去買這款美味的醬料－想像一下帶有香甜煙燻風味的辣椒，幾乎如甘草（liquorice）般濃郁－只要你買到了，這美味的王國就是你的了。即使如此，我猜你還是可以用自選的辣椒醬來變化調味，只是我從來沒吃完那色彩明亮的 gochujang －上面寫著 Hot Pepper Paste（Chal）而未補貨過，所以也不能以個人經驗下評論。

事實上，不論我正在做甚麼，我都可以立刻停下來，只花一會兒工夫就把這道菜做好：蔥在冰箱，烏賊在冷凍庫，其他的材料手邊都有，如果沒有小玉米，我也很樂意換成其他剛好有的蔬菜。

2人份

壽司米150g
小烏賊（baby squid）150-175g
米酒2大匙 ×15ml
韓式辣椒醬（Korean gochujang paste）2大匙 ×15ml
醬油2大匙 ×15ml

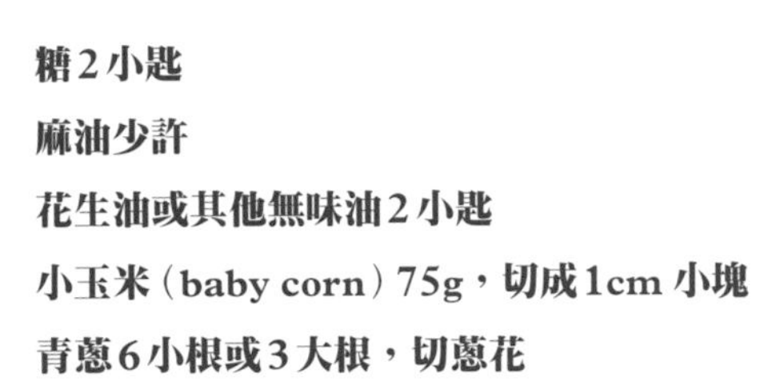

糖2小匙
麻油少許
花生油或其他無味油2小匙
小玉米（baby corn）75g，切成1cm小塊
青蔥6小根或3大根，切蔥花

♥ 根據包裝說明，將壽司米煮好，或用電子鍋煮。

♥ 將烏賊觸手從烏賊身體擠出，將烏賊切成圈狀，和觸手一起放入碗裡，加入2大匙米酒，靜置15分鐘後瀝乾，保留米酒。

♥ 在米酒碗裡加入韓式辣椒醬、醬油、糖和一點麻油，混合均勻。

♥ 加熱大型中式炒鍋或底部厚重的平底鍋，鍋子熱後，加入2小匙花生油或其他無味油。

❤ 加入小玉米片和蔥花，翻炒2分鐘。

❤ 加入瀝乾的烏賊，翻炒1-2分鐘，直到烏賊變得不透明。

❤ 將醬汁倒入鍋裡，翻炒30秒左右到沸騰，分盛到2碗壽司飯上。

冷凍須知
新鮮烏賊可切成圈狀，和觸手一起放入冷凍袋裡，儘量擠出多餘的空氣，冷凍可保存三個月。記得和魚販或超市確認，烏賊未事先冷凍過。放入冰箱隔夜解凍，下墊盤子以防漏溢。

korean keema 韓式肉末咖哩

keema（音：姬瑪）是一道辛辣的絞肉咖哩（通常是羊肉），味美治宿醉。這裡的版本用的是火雞肉，而且更重要的是，辛辣感的來源，是我手邊常備的韓式辣椒醬（gochujang，見**第74頁**韓式烏賊），能使疲勞的味蕾復甦，或拯救乏味食材。火雞絞肉本身沒有甚麼驚人的美味，但辣椒醬的香濃帶來徹底的轉變。晚餐只要數分鐘就能上桌；若要更快速，可以買預煮好的米，放入微波一下即可。

2人份，*慷慨的份量*

巴斯馬蒂米或壽司米150g
火雞絞肉250g
青蔥6小根或3大根，切碎
冷凍豌豆125g
蔬菜或花生油1小匙
米酒2大匙 ×15ml
切碎的新鮮香菜1-2大匙 ×15ml

醬汁材料：
韓式辣椒醬2大匙 ×15ml
蜂蜜1大匙 ×15ml
米酒1大匙 ×15ml
醬油2大匙 ×15ml

♥ 根據包裝說明，將壽司米煮好，或用電子鍋煮。將一壺水煮滾，準備煮豌豆。

♥ 將醬汁材料攪拌混合，加入火雞絞肉拌匀。靜置5分鐘，同時進行其他工作，如切蔥或燙豌豆。

♥ 將中式炒鍋或底部厚重平底鍋加熱。同時，將水壺裡的滾水澆在濾盆裡的冷凍豌豆上，讓熱水流經將豌豆解凍。當鍋子夠熱時，加入油，再加入解凍的豌豆和切碎的蔥。翻炒3-4分鐘。

♥ 加入火雞肉和醬汁，翻炒4-5分鐘，直到煮熟。

♥ 在醬汁碗裡加入2大匙的米酒，和4大匙的水，用湯匙將碗裡刮乾淨，倒入鍋裡，翻炒30秒到沸騰。

♥ 倒在碗裡的米飯上，撒上大量的碎香菜。

事先準備

豌豆可事先解凍，蔥可先切好。火雞肉可在1小時前先醃入醬汁（因爲醬油裡的鹽和醋裡的酸性，所以不能醃得更久）。剩菜要盡快覆蓋冷藏。以小火用平底深鍋或微波爐重新加熱到沸騰，但豌豆和蔥的顏色會變得較黯淡。

Sunshine soup 陽光濃湯

七〇年代，英國有紅極一時的流行歌叫 Instant sunshine，這就是它的濃湯版本。那滑順的質感來自甜椒，用烤箱烤過後打碎，再混入以高湯煮過的玉米。就只是這樣，但它的健康元素能夠提振精神－為雨天也帶來陽光。

我喜歡它的口感滑順綿密，帶有一點玉米的顆粒感，但你可自由調整湯的滑順與粗粒度。至於甜椒的部份，2個黃色甜椒或2個橘色甜椒都無所謂。

開胃菜的4人份，*或當作主菜的2人份*

黃色甜椒1顆
橘色甜椒1顆
大蒜油2小匙

蔬菜高湯或雞高湯1公升（高品質的高湯粉、塊或濃縮液，最好是有機的）
冷凍玉米粒500g
鹽和胡椒適量

♥ 將烤箱預熱到250℃ /gas mark9，將小型烤盤鋪上鋁箔紙。

♥ 將甜椒去除蒂、籽與白色部份，切成條狀，放在烤盤上，光澤表皮部分朝下。撒上油，稍微抹勻使每面都覆蓋上一點油，將光澤表皮面翻轉朝上。送入烤箱烤25分鐘。

♥ 將剛煮滾的1公升水倒入鍋子裡，依照需要的濃度加入適量的蔬菜高湯粉或雞湯塊等。加入冷凍玉米粒，加熱到沸騰，轉成小火，蓋上蓋子，小滾20分鐘。

♥ 用溝槽鍋匙取出約1個早餐杯（約250毫升容量）的玉米粒，備用，將其餘的湯和玉米，以及烤好的甜椒，一起打碎成濃湯，質地並非完全滑順。倒入備用的玉米粒。調味。

事先準備
濃湯可在三天前先做好。移到非金屬的碗裡，冷卻後盡快覆蓋冷藏。以小火用平底深鍋重新加熱到沸騰，不時攪拌。

冷凍須知
冷卻的湯可放入密閉容器內，冷凍保存三個月。放入冰箱隔夜解凍，再依照上方說明重新加熱。

Lone linguine with white truffle oil
義大利細扁麵和白松露油

當夜晚漸漸變冷，受到季節感的誘惑，我開始找尋那珍貴的白松露：埋在白米裡，它的香氣深深滲透，將米做成燉飯後，再將白松露削片撒在上面。剩下的部份，埋在雞蛋堆裡，再將這些蛋做成金黃燦爛、充滿天堂般香氣的炒蛋，或是簡單的寬扁麵（tagliolini）混合著柔軟的雞蛋、融化的奶油，和剩下的白松露。以上這些和大家一起享用時最開心－我也不是叫你出去特地為了這道食譜買一顆白松露回來－但若是恰好我一人用餐，又剛好想以近乎犯罪般的奢華寵愛自己，我就會做這個，我自己的義大利麵，拌在融化的奶油和蛋汁裡，混合著磨碎的帕瑪善起司和一點芳香的白松露油。

快樂的1人份

義大利細扁麵（liguine）125g
鹽適量
雞蛋1顆
濃縮鮮奶油（double cream）**3大匙 ×15ml**
磨碎的帕瑪善起司3大匙 ×15ml
白松露油數滴，或適量
現磨白胡椒
奶油1大匙 ×15ml（15g）

❤ 準備煮義大利麵的水，煮滾後，加入足量的鹽，煮到包裝指示上的時間到達前2分鐘。

❤ 在碗裡，將雞蛋和帕瑪善起司、白松露油和足量白胡椒粉一起打散混合。

❤ 檢查義大利麵的彈牙熟度。瀝乾前，取出1杯的煮麵水。

❤ 將瀝乾的義大利麵倒回鍋裡，不開火，加入奶油和約1大匙的煮麵水，拌勻。

❤ 加入蛋汁繼續拌勻，直到義大利麵均勻沾裹上醬汁，變得柔軟滑順。檢查調味，是否需要更多鹽和松露油。

❤ 倒入溫熱的碗中，一人獨自豪華地享用。

Vietnamese pork noodle soup 越南豬肉湯麵

規劃快速晚餐的這一章時，無論如何是不會漏掉湯麵的。沒有什麼能像一碗麵加上美味高湯一樣，這麼快使人恢復元氣。在肚子餓的時候，呼嚕嚕的一口接著一口吃下麵，喝下湯，身心靈在疲勞的一天過後，終於又能夠連結在一起。

在緊要關頭，我很樂意使用冷凍薑末和辣椒，我的冷凍庫常常備有不時之需（這樣的狀況還不少）。

2-4人份，*視飢餓狀況而定*

豬里脊肉片（pork fillet）275g，先切圓片再切絲
萊姆汁2大匙×15ml
醬油2大匙×15ml
匈牙利紅椒粉（paprika）½小匙
魚露2大匙×15ml
拉麵（ramen noodles）250g
大蒜油1大匙×15ml
青蔥6小根或3大根，切蔥花
薑末（冷凍可）1大匙×15ml
雞高湯1公升，（高品質的雞湯塊或粉亦可）最好是有機的
豆芽300g
小青江菜175g，撕成小塊
切碎的紅辣椒2小匙

❤ 將豬肉絲放入碗裡，加入萊姆汁、醬油、紅椒粉和魚露，不要醃超過15分鐘。

❤ 根據包裝指示煮麵，然後以冷水沖洗。

❤ 加熱中式炒鍋或深口、底部厚實的平底鍋，加入大蒜油，將薑和辣椒翻炒1分鐘左右。加入豬肉和醃汁翻炒。

❤ 將豬肉炒2分鐘。用滾水沖調出高湯，加入鍋裡，加熱到沸騰。

❤ 檢查豬肉是否熟透，加入豆芽和青江菜。若水分蒸發得太快，可再加水－剛煮滾的125ml水量應該足夠－不過你也許用不到。

❤ 將瀝乾的麵條分裝到2個大碗或4個小碗裡（碗要溫熱過），舀上豬肉和青菜，最後再加上高湯。撒上辣椒後上菜。

EASY DOES IT 慢慢來

沒有甚麼比別人對我說這一句話更會讓我發火了，那就是：放輕鬆（realx）。他說得越輕柔，我就變得更緊繃。所以現在我得小心點，因爲我知道，當別人叫你冷靜下來或不要擔心的時候，那是多麼令人討厭的事。我不會（絕對）這樣做的。首先，我向你保證，世界上沒有一個活著的人，在客人要來吃晚餐時不會感到一點點的壓力。其次，我認爲，向自己承認壓力的存在，有助於我們準備策略，避免它的逼近。

想要在周間邀請客人用餐，爲生活帶來一點愉悅的變化，而非額外的威脅，我可以告訴你該怎麼做。當然，我也會有懶散、受不了壓力的時候，我只想賴在床上，不懂自己幹嘛發出請帖，或是開始在家裡不耐煩地走來走去，用青少年般的生氣姿態，把架上的盤子一個一個拿下來。但是，至少我知道再怎麼樣，我不用爲了食物方面傷腦筋，這一點，我是可以放鬆的（對，realx！）。

我可不是在說晚餐宴會（dinner parties）。不過，不管在哪裡，我都不會考慮舉辦晚餐宴會的。我需要體認到的是，就算在一周之中，有日常的各種壓力，我還是可以請朋友過來便飯，享受輕鬆氣氛。這不是關於烹飪，而是關於生活。

當然，如果是簡單的烹調，幫助更大，我也不會選擇另一種方式。或者，更正確地說，我也做不到。我沒有名廚般的手藝，也不預期你會有。此外，更重要的是，你應當記得，這不是參加廚藝表演秀，用不著準備複雜的食譜、花俏的技巧或前所未見的食材，你的朋友不是來給食物打分數，他們是來享用歡聚。

在自家的廚房內，是由我自己決定要煮甚麼。對，我想要大家開心，但是如果讓自己太有壓力像在地獄一樣，就達不到目的了。所以，有時候，我就把本來留給小孩當晚餐的自製火雞肉丸解凍，搭配檸檬北非小麥和芝麻菜。有時候，就是西班牙烤雞、希臘香草醬、墨西哥千層派、印度香料雞、愛爾蘭燕麥麵包：對我來說，我在廚房就像在環遊世界。

但最重要的是，廚房必須要安全。廚房外面的紛亂已經夠多了，不用再邀請它們進來。這一章的食譜，雖然帶有不少異國元素，但在我想要特別、無壓力的晚餐時，都是最佳選擇。

Irish oaten rolls 愛爾蘭燕麥麵包

這個食譜本來是要做成燕麥蘇打麵包（oaty soda bread）的，或許也可繼續做下去（見下方說明），但我發覺，如果手邊時間不充裕，又希望晚餐特別溫馨，這些小麵包正符合我的期待。只要20分鐘，就能將所有材料打發、烘焙好，讓整間屋子都充滿了香甜溫暖的氣味。的確，原本處於忙亂城市中的廚房，在這一刻，將我轉移到想像中安詳而溫暖的農村裡。

如果你能買到有機麵粉和燕麥最好，味道眞的的有差。你可以跳過材料中的司陶特啤酒：我會把已開罐的健尼士（Guinness）留著做這道菜，因爲我沒有耐心等它的泡沫消散再測量。

這些快速小麵包的唯一缺點（其實也不見得），是因爲在烤箱裡的時間短，所以來不及形成表面硬殼。有時間的話，可以把麵團塑形成一大塊圓麵包，以220℃ /gas mark7烤10分鐘，再轉成190℃ /gas mark5續烤25分鐘。烤熟時，用指關節輕敲底部，會發出略帶空洞的聲音。

這款麵包，不管是一大塊還是12小塊，都能搭配任何食物。不過，最好是趁熱，在表面加上一些優質奶油，讓它融化。如果，竟然還有剩下吃不完的，冷了以後，抹上厚厚的奶油和果醬，也是人間美味。

可做出12個

全麥麵粉400g，最好是有機石磨的
燕麥（非即食）100g，外加2小匙，
最好是有機的
粗海鹽2小匙或罐裝鹽1小匙
小蘇打粉（bicarbonate of soda）2小匙

司陶特啤酒（stout，沒有氣泡的）300ml
白脫鮮奶（buttermilk）或流動狀
原味優格150ml
花生油或其他蔬菜油4大匙×15ml
流動蜂蜜4大匙×15ml

♥ 將烤箱預熱到220℃ /gas mark7。

♥ 將烤盤鋪上烘焙紙。

♥ 在碗裡混合麵粉、燕麥、鹽和蘇打粉。

♥ 在玻璃量杯裡混合白脫鮮奶（或優格）、啤酒、油和蜂蜜。方便起見，用美式量杯或濃縮咖啡杯先量出油，再用來量蜂蜜，因爲杯子裡殘餘的油使蜂蜜不會沾黏。用木匙攪拌混合。

♥ 將液體材料倒入乾燥材料裡，用木匙攪拌－形成砂粒的粥狀，而不像麵團－剛開始看起來似乎液體太多，但等到小蘇打粉開始作用，便會像慕絲狀，然後變成像潮濕的沙。

♥ 用手掌拍打塑形成12個小塊，放在烘焙紙上。等到全部做完，再稍加仔細塑型，個別增減麵團，使12塊麵團的大小儘量均等，形成近似直徑7公分高2-3公分的圓形。

♥ 撒上剩下的2小匙燕麥（每塊麵包約爲1大撮），送入烤箱。烤12分鐘後，一個接一個移到冷卻網架上，冷卻一下子即可。趁熱吃，或等到回復室溫。蘇打麵包最好是在烘焙當天享用，在1-2天內，也可重新加熱或爐烤。

事先準備

最好在烘焙當天食用，但可用乾淨的廚房布巾包好，放入麵包箱或密閉容器內，置於陰涼處，可保存1-2天。要重新加熱時（最好是在製作好的隔天），放入預熱180℃ /gas mark4的烤箱，加熱5-10分鐘。也可以撕成兩半再烤過（toasted）（在烘烤完的二天內享用最佳）。

冷凍須知

放入密封冷凍袋裡，可冷凍保存1個月。以室溫解凍2-3小時，再依上方步驟重新加熱。解凍後的麵包可能較容易破碎。

ORGANIC FLOUR

Rocket and lemon couscous 芝麻菜和檸檬北非小麥

當我想把一份晚餐肉丸（**見44頁**），或羊排、燉雞肉等，轉變成帶有春天氣息、簡單又優雅的晚餐時，我就會搭配這個。和其他地方一樣（**見119頁**），我用的是快速北非小麥，省去了長時間的浸泡和蒸煮工作。

4-6人份

雞高湯或蔬菜高湯（可用高湯塊、粉、濃縮液等製作），最好是有機的800ml
大蒜油3大匙×15ml
北非小麥500g
檸檬果皮和果汁1顆
青蔥4根，切蔥花
芝麻菜100g
鹽和胡椒適量

♥ 以滾水沖調出高湯。

♥ 以附蓋的中型平底深鍋，將油加熱。加入北非小麥翻炒，持續攪拌，約2-3分鐘。

♥ 澆入熱高湯並一邊攪拌，在以小火加熱的過程中，仍持續攪拌。直到高湯被完全吸收，約5分鐘。

♥ 關火，蓋上蓋子，悶10分鐘。（使用瓦斯爐時，可開到最小火，鍋子下方墊節能板，如果有的話）。

♥ 用叉子將北非小麥叉鬆，移到大碗裡。持續用叉子翻鬆，避免結塊。撒上檸檬果皮和果汁，加入蔥花、鹽和胡椒。最後加上芝麻菜，拌勻。

Indian-rubbed lamb chops
with butternut, rocket and pine nut salad
印度香料羊排佐奶油南瓜、芝麻菜和松子沙拉

高熱使辛香料散發出香氣，使柔嫩的羊肉更香甜。不但好吃，工作也簡單，只需要快速地將羊肉抹上綜合香料而已，羊排的烹飪時間也短。不僅如此，烹飪時廚房充滿了各種美妙的自然大地氣息，就像體驗高級芳療中心的精油蠟燭一樣，還不用額外花錢。不過要注意：可別被我的不耐煩傳染了。如果火開得太大，空氣反而會充斥油煙的臭味。

南瓜沙拉不是強制性的配菜，但我覺得很適合，更別說是那明亮寶萊塢的顏色。如果想要省事一點，儘管可以事先將南瓜塊先煮好，不過在組合成沙拉前，要先回復到室溫。讓我小聲地說，其實我本來就不會把它們放入冰箱，不過，我很清楚本地健康與安全的規定，我也不能要你向我看齊。你自己決定吧。

如果趕時間，用不同顏色的生菜葉就能組合出美味的沙拉。你還可以用以下的鹽，混合3小匙馬得拉司（Madras）咖哩粉，就能做出更快速的醃羊肉香料。

4人份，*搭配下一頁的沙拉*

磨碎的香菜籽1小匙
小茴香粉1小匙
薑粉1小匙
丁香粉 ¼ 小匙
卡宴辣椒粉 ½ 小匙
肉桂粉 ½ 小匙
粗海鹽3 小匙或罐裝鹽1½ 小匙
法式修切羊排（french-trimmed lamb chops）12小片或8大片
大蒜油2大匙 ×15ml

♥ 將香料粉倒入寬口淺盤裡，加入鹽混合。

♥ 將羊排均勻沾裹上香料粉。

♥ 在平底鍋裡加熱油，用中火將羊排一面煎2-3分鐘，依羊排厚度而定。煎好時，外表應呈現焦褐色，但內部仍呈粉紅色。

事先準備

香料可在1個月前先混合好，放入密閉容器或果醬瓶內，置於陰涼處保存。

特別須知

吃不完的羊排，用鋁箔緊密包好，放入冰箱可保存三天。放入密閉容器內，可冷凍保存2個月。

Butternut, rocket and pine but salad
奶油南瓜、芝麻菜和松子沙拉

我知道以下步驟裡，說到重覆用同一個碗的方法，聽起來很像我要省下洗碗的工作，雖然這部分是事實，但也是因爲我無法忍受浪費一點點這寶貴的材料。

製作羊排時，我很樂意直接用雙手來抹香料什麼的，但我覺得處理這道沙拉時，CSI手套（**見17頁**）是必要的。赤裸的皮膚長時間接觸奶油南瓜的話，我覺得我的手指就會看起來像一天抽60根香菸的老菸槍，而且是不加濾嘴的那種。

奶油南瓜1顆約1kg
粗海鹽1小匙，或罐裝鹽 ½ 小匙
薑黃（turmeric）1小匙
薑粉1小匙
冷壓芥花油（見第16頁廚房機密檔案）
2大匙 ×15ml，或橄欖油，
外加2大匙製作調味汁

桑塔納綠葡萄乾（gold sultanas）50g
清水60ml，從剛煮沸的水壺倒出
雪莉酒醋1小匙
芝麻菜和其他生菜葉100g
松子50g，烤過

♥ 將烤箱預熱到200℃ /gas mark6。不用削皮，將南瓜切半、去籽、切成1.5cm厚片，再各切成4等份。

♥ 將南瓜片放入碗裡，加入鹽、香料和2大匙油，均勻抹勻，倒入烤盤裡（鋪上烘焙紙或鋁箔）。先不要洗碗。

♥ 將南瓜烤30-40分鐘。30分鐘到前，先用叉子刺看看是否煮熟。有的南瓜比較容易熟。

♥ 將葡萄乾倒入香料碗裡，倒入剛煮滾的水。冷卻後，立即加入醋和剩下的2大匙油攪拌。

♥ 將一半的生菜葉，倒入上菜的大盤子或大碗裡，擺上南瓜塊。撒上剩下的生菜葉，和烤好的松子。用湯匙將香料碗裡的葡萄乾和調味汁，一起澆入。拌勻後上菜。

事先準備
南瓜塊可在一天前爐烤好，完全冷卻後，覆蓋冷藏，使用前再取出。上菜前1小時從冰箱取出，回復到室溫。

Making leftovers right 剩菜做得對

也許沙拉會剩下一點沒吃完。事實上，你可就這樣單獨食用（也許再加上一點清新的檸檬汁），或是煮一點白飯，在快煮好前，拌入沙拉溫熱後享用。

Spring chicken 春雞

這其實是一道傳統兔肉料裡的變化，如果你自認能夠烹煮兔子，盡管將這裡的雞腿肉替換成兔肉。不過，雞肉比較容易從超市買到，而且多數人比較能接受。你可以依個人喜好，保留或丟棄雞肉外皮，但我覺得骨頭應保留下來，這只是我個人的喜好（會更有風味），請記得這道食譜是很有彈性的，如果覺得用去骨雞腿肉比較省事也無妨，或是－與此相反－要用剁塊的帶骨全雞來煮，也行。

如果計畫準備完整的餐後甜點，那麼我覺得用2隻雞大腿肉當1人份，雖然份量不多，卻是剛剛好；如果你只想出一道菜當作整頓晚餐，那麼我覺得12隻雞腿肉做4人份（而非6人份），會比較保險。至於搭配的主食：我的選擇有白飯和新馬鈴薯（兩者都用清蒸的），有時候換成不同的穀類：斯佩特小麥（spelt）或珍珠麥（barley）等，都很適合提供令人滿足的澱粉，用來吸收美味湯汁。

4-6人份

蔬菜油1小匙
義式培根塊140g（1條 Italian cubetti di pancetta）或五花肉（lardons）或切碎的培根
雞大腿塊（chicken thighs）12塊（帶骨，連皮或去皮皆可），最好是有機的
韭蔥（leek）1根，洗淨、縱切成4等份再切碎
西洋芹1根，縱切成4等份再切碎
大蒜3瓣，去皮切碎
冷凍茵陳蒿2小匙
粗海鹽1小匙或罐裝鹽 ½ 小匙
高級現磨白胡椒粉
不甜蘋果酒（dry cider）1瓶500ml
冷凍豌豆300g
第戎芥末醬1大匙 ×15ml
小萵苣生菜（Little Gem）2顆，切條或切絲
切碎的新鮮茵陳蒿2大匙 ×15ml

❤ 以附蓋的大型寬口鑄鐵鍋（可端上餐桌的）將油加熱，加入培根塊，炒到肉汁流出並上色。

❤ 加入雞肉（帶皮部分朝下），同時將培根移到雞肉上避免燒焦，並騰出空間，以中火煎約5分鐘。

❤ 將雞肉翻面，倒入切好的韭蔥、西洋芹和大蒜。以冷凍茵陳蒿、鹽和胡椒調味，攪拌一下，續煮5分鐘。

♥ 澆入蘋果酒，撒入冷凍豌豆。加熱到沸騰，蓋上蓋子，轉成極小火，煮40分鐘。過了30分鐘請檢查一下，雞肉是否煮熟，如果你和配方不同，用去骨雞肉，煮20分鐘應該就行了。

♥ 取下蓋子，加入芥末醬攪拌，加入生菜絲，幾分鐘讓它在熱醬汁裡變軟。

♥ 撒入切碎的茵陳蒿，輕輕而驕傲地，將這鍋熱騰騰香噴噴的食物，端上餐桌。

事先準備

不含生菜的雞肉，可在一天前先煮好。移到非金屬的碗裡，冷卻後盡快覆蓋冷藏。重新加熱時，將雞肉倒回鑄鐵鍋裡，蓋上蓋子，以小火加熱約20分鐘，直到沸騰。如果鍋子太乾，就加一點水或雞高湯。加入生菜，依照食譜繼續進行。

冷凍須知

依照上方說明烹煮、冷卻雞肉，放入密閉容器內，可冷凍保存三個月。放入冰箱隔夜解凍，再依上方說明重新加熱。

Make leftovers right 剩菜做得對

如果有剩菜，將雞肉的骨頭取出，將肉撕下後盡快冷藏。放入平底深鍋重新加熱到沸騰，加入一點雞高湯、水或鮮奶油（cream），可轉變成義大利麵醬汁。就算只剩下一點帶蘋果酒和培根味的豌豆，仍然值得保留下來，用這樣的方式重新加熱。不過要記得在二天內將剩菜吃完。

Spanish chicken with chorizo and potatoes
西班牙雞肉佐臘腸與馬鈴薯

雖然我也喜歡在爐子上，煮一鍋熱騰騰的料理，但我常覺得宴客時最沒有壓力的方式，就是使用烤箱。當我緊張失措時，我堅信烤箱食物是最安全的選擇。恣意享受烤箱帶來的輕鬆便利吧：把東西放進去，這樣就完成了。我猜，我會再辛苦一點，準備一盤生菜沙拉，不過除此之外，踢躂一下你的佛朗明哥舞步，享受這輕鬆愜意的 fiesta（西班牙文的節慶聚會）。

6人份

一般橄欖油2大匙 ×15ml
雞大腿塊（chicken thighs）12塊（帶皮帶骨）
西班牙臘腸（chorizo sausages）750g，
小條的保留全貌，正常尺寸切成4公分小塊
小馬鈴薯1公斤，切半
紅洋蔥2顆，去皮稍微切碎
乾燥奧瑞岡2小匙
磨碎的柳橙果皮1顆

♥ 將烤箱預熱到220℃ /gas mark7。將油倒入2個淺烤盤內（各1大匙）。將油抹在雞皮上，雞皮朝上放好（每個烤箱放6塊）。

♥ 將臘腸和小馬鈴薯，分裝到2個烤盤裡。均勻撒上洋蔥和奧瑞岡，磨上柳橙果皮。

♥ 烤1小時，但在經過30分後，將上下兩個烤盤互換位置，並澆上柳橙汁。

Make leftovers right 剩菜做得對

CHICKEN TORTILLAS
雞肉捲餅

*所有的剩菜（將雞肉的骨頭先去除）都可在二天內重新加熱吃完，也許可加一點罐頭碎番茄、雪莉酒和柳橙汁，但我個人最喜歡做成墨西哥摺餅（quesadilla）。我上一次在堪薩斯，那閃亮的光之城，早餐吃的是雞肉、辣椒傑克起司和馬鈴薯墨西哥摺餅，雖然普通卻給了我靈感。所以，先取出可搭配剩菜吃完的墨西哥餅，將雞肉的骨頭取出，將雞肉、臘腸和馬鈴薯一起切小塊，加入切塊、切絲或磨碎的起司（切達、莫札里拉、蒙特利傑克起司 Monterey Jack 等皆可）混合，舀一些在每片薄餅裡，摺疊好，用橫紋鍋（griddle）加熱或油煎。確認雞肉要熱透。**請參照**第433頁**，有更詳細的指示。**這道食物是治宿醉的絕佳早點，或當作快速晚餐，一邊看著電視上令人目不轉睛的爛節目，一邊囫圇吞下。*

Chicken with greek herb sauce 雞肉和希臘香草醬汁

這是從我第一本書裡的一道食譜，經過多年不斷的烹調、變化而來。做菜，也依照著物競天擇的理論，這個版本已經演化成省事的常備食譜。它和原始的配方沒有太大的不同，但有兩項優點：第一，這裡用的是雞腿而非雞胸肉，只需要花一半的錢（我忍不住斤斤計較），卻得到兩倍的美味；第二，這是用烤箱做的，而不用爐子。

如果有時間，早一點開烤箱，送進馬鈴薯，烤45分鐘到1小時，再送進雞肉。是很簡單沒錯，但不只如此：爐烤馬鈴薯配上香草優格醬的美味，是你難以想像的。

4-6人份

雞腿肉12塊（帶骨，去皮帶皮皆可）
最好是有機的
檸檬汁1顆
一般橄欖油4大匙 ×15ml
鹽和胡椒

希臘香草優格醬材料：
天然希臘優格1罐 ×500ml
青蔥4大根或6小根
綠辣椒1根，去籽
大蒜1瓣，去皮
黃瓜 ½ 根，去皮切丁
切碎的新鮮香菜和薄荷，各3大匙 ×15ml
（或各2大匙，外加2大匙蒔蘿 dill）
鹽和胡椒適量

♥ 將烤箱預熱到200℃ /gas mark6。將雞腿肉放入淺烤盤或耐熱皿裡，帶皮部分朝上（如果有的話），澆上檸檬汁和橄欖油，以一點鹽和胡椒調味。

♥ 烤箱預熱好後，將雞肉送入爐烤45分鐘。

♥ 同時來製作醬汁。將優格倒入大攪拌盆內，剪下蔥和去籽辣椒，剪得越細越好。

♥ 大蒜切末加入，再加入黃瓜丁和大部分的切碎香草，預留一小部分上菜時再撒。將所有材料混合均勻。

♥ 將雞肉從烤箱取出，移到上菜的盤子上。將醬汁調味後，刮入上菜的小碗裡，撒上剩下的香草，放進一根湯匙，供大家在餐桌上自行添加。

Mexican lasasgne with salsa 墨西哥千層派佐莎莎

我覺得自己好像是有航空里程，可以環遊各地的旅客喔。事實上，我是在做菜，而不是旅遊－在廚房裡周遊列國，而不是坐在椅子上－這樣比較不累，也難怪比較能跑多一點的地方。

即使如此，所謂的墨西哥千層派可能還是有點偏遠了；讓我解釋一下，這不過就是，仿墨西哥風味的食材，用千層派的方式堆疊起來罷了。本來是義大利麵皮的地方，用柔軟墨西哥餅皮取代，中間再鋪滿番茄、紅椒、洋蔥、辣椒、玉米和起司。

我喜歡搭配最後一刻做好的酪梨莎莎（見下一頁），其實就不過是一種未搗碎酪梨醬，不過，這並非強制配菜，而是額外點綴。

你可以在下一頁的圖片，看到千層派在烤皿裡真的是裝得剛剛好。如果你可以小心端著送到烤箱前，就成功一半了。不過我建議你在預熱烤箱時，順便放一個烤盤在下面，承接可能溢出的醬汁。

說到待會兒，這道菜的好處之一，就是切塊吃剩後，隔天重新加熱依然美味。所以，就算預估的食客不多，也請你考慮動手做做看吧。

8人份

醬汁材料：

大蒜油1大匙 ×15ml
洋蔥1顆，切碎
紅椒1顆，去籽切碎
小綠辣椒（bird's eye）2根，帶籽切碎
粗海鹽1小匙或罐裝鹽 ½ 小匙
切碎的香菜莖2大匙 ×15ml
切碎的番茄罐頭2罐 ×400g，外加400ml 裝滿罐頭的水
番茄醬（ketchup）1大匙 ×15ml

內餡材料：

黑豆罐頭2罐 ×400g 瀝乾洗淨
玉米罐頭2罐 ×250g（瀝乾後重量爲225g）
熟成山羊奶切達起司（或自選種類）250g，磨碎
柔軟墨西哥餅1包8片

圓形耐熱皿，直徑約爲26公分，深6公分

❤ 將烤箱預熱到200℃ /gas mark6，同時放入一個烤盤。製作醬汁，將油放入鍋子，在火爐上加熱，翻炒洋蔥、甜椒和辣椒。加入鹽，小火煮15分鐘，變軟後，加入切碎的香菜莖。

♥ 加入罐頭番茄，用空罐裝滿水，一起加入。舀入番茄醬，加熱到沸騰，讓醬汁（或照墨西哥人的方式，稱爲莎莎）煮10分鐘，同時準備內餡。

♥ 製作內餡，將瀝乾的黑豆和玉米放入碗裡混合。加入大部分的磨碎起司，預留一小部分最後再撒，將全部材料混合均勻。

♥ 開始組裝千層派，將三分之一的莎莎舀入烤皿底部，抹平，覆蓋上2張墨西哥餅，彼此稍微重疊，像文氏圖（venn diagram 兩個相交集的圓）。

♥ 加入三分之一的黑豆和起司，完全覆蓋下面的墨西哥餅，再加上四分之一剩下的莎莎，和另外2張墨西哥餅。

♥ 以同樣的步驟，繼續進行另外三分之一的黑豆和起司，再加上一些莎莎，再鋪上2張墨西哥餅。

♥ 最後，加入最後一層黑豆和起司、幾乎全部剩下的莎莎，蓋上最後2張墨西哥餅，塗上最後一點莎莎。撒上剩下的起司。

♥ 送入烤箱烘烤30分鐘，靜置10-15分鐘，再像披薩一樣切片，搭配下一頁的酪梨莎莎食用。

事先準備

千層派可在一天前先組合好。等到番茄莎莎冷卻後再組合。將耐熱皿用保鮮膜緊密覆蓋，冷藏保存到需要時再取出。依照食譜指示烘焙，時間延長5-10分鐘，確認中央部份完全沸騰烤熟，再從烤箱取出。

冷凍須知

組合好但尚未烘烤的千層派，可冷凍保存三個月。將耐熱皿用兩層保鮮膜和一層鋁箔緊密覆蓋。放入冰箱隔夜解凍後，再依上方說明烘烤。

進一步須知

剩菜應盡快覆蓋冷藏。重新加熱時，將切開的一塊塊千層派，放入耐熱皿中，用鋁箔覆蓋，送入預熱180℃ /gas mark4的烤箱，重新加熱15-20分鐘。上菜前確認千層派完全熱透沸騰。剩下的切塊千層派，用保鮮膜緊密覆蓋，再用鋁箔包好或放入密封冷凍袋裡，可冷凍保存2個月。放入冰箱隔夜解凍，再依上方步驟重新加熱。

Avocado salsa 酪梨莎莎

一旦開始嘗試製作莎莎，似乎就很難罷手呀。不過這裡的莎莎，與其說是醬汁，不如說是一堆滋味美妙的小方塊。醃漬墨西哥 Jalapeño 辣椒的酸味辛辣，配上柔軟滑順的酪梨果肉，眞是完美。這樣的搭配，以及充滿紅豆與起司的墨西哥烘烤捲餅，如同墨西哥街頭樂隊（mariachi band）共奏的和諧樂章。

8 人份，*當作墨西哥千層派的配菜*

酪梨 2 顆
青蔥 1 根，切蔥花
切碎的罐裝墨西哥綠辣椒（green jalapeños）3 大匙 ×15ml
鹽適量
萊姆汁 1 大匙 ×15ml
稍微切碎的新鮮生菜 4 大匙 ×15ml

♥ 將酪梨切半、去核，用刀尖在切半的果肉上縱橫劃切出 1 公分的方塊。

♥ 從酪梨的果皮外向內擠壓，使果肉塊掉出，落入碗內。加入蔥花、辣椒丁、鹽、萊姆汁和大部分的香菜，極輕柔地拌勻。

♥ 嚐味道看是否要再多加鹽，撒上剩下的香菜，上桌。

Tomato curry *with coconut rice* 番茄咖哩和椰香飯

我不是素食者，對於無肉的主食，常常明白地宣示缺乏信心，因爲我會擔心這樣的菜是否令人飽足。我猜這大概是一種習慣，通常免不了文化的制約，不過除此之外，我還擔心口味平衡的問題：對我來說，餐桌上食物的風味和口感應該互相搭配，相得益彰；我無法忍受味道單一的餐點。這一道食譜沒讓我失望：酸甜明亮的番茄，搭配上香甜的豌豆和濃郁的椰奶飯－不但有萊姆的刺激酸味，如克拉拉大理石般純白的飯中，還添加了沙粒般的小黑種草籽（可不是只爲了滿足我的料理自大感而已）。

4人份，*當作主菜搭配下一頁的椰奶飯*

冷壓芥花油（或一般橄欖油，見廚房機密16頁）2大匙 ×15ml
洋蔥2大顆（共約350g），去皮切碎
粗海鹽1小匙或 ½ 小匙罐裝鹽
大蒜4瓣，去皮切碎
櫻桃番茄1kg，切半
薑黃（turmeric）2小匙
英式芥末粉1小匙
辣椒粉1小匙
馬沙拉香料粉（garam masala）1小匙
冷凍豌豆200g

❤ 用寬口鑄鐵鍋或附蓋平底鍋將油加熱，加入切碎的洋蔥、撒入鹽，以小至中火翻炒約7分鐘。

❤ 加入切碎的大蒜，攪拌一下，加入切半的番茄，再加入香料攪拌，蓋上蓋子，以小火加熱20分鐘。

❤ 另取一鍋來煮豌豆（放入加了鹽的滾水），瀝乾後，在煮番茄咖哩的最後5分鐘前倒入。想要的話，你也可以直接將豌豆加入番茄裡一起煮，不過要有心裡準備，犧牲番茄的紅豔和豌豆的鮮綠色彩。

事先準備
番茄基底（不加豌豆）可在一天前先做好。移到非金屬碗裡，冷卻後盡快覆蓋冷藏。重新加熱時，倒入平底深鍋內，以小火加熱到徹底沸騰。再依照上述步驟煮豌豆加入。

冷凍須知
依照上方說明準備、冷卻番茄基底，放入密閉容器內，可冷凍保存三個月。放入冰箱隔夜解凍，依照上方說明重新加熱，加入豌豆。

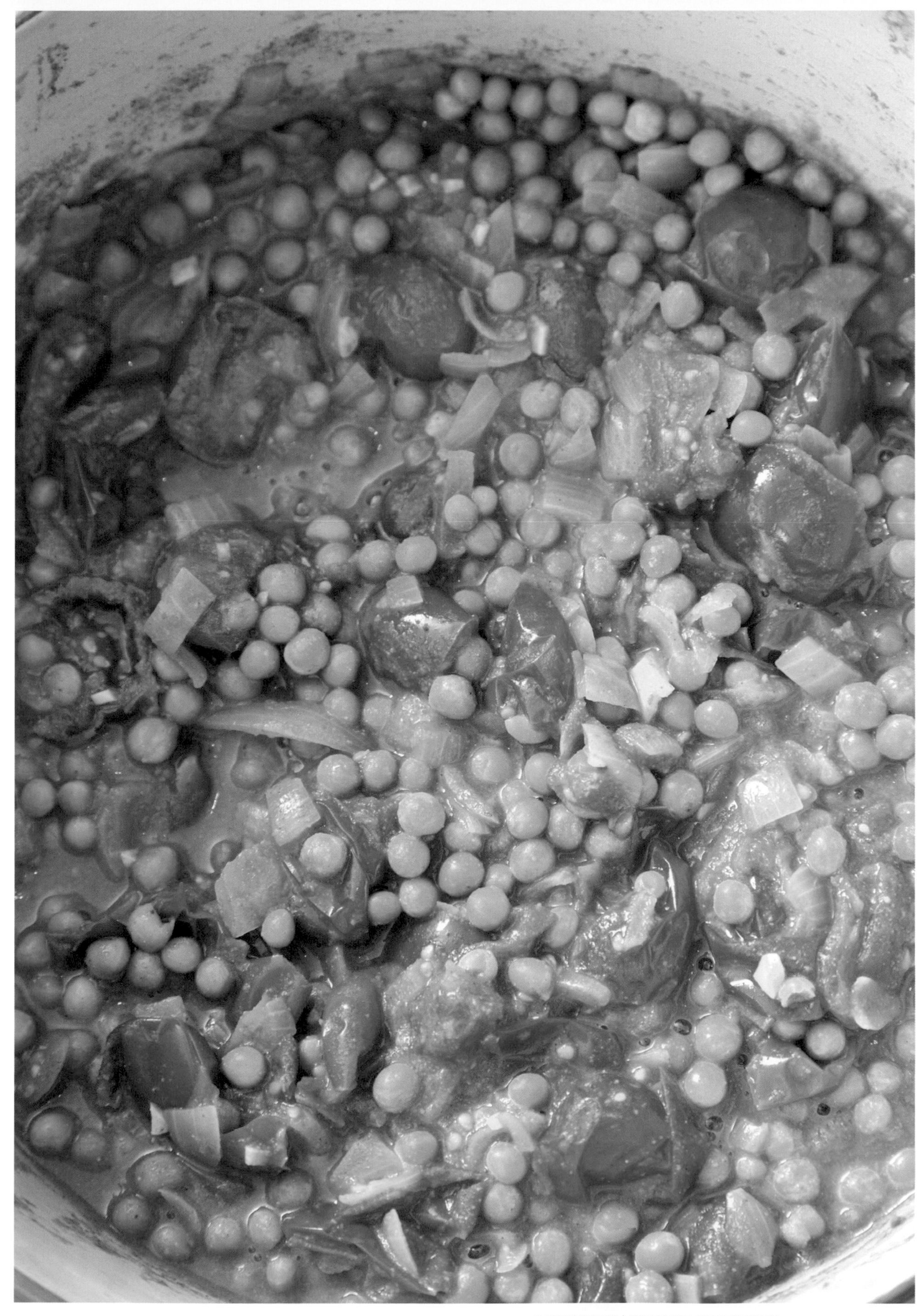

Coconut rice 椰香飯

4人份，*搭配上一頁的番茄咖哩*

大蒜油1大匙 ×15ml
青蔥4根，切蔥花
黑種草籽（nigella seeds）或黑芥末籽2小匙
泰國茉莉香米或巴斯瑪蒂米300g

椰奶1罐400ml
剛煮滾的開水600ml
粗海鹽1小匙或罐裝鹽 ½ 小匙
萊姆汁1顆，或適量

♥ 用附蓋、底部厚實的平底鍋，來將油加熱。加入蔥花和黑種草籽（或黑芥末籽），炒約1分鐘，不時用木匙翻攪一下。

♥ 加入米，和油、蔥、籽等充分拌勻。

♥ 將椰奶倒入量杯內，加入滾水到1公升的量線，倒入米飯裡，加入鹽攪拌。

♥ 加熱到沸騰後，轉成小火，蓋上蓋子。煮15分鐘，米飯應已熟透，液體被完全吸收。

♥ 用叉子將米翻鬆，同時加入萊姆汁，嚐味道看是否需要加鹽或再加萊姆汁。

Nigella

Quick calamari pasta 快速烏賊義大利麵

在我最喜歡的托斯卡尼地區 Tuscany－不是四處有柏樹點綴的香堤山區（Chantishire）－而是在海岸邊，沿著聖托斯特凡諾港 Porto Santo Stefano 後方很陡的彎曲小徑走，就到了餐廳 La Fontanina。就在那裡，我嚐到了這道料理，或說是，激發我這道料理的原始靈感：一個淺碗盛著如同烏賊圈狀的義大利麵，和包含著醬汁、散發著蒜味白酒光澤的烏賊圈，幾乎難以分辨－直到咬下第一口。回家後，我常常想著它，但直到造訪最愛的熟食店（已經過了幾年），意外發現一包叫做 i calamari 的義大利麵－粉藍色的紙袋包裝，由 Voiello 生產，形狀編號 142 －才使我下定決心自己做做看。這很傻氣我知道，因爲食物的美味並不依靠食材上的雙關語，但是食物帶給我們的樂趣有時很複雜。現在我找到一家網路供應商，可以取得這烏賊圈狀的義大利麵，但較常見的得科（De Cecco）牌也有一種 mezzi rigatoni 形狀的義大利麵，差不多相似；而且當然你也可以選用任何一種義大利麵－我有時反而特別想用形狀截然不同的螺絲麵 fusilli。

4-6 人份，*當作主餐*

義大利麵（pasta）500g，儘量接近烏賊圈的形狀
鹽適量
小烏賊（baby squid）500g（清洗後的重量），切片成圈狀，觸手保持原狀
一般橄欖油 2 大匙 ×15ml
青蔥 4 根，切蔥花

大蒜 1 瓣，去皮
新鮮辣椒 1 根，去籽切丁
不甜的白苦艾酒（dry white vermouth）或白酒 125ml
煮麵水 60ml
無鹽奶油 1 大匙 ×15ml（15g）
切碎的巴西里（parsley）1 小把

♥ 將 1 大鍋水煮滾，準備煮義大利麵。水滾後加入鹽，根據包裝指示來煮義大利麵。接著準備烏賊醬汁。

♥ 將烏賊切成約 1 公分的圈狀。用平底鍋將油加熱，翻炒蔥花約 1 分鐘，將大蒜磨成泥加入，加入切碎的辣椒，攪拌混合。

♥ 加入烏賊圈，翻炒約 2 分鐘。倒入苦艾酒（或白酒），續煮 2-3 分鐘，直到烏賊變軟，白酒揮發不少。從義大利麵鍋內，取出一些煮麵水，將其中的 60ml 倒入烏賊鍋，加入奶油，這時醬汁液體看起來似乎很多，但不用緊張。

♥ 將義大利麵瀝乾，加入烏賊鍋中，充分拌勻。撒上巴西里，拌勻後上菜。

Clams with chorizo 蛤蠣與西班牙臘腸

海鮮、豬肉和雪莉酒：三種原料，成就了一餐簡單美味的西班牙風味。我很喜歡搭配一些散發自然香甜的清蒸小馬鈴薯－看那一顆顆小石頭般的馬鈴薯，用叉子戳來浸入香氣四溢的美味醬汁－但若是只來一點麵包，撕碎了來蘸滿那濃郁的醬汁，一樣可口。

2-4人份，*視當作配菜或主食而定*

蛤蠣1kg
西班牙臘腸500g，切成厚片
雪莉酒（amontillado sherry）125ml
剪碎的細香蔥3大匙 ×15ml

♥ 將蛤蠣浸泡在一大碗冷水中，或直接泡入水槽中。

♥ 用附蓋的大型鑄鐵鍋或底部厚實的平底鍋 / 中式炒鍋，乾煎臘腸片。

♥ 臘腸稍微上色、釋出那令人著迷的橘色油脂後，便取出，用鋁箔紙包起來保溫。

♥ 將蛤蠣瀝乾－丟棄破損或已開口的－放入舖滿臘腸油的鍋裡。轉成大火，倒入雪莉酒，蓋上蓋子。

♥ 煮2-3分鐘，蛤蠣應已打開。將未打開的蛤蠣丟棄。離火。

♥ 將臘腸片放回鍋裡，加入細香蔥，拌勻。

Salmon and sushi rice
with hot, sweet and sour Asian sauce
鮭魚和壽司米以及亞洲酸辣醬汁

這道食譜採用了壽司米、日本清酒和味醂，本來是一種日式風格。後來它的風格往西南方偏移，因爲我加進了越南式蘸醬的元素－想要辣一點，所以使用泰式辣椒醬。我想大家可安全地稱之爲泛亞洲風格了，這一部分來自翻箱倒櫃清冰箱的結果，一部分來自融合料理（fusion）的吸引力。

也許因爲家裡有電子鍋（參見**第8頁**，它在我廚房存在的理由），我總是常常以1-3碗壽司米爲主食（也請參見**第18頁**），來設計晚餐菜單。我喜歡它令人滿足的黏性，以及圓滿搭配酸醋香辣等菜餚的特性，甚至有時候－當最簡單的醬汁都嫌太多時－只要一點鹹香的醬油就夠了。但是對我來說，這道食譜帶來的喜悅，在於同時令人飽足又香辣刺激。

4-6人份

壽司米425g
去皮鮭魚片1片500g
大蒜2瓣，去皮切碎
泰國紅辣椒2根，切碎
薑末2大匙 ×15ml
魚露4大匙 ×15ml
日本清酒2大匙 ×15ml
味醂（mirin）2大匙 ×15ml
萊姆汁2大匙 ×15ml
清水2大匙 ×15ml

❤ 根據包裝說明來煮米飯，或使用電子鍋（如果你夠幸運有一台的話）。如果準備4人份，份量可稍減。

❤ 用平坦的橫紋鍋（griddle）或平底鍋，來煎鮭魚，用中火將一面煎4-5分鐘，翻面再煎1分鐘。鮭魚的中央應煮熟，剛轉變爲不透明。取出，放在鋁箔上，做成袋狀包裹，將邊緣封緊保溫。

❤ 將其他材料全部混合，放入碗裡，可和鮭魚與米飯一起上菜。將鮭魚取出，裝入盤子裡。

❤ 我喜歡用小碗裝白飯，讓大家自己將魚片剝下盛到飯上，再澆上辣椒清酒醬汁。

事先準備
醬汁材料可在一天前先混合。倒入果醬瓶內，放入冰箱冷藏，使用前充分搖晃混合。

Lemony salmon with cherry tomato couscous
檸檬鮭魚佐櫻桃番茄北非小麥

這屬於那種做起來比寫起來容易的那種食譜，也就是說，這裡會用到很多碗，看起來好像很麻煩，但實際的工作過程，卻簡單到侮辱人智商的地步。

我知道嚴格來說，我不該告訴你，北非小麥的煮法是直接澆上滾水。在裡想的世界裡，我知道，北非小麥要先用冷水浸泡，再用熱水蒸煮，但是我選擇抄捷徑，而且不只一次（見**第90頁**），對於那些因此認為被冒犯的人，謹致上我的歉意。

4人份

北非小麥200g
粗海鹽3小匙或罐裝鹽1½ 小匙
紅椒粉（paprika）½ 小匙
薑泥1大匙 ×15ml
剛煮滾的開水250ml
小型紅洋蔥 ½ 顆，切很碎
（約4大匙 ×15ml）
磨碎的檸檬果皮和果汁1顆
大蒜油1大匙 ×15ml，外加1小匙
櫻桃番茄300g
鮭魚魚片4片
切碎的香菜4大匙 ×15ml

❤ 將北非小麥放入 Pyrex 或類似的耐熱碗內，加入2小匙粗海鹽（或1小匙罐裝鹽）、¼ 小匙紅椒粉、和所有的薑泥。攪拌混合均勻，倒入剛煮滾的開水。用保鮮膜或盤子蓋上，靜置備用。

❤ 在另一個碗裡，加入切碎的洋蔥。

❤ 取出一個大而淺的盤子（待會盛裝魚片用），將檸檬果皮磨碎加入。

❤ 在洋蔥碗裡，擠入檸檬汁。

❤ 在檸檬果皮盤內，加入剩下的鹽、紅椒粉與1大匙的大蒜油，混合均勻。

❤ 將櫻桃番茄切半，放入另一個碗裡。加入額外的1小匙大蒜油，混合一下，靜置備用。

❤ 加熱一個大型平底鍋來煎魚。在等鍋子熱的同時，將魚片兩面都沾裹上檸檬果皮、紅椒粉、油與鹽。

♥ 將魚片每面煎2-3分鐘，依厚度而定。魚肉應該鮮美多汁，中央部分呈珊瑚紅色，所以一邊煎要一邊不時檢查。

♥ 同時，將北非小麥掀蓋，用叉子翻鬆，這時液體應已完全吸收，倒入混合的番茄洋蔥及汁液。用叉子攪拌混合。

♥ 在北非小麥裡，加入幾乎全部的香菜，攪拌混合，嚐味道，需要的話再加一點鹽。

♥ 在每個人的盤子裡，舀入一些北非小麥，旁邊放上一片鮭魚，撒上一點香菜後上菜。

The salmoriglio solution, and other short sauces
蒜味香草醬和其他的快速醬汁

一些做法簡單快速的醬料或調味汁，能將平淡的雞肉、豬排或魚，瞬間轉變成特殊美味，很值得你捲起袖子嘗試一下。以下是我個人最愛的三種醬料：

SALMORIGLIO SAUCE
蒜味香草醬

這款富香草氣息的醬料，味道鮮明，可澆在原味炙烤羊排、水煮雞胸肉或比目魚、鮭魚魚片上。如果快要吃完了（上菜後，我將醬料碗保存在冰箱裡），可加入一點油攪拌一下，就是美妙的調味汁，可搭配清蒸或水煮花椰菜。

可做出200ml

大蒜2瓣，去皮
粗海鹽1小匙（罐裝鹽 ½ 小匙）
奧瑞岡1把15g
平葉巴西里1把20g
檸檬汁4大匙 ×15ml
特級初搾橄欖油125ml

♥ 將去皮大蒜放入碗裡，加入鹽、奧瑞岡葉片、巴西里葉片和檸檬汁。

♥ 將這些材料磨碎成膏狀（可用手持食物調理棒或食物處理機），倒入油，一邊打碎到呈鮮綠色、略帶流動感青醬般的醬汁。

事先準備
醬料可放入容器內，覆蓋冷藏保存1周。使用前攪拌一下。

Jumbo chilli sauce
金寶辣椒醬

這款辣椒醬很Big－大口味、大辣、大過癮。不過，它名字的由來，是因爲給我食譜的人叫做Jim，是我的小叔，我都叫他金寶Jimbo，不過很多人叫他珍寶Jumbo，因爲他嬌小的體型。

我兒子瘋狂愛上這款醬料，我也差不多。我喜歡加在蝦子、冷雞肉、薯條等所有的食物上。

可做出450ml

爐烤甜椒1罐290g（瀝乾後重190g）
紅辣椒3根
大蒜1小瓣，去皮
磨碎的萊姆果皮1顆和萊姆汁1大匙 ×15ml
香菜1把80g
粗海鹽2-3小匙或罐裝鹽1-1½ 小匙，適量
花生油或其他無味油125ml

♥ 將罐裝甜椒瀝乾，放入食物處理機或碗裡。

♥ 將辣椒去蒂，如果不想太辣可去籽，加入食物處理機或碗裡。

♥ 加入大蒜、萊姆果皮和果汁。切下香菜的莖部一起加入。打碎（用食物處理機或手持食物調理棒）成膏狀。

♥ 加入香菜葉片和鹽，再打碎一次，趁食物處理機的馬達仍在運轉，沿著漏斗倒入油，或將油加入碗裡，再用手持調理棒打碎一次。這樣製作出來的醬汁，比莎莎稀釋，但柔軟可用湯匙舀，不致變成（液態的醬汁）。

事先準備
醬汁放入容器覆蓋好，可冷藏保存一周。使用前充分攪拌或搖晃。

Parsley pesto
巴西里青醬

有兩種食用方式：第一種是澆在速煎火雞肉或雞胸肉上，或是爲烤地瓜增添一絲額外刺激味。第二種方式，你也猜得到，就是當作義大利麵的醬汁。最後快吃完時，我會加一點油和檸檬汁，當作生菜沙拉（小萵苣生菜或小捲心菜）的調味汁。搭配炙烤沙丁魚也很美味，但我不常煮，因爲家裡抱怨氣味不佳。如果你有花園，又有戶外烤爐，那就要偷笑了。

我用的是義大利平葉巴西里，我覺得這更像是英格蘭的青醬：聞起來就像午後晴朗多風的英格蘭鄉間。

可做出325ml

磨碎的帕瑪善起司40g
巴西里葉25g
大蒜1瓣，去皮
核桃50g
特級初榨橄欖油250ml
粗海鹽 ½ 小匙或罐裝鹽 ¼ 小匙（可省略）

♥ 將帕瑪善、巴西里葉、大蒜和核桃，放入食物處理機內，在馬達運轉時，緩緩加入油，直到所有材料乳化，或將所有材料放入碗裡，一邊加油，一邊用手持食物調理棒打碎。

♥ 嚐味道看是否需要再加鹽，加鹽後，再最後打碎一次。

事先準備
青醬放入容器覆蓋好，可冷藏保存一周。在青醬表面加入一層油，可預防顏色轉黑。

冷凍須知
青醬可冷凍保存三個月，最好在表面添加一層油。使用前放入冰箱隔夜解凍。

And one more for luck 再加一個求好運

Universally useful blue cheese dressing
多用途藍紋起司調味汁

我說要介紹三種醬料，但我真的必須偷渡這第四種。若你喜歡藍紋起司－我自己是特別喜歡－那你應該要知道，這款醬汁澆在切片地瓜上，搭配一塊撕下的長棍麵包，就是一頓非常夠味的晚餐。要做出復古風味的美式牛排屋開胃菜，可將萵苣生菜（iceberg lettuce）切塊後，淋上這款醬汁，上面也許再撒一點煎到酥脆的培根粒。用來澆淋在剩下的爐烤嫩牛肉上，滋味更是美妙。

可做出250ml

藍紋起司150g，捏碎
伍斯特辣醬1小匙
棕醬（brown sauce，如A1或HP）1小匙
白脫鮮奶或原味優格（液狀的）75ml
全脂鮮奶45ml
蘋果酒醋或上等白酒醋或巴薩米可白醋 1小匙

♥ 將捏碎的起司放入碗裡，加入伍斯特辣醬、棕醬、白脫鮮奶、鮮奶和醋。輕柔地拌勻。必要的話，加入一點冰水。冷藏到需要時再取出。

事先準備
這款調味汁可放入容器，覆蓋好可冷藏保存3-4天－放在冷一點的位置，不要放在冰箱門上。

COOK IT BETTER 煮得更好

有些話，我在過去幾年不斷重複地跟孩子說過，就算一張開口、吐出開頭幾個字，就可以看到他們翻白眼，卻還是阻止不了自己：我小時候，只有在聖誕節和生日才收得到禮物。這是從做母親的嘴巴裡最常聽到的一句。另一句話是：在我那個年代，小孩子是不能這樣跟媽媽還嘴的。現在，在我寫下來的同時，一邊爲自己孩子氣的壞口氣感到羞愧（平常這樣大聲說時，怎麼都聽不出來？）。

我想，你大概很同情我的孩子，因爲我突然想到，我寫過的書裡大概沒有一本，我未曾在某個地方懺悔過：雖然我頗爲捨得花錢，但絕不浪費。讀者們，儘管翻白眼吧，因爲這樣的時刻又來了。我並不想一直重複惹人厭煩（這樣下去，我還眞怕會變得像外婆一樣，老是重複故事與軼事），但這個教義（你可以這樣稱呼它），眞的是我烹飪工作的核心精神。

當然，你可以辯論它的對錯。有人說，把過期的吐司丟掉，比重新添加鮮奶、鮮奶油、巧克力片等奢侈材料，然後又花費燃料烤成布丁，來得不浪費。是沒錯，廚房裡的東西也許必須認賠殺出，但我就是天生沒辦法把食物丟掉。我試過，就是做不到。但是，這種回收的方式，把上週購物剩下的材料，轉變成這週的美味點心，我覺得就是身爲下廚者（cook）必備的態度－也是和專業主廚（chef）的差別所在。

當然，我並非時常能找出時間，把看起來悲慘、變黑的香蕉剩塊，做成香蕉太妃（banoffee）起司蛋糕，但當我偶一爲之、並且成功的時候，那種勝利的滿足感，以及將剩菜物盡其用的單純喜悅與榮耀，和起司蛋糕的美味不相上下。這並非炫耀式的自我感覺良好（雖然我承認可能很容易彼此混淆），這只是一種單純的喜悅，在我們日常生活中，像這樣能帶來平靜和滿足的時刻並不多。

更不用說，其他實際上的好處。如果在冰箱裡挖一挖，就能做出溫暖人心的義大利蔬菜湯，或是宴客級的南印度蔬菜咖哩，幹嘛要去買東西亂花錢呢？這並不是戰後殘留食品管制的恐懼，而是現代社會靈活變化的廚藝技能，你可以做出草莓和杏仁酥頂、鍋煎西洋梨派和義式麵包丁沙拉的豐富滋味，以及來自托斯卡尼的番茄羅勒麵包沙拉。我是說，眞的，千萬不要浪費了 …

Apple and cinnamon muffins 蘋果和肉桂馬芬

我知道這聽起來好像是故意和人吵架，或是讓人覺得我很蠢，但我眞的覺得，現在馬芬那麼受歡迎，其實不是好事。簡單的說：很多人都以爲，所謂的馬芬就是店裡或咖啡館裡賣的那種。你知道，我寧願去吃包裝木屑，也強過大部分咖啡館架上那些膨脹過頭的馬芬。可是，看到許多人照樣買，以爲這些還可以：它們眞的不是我的牛肉（讓我變化一下食物代名詞）。工廠製作的馬芬，和家裡烤箱蹦出來的，是不一樣的玩意兒。前者極易破碎，像卡通裡一樣充氣膨脹地十分誇張。害每個人在自家做馬芬時，看到成品膨脹得不高、或扁了一點，就以爲失敗。

這不是失敗，這是馬芬呀！馬芬不該只是未加糖霜的杯子蛋糕（cupcake）。我知道，糖加的多就賣得好，但要能夠當作早餐吃的東西，甜度得緩和一些。這裡的蘋果和肉桂馬芬，就能說明我的理想。果香足，份量夠，像是字面充滿矛盾的一樣東西：營養健康的零食（wholesome treat）。斯佩特小麥粉（spelt）帶來一股粗獷明顯的堅果味，不像一般全麥麵粉的細緻香氣，但若是買不到或不想麻煩，也可用一般麵粉代替，成品會更輕盈細緻。

甚麼時候做這些馬芬都可以，不過對我來說，看到水果籃裡的蘋果快要不新鮮時，我就感覺到非動手不可的急迫性。外皮開始萎縮的蘋果，怎麼看都賣相不佳，更何況，我最愛的蘋果，必須極其新鮮，酸度夠且清脆無比，一咬進去幾乎令人發疼。最糟的情況是，看到這種極品蘋果，竟然令人傷心地開始萎縮，就算還不至於成爲死的警告（momento mori），也無情地提醒我時間飛逝。有些人在一粒沙中看到永恆，而我在水果籃裡看到有限生命的脆弱，不太妙吧。但是，嘿！管他的，有東西吃就好了。超過賞味期限的蘋果，可以做成超級美味的馬芬。而且和一般馬芬不同，它們就算冷了、老了（1-2天內還行），還是好吃。

可做出12個

食用蘋果2顆
斯佩特小麥粉(spelt flour)或
一般麵粉250g
泡打粉2小匙
肉桂粉2小匙
淡黑糖(light brown sugar)125g,
外加4小匙撒糖用

蜂蜜125ml
原味優格(液狀的)60ml
無味蔬菜油125ml
雞蛋2顆
天然(不去皮)杏仁75g

12份馬芬模1個

♥ 將烤箱預熱到200℃ /gas mark6,在馬芬模內舖上紙模。

♥ 將蘋果削皮去核,切成1公分小丁(不用眞的拿尺來量),備用。

♥ 將量好的麵粉、泡打粉和1小匙肉桂粉加入碗裡。

♥ 在另一個碗或量杯裡,加入125g黑糖、蜂蜜、優格、蔬菜油和雞蛋,攪拌均勻。

♥ 將杏仁稍微切碎,將其中一半加入麵粉裡,另外一半放入另一個小碗,加入第2小匙的肉桂粉,和額外的4小匙黑糖,這是用來做成馬芬的表面餡料。

♥ 現在將溼材料輕柔拌入(fold in)乾燥材料中。加入蘋果丁,輕柔混合,不要過度攪拌。提醒你:麵糊多顆粒會產生較輕盈的馬芬。

♥ 將麵糊舀入馬芬模中,撒上表面餡料。

♥ 將馬芬模送入烤箱,烤約20分鐘,馬芬應會膨脹呈金黃色。

♥ 取出馬芬模,靜置5分鐘,小心地一個個拿出放在冷卻網架上。

事先準備
在前一天晚上,可先將乾燥材料量好放入碗裡,和溼材料混合後,覆蓋冷藏隔夜。到了早上,準備蘋果丁、切碎杏仁,從以上食譜的第5項步驟繼續進行。最好在烘焙的當天食用,但也可在一天前烤好,放入舖了烘焙紙的密閉容器。用熱烤箱重新加熱5-8分鐘再上桌。可保存2-3天。

冷凍須知
馬芬可放入舖了烘焙紙的密閉容器內,冷凍保存2個月。放在冷卻網架上,以室溫解凍3-4個小時,再依照上方步驟重新加熱。

Strawberry and almond crumble 草莓和杏仁酥頂

以前，若你要我說出一樣東西，是無論利用怎樣的烹調技術都無法改良的，我會賭劣質草莓（不成熟，沒有味道的）。我甚至根本羞於承認，有任何想要將之改良的念頭，一直到我看到了，大好人一賽門霍普司金 Simon Hopkinson* 寫的一篇文章：他建議用這樣的爛草莓來做成派。所以我就照做了。其實，不完全是。因爲我比他懶，所以我做的是酥頂。我不知到底是加了什麼，還是過程中發生了甚麼神奇的事，總之，這絕對是夢幻般的酥頂。和你猜的不同，烤箱並未將草莓變成粉紅色的黏稠爛泥，反而將之轉化成莓果味十足而柔軟多汁的好東西。這簡直就像神奇的煉金術一樣：你把超市買來最清脆*、最下等的草莓拿過來，放上杏仁、奶油麵粉粒，送入烤箱，轉眼之間，就能將寒冷的一天變化成英格蘭夏天的滋味。當然，要搭配大量的鮮奶油食用：由不得你選擇，我規定一定要！

* 賽門霍普司金 Simon Hopkinsonu 英國美食評論家。

* 表示尚未成熟

6人份

草莓500g，去蒂
細砂糖50g
杏仁粉25g
香草精（vanilla extract）4小匙

耐熱派皿（ovenproof pie dish），直徑約21公分，深4公分（容量約爲1.25公升）1個

表面餡料材料：
麵粉110g
泡打粉1小匙
冷奶油75g，切丁
杏仁片（flaked almond）100g
德梅拉拉（demerara）* 紅糖75g
濃縮鮮奶油（double cream），上菜用

* 德梅拉拉紅糖（demerara），以蓋亞納共和國 Guyana 產地命名的粗粒紅糖。

♥ 將烤箱預熱到200℃ /gas mark6。將去蒂草莓裝入派皿裡（我用圓形派皿），撒上糖、杏仁粉和香草精。搖晃一下派皿，使其混合。

♥ 現在準備表面餡料：將麵粉和泡打粉倒入攪拌盆內。加入奶油丁，同時用拇指和食指摩擦混合（或用桌上式電動攪拌機幫忙）。成品應類似粗粒的淡色麵粉。加入杏仁片和糖，用叉子攪拌混合。

♥ 倒入草莓派皿中，使其均勻平整地覆蓋草莓，在派皿邊緣稍微按壓。將派皿放在烤盤上，送入烤箱烘烤30分鐘，使表面酥頂呈淺褐色，邊緣溢出淡紅色、微滾的汁液。

♥ 靜置10分鐘後再上菜。餐桌上記得也要放上1盅冰涼的濃縮鮮奶油。

事先準備
酥頂可在一天前先組合。用保鮮膜覆蓋後冷藏，要用時再取出。按照食譜步驟烘烤，但將烘焙時間延長5-10分鐘，並確認中央部位完全烤熟沸騰。

冷凍須知
表面酥頂餡料可先製作好，放入密封袋，冷凍保存三個月。取出後，直接撒在水果上，用雙手將硬塊搓碎。組合好但未經烘烤的酥頂，可用雙層保鮮膜再加一層鋁箔包好，冷凍保存三個月。放入冰箱解凍24小時，再依照上方步驟進行烘焙。

Banoffee cheesecake 香蕉太妃起司蛋糕

我的廚房一角，不知曾有多少次看到變黑香蕉的身影，夠寫出一整本香蕉食譜了。要我把它們丟掉門都沒有。我就是沒辦法浪費食物，雖然我的對策，往往只是丟進更昂貴的材料，變成更豪華的食品。這些食譜，有的已經出版在我之前的書裡，因此本書收斂一點，我喜歡這樣的挑戰：把食物用完並不可恥，也不只是節儉的美德；它可以是最自由、有創意的廚藝點子。我就是喜歡看到，原本過熟、垂頭喪氣的香蕉，竟然能轉變成驚人美味的起司蛋糕，這就是勝利呀。這款起司蛋糕的質感，和一般滑順、有時過於黏稠、或甚至膩口的版本不同，它比較接近慕斯般的輕盈，香氣十分濃郁。

你可以在烤起司蛋糕或等它冷卻的時候，來製作太妃糖醬汁。無論如何，醬汁要完全冷卻，但不能放入冰箱；覆蓋好後，置於陰涼處隔夜或1-2天，都不會有甚麼問題。起司蛋糕可不一樣了：必須要放入冰箱冷藏隔夜，久一點也沒關係。

記得，奶油起司（cream cheese）一定要回復室溫，再開始攪拌或加工。如果太冰冷的話，不管你怎麼努力的攪拌，絕不會達到理想中的濃郁甘美。

10人份

基底材料：

消化餅250g

柔軟的無鹽奶油75g

起司蛋糕材料：

中型過熟香蕉4根

檸檬汁60ml

奶油起司（cream cheese）700g，回復室溫

雞蛋6顆

淡黑糖（soft light brown sugar）150g

太妃糖醬汁材料：

柔軟無鹽奶油100g

金黃糖漿（golden syrup）125ml

淡黑糖75g

直徑23公分活動式蛋糕模1個

烤盤（roasting tin）1個，隔水蒸烤用

♥ 將烤箱預熱到170℃ /gas mark3，裝滿一整壺的水，加熱到沸騰。將蛋糕模外面（底部和旁邊）包上2層保鮮膜，再徹底包上2層鋁箔紙，用意是要使蛋糕模完全防水，方便等會進行隔水蒸烤。

❤ 將消化餅和奶油，用食物處理機打碎成快結塊的粗粒狀，裝入蛋糕模的底部，按壓平整，放入冰箱冷藏。同時，將食物處理機清理乾淨到一粒碎屑都不剩。

❤ 用叉子將香蕉壓成泥，加入檸檬汁，備用。

❤ 將奶油起司用食物處理機攪打成質地光滑，加入雞蛋和糖。最後加入香蕉泥和檸檬汁，繼續打到質地滑順。

❤ 將層層包裹好、裝有餅乾基底的蛋糕模，從冰箱取出，放在烤盤（roasting tin）中央，倒入混合好的香蕉起司內餡。

❤ 將烤盤和蛋糕模送入烤箱，將剛煮滾的熱水倒入烤盤內，到達蛋糕模一半的高度。烘烤1小時10分鐘，1小時候就可檢查熟度。蛋糕中央可能仍帶點晃動的液體感，但表面應完全凝固定型。

❤ 從烤箱取出，不要脫下手套，將蛋糕模從隔水蒸烤取出，放在冷卻網架上。小心地撕下包裹的保鮮膜和鋁箔，讓蛋糕持續在網架上冷卻。

❤ 將蛋糕送入冰箱，等到完全冰涼後再加以覆蓋，冷藏一整夜。要吃之前的半小時，再從冰箱取出。

❤ 製作醬汁，將奶油、金黃糖漿和糖，放入平底深鍋內，以小火融化，直到沸騰。微滾1-2分鐘，不要走開。應形成琥珀色富泡沫的醬汁，像液體狀的蜂巢。稍微冷卻後，倒入小型玻璃量杯中，再冷卻一會兒，醬汁會變得更濃稠。

❤ 將蛋糕脫模時，先用刮刀伸入周圍縫隙，再鬆開底板脫模。將蛋糕放在上菜的盤子上（最好周圍有高起的邊）。將量杯裡的太妃糖醬汁攪拌均勻，澆一些在蛋糕上，剩下的讓飢餓的大家自行取用，邊吃邊加。

事先準備

起司蛋糕可在二天前先做好，依照上方步驟冷卻。完全冷卻後，用盤子或保鮮膜覆蓋好，確認不要碰到蛋糕表面。依照食譜說明脫模上菜。醬汁可在2-3天前先做好，放入密閉容器內，然後置於陰涼處。也可覆蓋好，冷藏保存1個月。

Coconut and cherry banana bread 椰子和櫻桃香蕉麵包

這道食譜的名稱，比實際成品來得光鮮亮麗。櫻桃是乾燥的版本（不過可能經過糖漬glacé），香蕉烘焙後變成呂宋紙般單調的黃色海綿蛋糕。貌不驚人是沒錯，但內部的口感濕潤甜美，讓你意想不到，我喜歡這種驚喜。那些以貌取人，覺得材料不新鮮、不想吃一口的人，活該被剝奪這美味的愉悅。

可切成10-12片

柔軟無鹽奶油125g，外加塗抹模具的量
小至中型香蕉4根（帶皮約500g）
細砂糖150g
雞蛋2顆
麵粉175g
泡打粉2小匙
小蘇打粉 ½ 小匙
乾燥櫻桃100g
脫水椰子粉（desiccated coconut）100g

容量900g（2lb）吐司模1個

♥ 將烤箱預熱到170℃ /gas mark3。在吐司模內鋪上紙模，或在底部鋪上烘焙紙，再將四周抹上油。

♥ 用平底深鍋融化奶油，離火。在另一個碗裡，將剝了皮的香蕉壓成泥。

♥ 在稍微冷卻的融化奶油裡加入糖，攪拌一下，再加入香蕉泥和雞蛋攪拌。輕柔地混入麵粉、泡打粉和蘇打粉。最後，加入乾燥櫻桃和椰子粉。

♥ 輕柔拌勻，倒入吐司模內，將表面弄平整。

♥ 烘烤約50分鐘，過了45分鐘時開始檢查熟度。烤好時，可看到蛋糕邊緣已稍微脫離吐司模，表面富彈性。

♥ 從烤箱取出後，先不脫模，靜置10分鐘。然後小心地將蛋糕滑出（連同紙模），放在網架上冷卻。

事先準備
蛋糕可在二天前先做好。用烘焙紙包裹後放入密閉容器，可在陰涼處保存3-4天。

冷凍須知
蛋糕可用雙層保鮮膜，再加一層鋁箔緊緊包裹好，冷凍保存三個月。置於室溫隔夜解凍。

Chocolate banana muffins 巧克力香蕉馬芬

我一直覺得馬芬是寵溺的周末早餐，但是這些穿上暗褐色鬱金香裙擺宴會服的優雅黑馬芬，自然就該在晚餐後，和咖啡一起出場。

一般的馬芬，在出爐的那一刻品嘗最佳，但這一款馬芬裡的香蕉材料，使這些可口小點即使過了一段時間，在其他同類已過賞味佳期、失去誘惑時，仍能保有其濕潤新鮮的口感與吸引力。

可做出12個

很熟或過熟的香蕉3根
蔬菜油125ml
雞蛋2顆
淡黑糖100g
麵粉225g
上等可可粉3大匙×15ml，過篩
小蘇打粉（bicarbonate of soda）1小匙

12份馬芬模1個

♥ 將烤箱預熱到200℃ /gas mark6，在馬芬模內鋪上紙模。不用特別去買特殊紙模：一般紙模即可。用雙手或電動攪拌機，將香蕉打成泥。

♥ 攪打的同時，加入油，再加入雞蛋和糖。

♥ 將麵粉、可可粉和小蘇打粉混合均勻，倒入香蕉泥內，同時輕輕攪打，舀入馬芬紙模內。

♥ 送入預熱好的烤箱，烘烤15-20分鐘，烤好時，馬芬應呈暗褐色、充分膨脹，從紙模裡驕傲地探出頭來。先不脫模稍微冷卻一下，再個別取出放在網架上冷卻。

事先準備
馬芬可在一天前先做好。放在鋪了烘焙紙的密閉容器內，置於陰涼處可保存2-3天。重新加熱時，放入熱烤箱內加熱5-8分鐘。

冷凍須知
馬芬可放在鋪了烘焙紙的密閉容器內，冷凍保存2個月。取出放在網架上，置於室溫解凍3-4小時，再按照上方說明重新加熱。

Cinnamon plums with French toast
肉桂李子和法式吐司

對積極清剩菜的人來說，這道食譜有雙重好處：法式吐司（我小時候蛋汁麵包的花俏版）是用已經不新鮮的剩吐司做的，混合了刺激小紅莓和辛香肉桂風味的糖煮水果，能把難吃的李子（買來的時候，沒有好好挑選，只是一味樂觀地等它成熟）用完。如果你覺得作爲剩菜食譜，這裡的李子份量很多，這是因爲我第一次試做時用的李子，像撞球一樣又大又閃亮，硬度也幾乎差不多（如果你的李子也是這種怪物，切成四等份而非切半，再水煮）。如果你夠幸運，有顆李子樹，這道食譜可幫你消耗不少李子。

雖然我喜歡深紅色的李子果肉，小紅莓果汁更陪襯它的顏色，但你可使用任何種類的李子，如果希望水煮水果之後的湯汁不那麼酸，也可改用蘋果汁。

同樣的，這款糖煮水果不見得只能搭配法式吐司：嘗試希臘優格或什錦穀麥（granola）作爲早點，搭配卡士達當作周末甜點。或搭配健力士薑味麵包（見**第305頁**），或是 ... 隨時想吃的時候。

4人份，包括多出的糖煮水果（compote）

李子糖煮水果材料：
小紅莓汁250ml
細砂糖100g
肉桂棒1根
李子500g

- 將小紅莓汁和糖加入寬口平底深鍋內，攪拌使糖溶解。用小火加熱，使糖完全溶解。

- 將李子切半去核，若體型屬龐然大物，再切一半。

- 當糖完全溶解，化成深紅色湯汁時，加入肉桂棒。將火轉大，加熱到沸騰後，滾沸數分鐘，使湯汁轉成糖漿狀。

- 轉成小火，保持小滾狀態，加入李子塊，小火慢煮10分鐘（請注意，這是針對未成熟的李子而言，成熟李子所需時間可能更短）。

- 煮到李子變軟但未軟爛，離火，覆蓋保溫。你可以先將糖煮李子做好，再以室溫搭配法式吐司上菜，或重新加熱。

法式吐司材料：

雞蛋2顆

全脂鮮奶60ml

肉桂粉 ½ 小匙

糖1大匙 ×15ml

不新鮮的白吐司麵包4大片

柔軟的無鹽奶油2大匙 ×15ml（30g）

♥ 在一個派皿（pie dish）裡，將雞蛋、鮮奶、肉桂粉和糖攪拌混合。

♥ 將2片麵包浸入蛋汁內，讓兩面都浸入足夠的液體，使麵包轉成黃色，但不至變得軟爛。

♥ 將一半的奶油加入平底鍋內，加熱融化，將這2片麵包每面各煎數分鐘。將煎得香褐酥脆的麵包移到溫熱過的盤子上，同時繼續浸入剩下的2片麵包。

♥ 以同樣的方式，融化奶油，煎香麵包。

♥ 搭配美麗的深紅色糖煮水果，一起上桌。

事先準備
糖煮水果可在一天前先做好。移到碗裡冷卻，覆蓋冷藏。放入平底深鍋內，以小火重新加熱再上菜。

冷凍須知
冷卻的糖煮水果，可放入密閉容器，冷凍保存三個月。放入冰箱隔夜解凍，再以上述方法重新加熱。

Chocolate chip bread pudding 巧克力豆麵包布丁

只要是麵包布丁（bread pudding），我沒有不喜歡的。不過英國式的版本－將不新鮮的麵包填入濕潤的水果麵包裡，或是烘烤層疊鮮奶卡士達三明治－特別充滿吸引人的懷舊風味。這裡的食譜是美式風格，將吃不完的麵包切成小丁，浸入卡士達蛋汁裡，再加以輕度烘焙。以上的作法是最基本的，我做了一點簡單的變化，巧克力豆、萊姆酒和濃縮鮮奶油，讓吃不完的舊麵包，成功蛻變成豪華宴會級的餐後甜點。就像是找到一件穿起來舒服自在的宴會服：一種難得而珍貴的愉悅。

註：吃不完的麵包，我通常會切成小丁或打成麵包屑，放入冷凍袋，以備不時之需。

4-6人份

不新鮮的麵包250g，切成3公分小丁
巧克力豆（chocolate chips 或 morsels）100g
雞蛋3顆
淡黑糖40g
深色萊姆酒（dark rum）2大匙 ×15ml
濃縮鮮奶油（double cream）125ml
全脂鮮奶500ml
德梅拉拉（demerara）紅糖4小匙

直徑約23公分，深6公分的耐熱派皿（容量約1.5公升）1個

❤ 將烤箱預熱到170℃ /gas mark3。將派皿稍微抹上奶油，倒入麵包丁。如果麵包仍十分新鮮，先切片靜置在冷卻網架上一會兒，再切丁使用。

❤ 在麵包丁上，均勻加入巧克力豆。

❤ 將雞蛋、淡黑糖、蘭姆酒、濃縮鮮奶油和鮮奶，攪拌均勻。倒在麵包丁上，並按壓一下，使麵包充分浸潤在蛋汁裡。

❤ 靜置20分鐘，撒上德梅拉拉（Demerara）紅糖，送入烤箱，烘烤40-50分鐘。如果你的烤箱加熱不均，烘烤到一半時，將派皿調轉一下。

❤ 將派皿靜置一會兒再上菜（忍得住的話）。烘烤時所散發出來的香味，已令人陶醉，從烤箱取出後，就是對定力的考驗。

事先準備

可在一天前將麵包布丁組裝好，但先不要撒糖。覆蓋後冷藏。從冰箱取出，以室溫靜置15分鐘再撒糖，繼續依照食譜進行烘焙。

Pear pandowdy 鍋煎西洋梨派

鍋煎派（pandowdy）是美式俚語，指一種家裡自製臨時應變的派點，這是我心甘情願屈就的美食。恐怕你們常常發現，自己買來的梨子，總是永遠等不到美味熟透的時候，而這款用鍋子加熱而成的派點，與那鬆軟簡單的派皮，竟能成就意想不到的美味。除了梨子之外，我還加了一些蘋果－畢竟加熱煮食，是 golden delicious（一種蘋果品種）在成熟世界裡唯一的好用處－但純蘋果派（捨棄梨子，加倍蘋果份量）一樣好吃。的確，很多水果都可使用，不過莓果類和某些水果加熱後，可能會變得太軟爛，液體過多，所以最好仍以蘋果為主。

6人份

西洋梨（William pears 品種）4顆
蘋果（Golden Delicious 品種）2顆
柔軟無鹽奶油50g
細砂糖50g，外加 ½ 小匙撒糖用
磨碎的檸檬果皮1顆

派皮材料：
麵粉225g，外加撒粉用
鹽1撮
冰冷的奶油75g，切成1公分小丁
冰冷的酥油（shortening）35g
冷的全脂鮮奶125ml
濃縮鮮奶油，上菜用（可省略）

鑄鐵平底鍋或耐熱平底鍋
（直徑約25公分）1個

♥ 將烤箱預熱到200℃ /gas mark6。

♥ 將梨子和蘋果削皮後，切成4等份，去核，將梨子切成2公分小丁，蘋果切成1公分小丁，丟入碗裡。

♥ 使用可送入烤箱的平底鍋，以中火融化50g的軟奶油，加入水果丁、糖和檸檬果皮。以小火加熱10分鐘，同時不時攪拌，使部分水果開始呈焦糖化。離火，繼續製作派皮。

♥ 將麵粉和鹽，加入直立式電動攪拌機的碗裡以槳狀攪拌棒，加入冰冷的奶油丁混拌，然後用小茶匙一次加入一小塊酥油，讓機器慢慢把脂肪攪拌入麵粉裡；或直接使用雙手。

♥ 當馬達還在運轉、攪拌棒仍在緩慢旋轉時，一次加入一點鮮奶，直到麵團形成。從碗中取出，用雙手整型，放到抹了手粉的工作台上準備擀平。

♥ 將水果鍋拿過來（不要近到使麵皮變熱），將派皮擀成平底鍋大小的圓形。將圓形派皮覆蓋在水果鍋上，把邊緣塞進去，記得這不加修飾的外表就是重點。用刀尖劃上三道刀痕，撒上 ½ 小匙的糖，送入烤箱烤25分鐘，直到白色的派皮轉變成金黃色的酥皮。

♥ 記得，鍋子的把手會很燙，所以小心地移到餐桌上，把手最好用茶壺隔熱套之類的套上。搭配濃縮鮮奶油上菜。

事先準備
這道派點可在二天前先做好。確認水果和鍋子完全冷卻後，再加上派皮，用保鮮膜覆蓋後冷藏。依照食譜加以烘焙，烘焙時間延長10-15分鐘。確認內餡完全沸騰熟透，再從烤箱取出。（用金屬籤或刀尖，從表面劃切通氣的切痕插入派裡－應感覺熱熱的）。

冷凍須知
內餡和派皮可在1個月前先做好。將內餡放入密閉容器內冷凍，派皮可用雙層保鮮膜包起來，再放入冷凍袋。放入冰箱隔夜解凍。擀麵皮前30分鐘再從冰箱取出。按照食譜步驟組合派點，進行烘烤，烘烤時間要延長10分鐘。

MILK

Panzanella 義式麵包丁沙拉

Panzenella 聽來像是芭蕾舞劇或童話故事裡，美麗女主角的名字，但它其實是來自義大利的一種潮濕、加了番茄的麵包沙拉，我第一次嘗到，是當年住在托斯卡尼的時候。當地有一種奇怪的無鹽麵包，彷彿轉眼之間，馬上就變得不新鮮了，用它來做成這道沙拉，是令人快樂的聰明對策。其實，只要親自做過麵包的人（即使只是一次）就知道，市售麵包可以保存很久，是透著一些令人不安的詭異。

我看過其他的版本，裡面指示我們這些不幸的下廚者，先將麵包皮切除再用。我直接忽略這類做作的指示（或稱之爲愚蠢，隨你怎麼稱呼），因爲這道食譜的目的，就是要重新利用吃不完的麵包－爲什麼還沒開始動手，就要將一半份量的麵包丟掉呢？我知道，和其他許多農民粗食（peasant dishes）一樣，這道菜已經成爲高級餐廳的常備菜單，所以我明白這種故作姿態的由來。我也不想自命清高：並非我完全認定切除麵包皮是道德上的犯罪，而是我純粹太、太、太懶。

我的兒子 Bruno 非常喜愛這道料理，因此我曾在周末之初便特地將麵包買好。這沒有聽起來那麼糟（我希望），因爲即使是用一整條新鮮的麵包（切塊後特地放到變得不新鮮，很變態我知道）做成的一大碗沙拉，在家有青少年的地方，也撐不了太久。不過眞的，如果手邊剛好有麵包急著用完，這將是最令人滿意的結果。沒錯，你還是得去買上好些新鮮羅勒，但這道食譜不只能將失去彈性的舊麵包用完，還能將一些過熟、外皮幾乎裂開、果肉帶粉質的番茄，帶往令人喜悅的結局，因此我也不覺得那麼抱歉了。

4人份，*當作配菜*

不新鮮的（staled）義大利麵包250g，切成2公分小丁或撕成小塊
紅洋蔥1小顆，切碎或切成細半月形
紅酒醋60ml
上等成熟番茄500g
大蒜½瓣
粗海鹽2小匙或罐裝鹽1小匙
細砂糖1小撮
特級初榨橄欖油125ml
羅勒葉1大把

♥ 將麵包丁放在冷卻網架上晾乾。

♥ 將紅洋蔥片放入大沙拉碗內（大到能容納所有食材），澆上紅酒醋，靜置10分鐘以上。

♥ 同時，將番茄放入大碗裡，倒入滾水淹沒，靜置5分鐘。

♥ 在紅洋蔥上方磨碎大蒜。我通常用1瓣大蒜來磨，磨到剩下一半時停手。

♥ 將番茄瀝乾，去皮去籽切碎，倒入紅洋蔥碗內。（有時候我省略汆燙去皮的步驟，但一定會去籽）

♥ 加入鹽和糖，將麵包撕碎或捏碎一起加入。倒入油，加入一半的羅勒葉，用雙手拌勻（如果皮膚敏感，可戴上一雙 CSI 手套）。

♥ 理想上，沙拉應靜置一夜入味。若想這麼做的話，將剩下的羅勒葉和莖加在沙拉表面後，用保鮮膜覆蓋；若要直接上菜，加入剩下的羅勒葉，檢查調味。

事先準備
沙拉可在一天前做好，覆蓋冷藏。上菜前1小時從冰箱取出，回復室溫。拌入預留的羅勒葉後上菜。

Panzanella
Brine

Minestrone 義大利蔬菜湯

這是絕佳的周一晚餐，從冰箱裡隨便挖一挖就能找出材料。其實，任何一種蔬菜湯，都很適合用來消耗快過期的那一兩根韭蔥或櫛瓜，以及其他少量、無法單獨做成一道菜色的材料，但義大利蔬菜湯還是我的首選。另外還有一個小訣竅，值得在此一提：如果你有一些少量、用不完的義大利麵，不管是哪種，都可一起放入冷凍袋，用擀麵棍大力快速敲碎，就成了自製的pastina mista，需要的時候，可隨時取出加入湯裡。還有，當一塊帕瑪善起司快用完，只剩下硬殼時，也可放入冷凍袋，可冷凍保存三個月，煮湯時可隨時取出，不用解凍，直接丟入鍋裡，和蔬菜湯一起烹煮，增添雋永的香鹹滋味。

我覺得新鮮蔬菜和義大利麵的份量就很夠了，但若嫌不夠，可隨意添加1罐瀝乾的豆類或一些冷凍蔬菜。當然在周末（或其他時候），你的冰箱不可能剩下和我一模一樣的蔬菜，所以，以下食材的種類和數量僅供參考。

4人份

羅勒油或一般橄欖油2大匙 ×15ml
韭蔥1根，洗淨，縱切成半再切碎
櫛瓜1根，去皮，縱切成4等份再切丁
包心菜約225g，切絲
四季豆50-75g，修切過再切半
蔬菜高湯1公升（由高湯粉或高湯塊調製而成，最好是有機的）
煮湯用義大利麵（soup pasta）100g，如頂針麵（ditalini）
不甜的白酒或苦艾酒1大匙 ×15ml（可省略）
鹽和胡椒適量
磨碎的帕瑪善起司，上菜用

♥ 用底部厚實的鍋子將油加熱，加入切碎的櫛瓜和韭蔥，以中火炒5分鐘，不時用木匙翻攪一下。

♥ 加入包心菜絲和四季豆，續炒5分鐘，不時翻攪一下。

♥ 用滾水調製高湯，倒入蔬菜鍋裡（可加入預留的帕瑪善起司硬殼），加熱到沸騰，轉成小火，蓋上蓋子，慢煮20分鐘（想要的話，可在此時撈出起司硬殼）。

♥ 打開蓋子，再次加熱到沸騰，加入義大利麵，煮約10分鐘（或按照包裝說明）。要注意的是，我個人認爲，煮湯的義大利麵和一般義大利麵不同，絕不可只煮到彈牙。

♥ 義大利麵煮好後，加入苦艾酒或白酒（大導演費里尼會在他的蔬菜湯裡，加一點威士忌），滾沸數秒鐘，離火調味，冷卻至少10分鐘但不超過40分鐘，這樣，當你磨上帕瑪善起司準備享用時，蔬菜湯帶來的是撫慰人心的溫暖，而不燙嘴。我自己很喜歡放到40分鐘，以接近室溫享用這碗濃稠的義大利湯麵。真是天堂般的美味，paradiso*。

* paradiso 義大利文的天堂。

事先準備

湯可在1-2天前先做好。移到非金屬的碗中，冷卻後覆蓋冷藏。倒入平底深鍋，用小火重新加熱到沸騰，不時攪拌，冷卻一會兒再上菜。

冷凍須知

冷卻後的湯可放入密閉容器，冷凍保存三個月。放入冰箱隔夜解凍，再依照上述方法重新加熱。

South indian vegetable curry 南印度蔬菜咖哩

這是另一個可將冰箱裡剩下的少量四季豆，或其他零星蔬菜（單獨使用無法做出足量的一道菜色）用完的食譜。你可根據手邊的材料，自行變化蔬菜的種類。

4人份

大蒜油2大匙 ×15ml
洋蔥1顆，去皮切半再切成半月形
粗海鹽1小撮
綠辣椒1根，去籽切碎
生薑1小塊約2公分，去皮切絲
乾燥辣椒片（壓碎）¼ 小匙
薑黃（turmeric）1小匙
小茴香粉（ground cumin）1小匙
香菜籽（ground coriander）1小匙 ×15ml
薑粉1小匙
椰奶1罐400ml
蔬菜高湯600ml
糖1小匙
羅望子醬（tamarind paste）1大匙 ×15ml
青花菜350g，切成小花束
白花椰350g，切成小花束
四季豆100g，修切過再切半
小玉米125g，切半
甜豆莢150g
切碎的蒔蘿或香菜（或兩者綜合）2大匙

♥ 用底部厚實的鑄鐵鍋或大型平底鍋將油加熱，煎炒半月型洋蔥，撒一點鹽，直到洋蔥開始變軟，加入切碎的新鮮辣椒和薑絲，翻炒1分鐘。

♥ 加入壓碎的乾辣椒片、薑黃、小茴香粉、香菜籽和薑粉。攪拌均勻，續煮1分鐘，倒入椰奶、高湯、糖和羅望子醬。攪拌均勻。

♥ 加熱到沸騰，加入白花椰，再加入青花菜。煮10分鐘，再加入四季豆和小玉米。過了5分鐘後開始檢查蔬菜熟度，需要的話，再煮久一點。

♥ 蔬菜變軟後，加入甜豆莢，調味，當豆莢夠熱後即可盛入裝了白飯的碗裡，撒上大量自選香草後上菜，或是搭配溫熱的印度拿餅（indiann flatbread），用來蘸取咖哩。

事先準備
咖哩醬可在一天前先做好。移到非金屬的碗中，冷卻後覆蓋冷藏。倒入鑄鐵鍋或大型平底深鍋，用小火重新加熱到沸騰，再依照食譜加入蔬菜。

冷凍須知
冷卻後的咖哩醬可放入密閉容器，冷凍保存1個月。放入冰箱隔夜解凍，再依照上述方法進行。

Make leftovers right 剩菜做得對

SAUCE FOR LEMON SOLE
小頭油鰈醬汁

用剩菜做成的食譜，還有更進一步的建議食用方式，似乎有點奇怪，但是你應該知道，如果這道咖哩醬剩下一點點－用平底深鍋加熱到沸騰後，澆淋在用水和日本清酒清蒸的一兩條小頭油鰈上，就是美味的醬汁。

MY SWEET SOLUTION 我的甜蜜配方

讓我一開始就說明白，沒人說甜點是非做不可的。我猜你也可以說，沒人非吃甜點不可。但是－讓我套一句情人常聽到的話－ the stomach wants what the stomach wants*。不同的器官，一樣的急迫性。我說，做甜點並非必要（法國和義大利，這兩個具有豐厚烹飪文化傳統的國家，很習慣從外面的糕餅店和冰淇淋店購買甜點），但並不表示大家不想要。這也不完全是從食客的角度出發。

你知道我不屬於那種為了驚艷他人而做菜的那一派。一邊做菜，一邊戰戰兢兢的等待他人的掌聲，是我能想到剝奪廚房樂趣最快的方式。想像一個尋求他人注意力、表情畏縮的下廚者站在面前－不是迷人的畫面（希望我對這個畫面的不安，不是認可受到壓抑的證明）；同時，若說賓客的喜悅完全不重要，也太過虛假。當然，我們邀請朋友過來用餐時，這份邀請、這頓晚餐，都有其意義。有朋友和我一起坐在廚房的餐桌旁，分享一條麵包、一塊起司，是令人開心的事，否則也不會當他們是朋友了。我甚至不會介意打電話叫披薩。但是，有時候，你計畫了輝煌的盛宴，但臨時有事，根本沒時間完成；或你精心計畫的夜晚，成了管理顧問所稱的遙遠的大象（Distant Elephant）。這是很簡單的比喻：遠在天邊的一隻大象，看起來渺小、毫無威脅感；但當你逐漸接近它，才赫然發現（太遲了），這是一隻龐大無比的巨象，正準備要將你踏扁。這個概念可以運用到，你在行事曆上標下舉行晚宴的日期－就像遠處的一個小點。

即使你仍滿懷熱忱地盼望賓客到來，你可能突然發現，晚餐無法及時做好。你可能以為在這種時候，還端出一整章的甜點食譜，只會使事態更複雜；錯了，這是要提供解答。我是說，你根本不用煮東西，就能像變魔法般地端出巧克力萊姆派、榛果酒提拉米蘇、彷彿來自法式糕點店的水果塔、免攪拌鳳梨可樂達冰淇淋，和其他美味而令人滿足的甜點。除了巧克力布朗尼小盃（Brownie Bowls）外－從頭到尾需時20分鐘－所有食譜都可在事先完成，工作完畢，完全不用緊張。說實話，你可以事先端上麵包和水，而到了晚餐的尾聲，每個人都會覺得你真是太了不起了，費了這麼多心思。

* The stomach wants what stomach wants 出自 "the heart wants what the heart wants" 意思是說愛是不講理性的，所以奈潔拉引用這諺語，改為胃，意思是說我們吃甜點，也只是為了心情與慾望，和理性分析健康不健康沒有關係。

Chocolate key lime pie 巧克力萊姆派

便宜的小甜食，有時具有驚人的力量。普魯斯特（Proust）有他的瑪德蓮蛋糕（madeleines），而我毫不諱言地說，我的味覺記憶低劣多了；我似乎總是在重新炮製那遙遠以前在糖果罐嚐到的滋味。這道食譜是重製我童年時，所嚐過巧克力萊姆糖果風味的另一個嘗試。還好，蛋糕吃起來像我遙遠記憶的味道，而非真實的糖果風味。

我對這道經典美式派點的詮釋版本，沒有傳統的蛋白霜表面裝飾，也不需要佛羅里達的墨西哥萊姆（key limes）－一般的萊姆就夠了。

6-8人份

消化餅300g
可可粉1大匙 ×15ml
柔軟無鹽奶油50g
黑巧克力豆（Dark chcolate chips）50g
煉乳（最好是冰涼的）1罐 ×397g
萊姆4顆，可磨下2大匙 ×15ml的
磨碎萊姆果皮和175ml果汁

濃縮鮮奶油（double cream）300ml
最上等的黑巧克力1塊（square）

活動式深塔模（deep fluted tart tin）
直徑23公分，深5公分1個

❤ 將消化餅、可可粉、奶油和巧克力豆放入食物處理機內，打碎成深色濕潤粗粒狀的質地。倒入塔模內，按壓使其黏合底部和周圍。放入冰箱冷藏，同時製作內餡。

❤ 將煉乳倒入碗裡。將萊姆果皮磨碎放入另一個碗裡，做裝飾用。將萊姆果汁加入煉乳碗內，攪拌混合。

❤ 倒入濃縮鮮奶油，攪拌混合到濃稠－用直立式或手持式電動攪拌機－舀入冷藏好的餅乾塔裡，用湯匙背面以畫圈方式將表面修飾平整，使深色的硬殼包圍著柔軟內餡。

❤ 將派點冷藏4小時（如果煉乳事先經過冷藏）直到變硬，或最好覆蓋後，冷藏一整夜。準備上菜時，將派從模具取出（但底層不脫模）。

❤ 將巧克力磨碎，均勻撒在表面，再撒上萊姆果皮。這很重要，因爲沒有添加食用色素，所以內餡顏色偏淡，無法呼應內含的萊姆風味。立即上菜，否則暴露在室溫下太久會變軟。

事先準備
派點可在一天前先做好。冷藏變硬後，用鋁箔搭個帳篷（最好不要讓鋁箔碰到表面，會留下痕跡），放入冰箱冷藏。萊姆果皮可留在碗裡，用保鮮膜緊密覆蓋。上菜前再用萊姆果皮裝飾。派點可在冰箱保存2-3天。

冷凍須知
派點可冷凍保存三個月，但我的警告是，解凍時可能會滲水，所以其實不適合冷凍保存。不覆蓋，將未經裝飾的派點冷凍到變硬，包上雙層保鮮膜和一層鋁箔（不脫模）。要解凍時，將包裝拆掉，用鋁箔紙搭個帳篷（盡量不要碰到表面，否則會留下痕跡），放入冰箱隔夜解凍。用新鮮萊姆果皮裝飾。

Chocolate brownie bowls 巧克力布朗尼小盃

我知道這道食譜要你特去買某種模具，不是很自由作風，但是我保證，這個甜點盃6連模（6-cavity dessert shell tin），會像你在這一章裡常用到的麵包模一樣好用。這款模具，能夠做出漂亮的小蛋糕，翻轉過來呈現的凹洞，就是完美的容器，能夠盛裝冰淇淋、打發鮮奶油等自選餡料。如果你買不到這種模具，也可以用80ml的滾水調製布朗尼麵糊，再用2個4份約克夏布丁模來烘烤8分鐘。冷卻時，用小茶杯（tea cup）壓下，做出凹痕，形成布朗尼小碟（saucers），而非小盃（bowls）狀。

也沒人規定你不能用其他的麵糊，來做成這些可食的盃狀容器：但是對我來說，最完美的甜點小碗還是布朗尼。這裡的布朗尼麵糊，不會像我一般做的那麼濕黏，因爲我要它們容易脫模、不會沾黏，質感也要比較結實，接近一般蛋糕，才能盛裝其他食物。

這是適合任何晚宴的完美甜點，而且做法超級簡單（一鍋搞定），製作過程只要夢幻般的10分鐘。你可以事先做好，到時候再重新加熱，直接上菜；但是可能的話，我喜歡當場烘焙，在享用主菜時，剛好讓它們稍加冷卻，然後舀上冰淇淋。我喜歡看到，冰淇淋緩緩滴落到下方溫熱巧克力布朗尼蛋糕的樣子。

你可以依照自己喜歡的方式添加餡料。同時，也讓我提供一些建議：

新鮮現打發的鮮奶油，草莓和草莓醬
香草冰淇淋和巧克力醬
咖啡冰淇淋、楓糖和胡桃
巧克力薄荷冰淇淋和巧克力醬
草莓冰淇淋和粉紅糖粒（sprinkles）
奶油糖（butterscotch）冰淇淋和太妃糖醬

6人份

柔軟無鹽奶油125g，外加塗抹用的份量
細砂糖125g
麥芽奶粉（malted milk powder）如（Horlicks 好立克）15g
上等可可粉15g
電水壺剛燒開的滾水125ml
白脫鮮奶（buttermilk）或流動的原味優格125ml
雞蛋1顆
香草精1小匙

麵粉150g
小蘇打粉 ½ 小匙

上菜用：
打發鮮奶油（whipped cream）、糖粒（sprinkles）、水果、冰淇淋、醬汁、堅果等

甜點盃6連模（6-cavity dessert shell tin）1個

♥ 將烤箱預熱到200℃ /gas mark6。在模具的凹洞裡稍微抹上奶油。

♥ 將奶油放入底部厚實的平底深鍋內，以小火融化。加入糖，一邊用木匙攪拌，一邊使糖融化。熄火。

♥ 將麥芽奶粉和可可粉倒入馬克杯或量瓶，加入滾水，攪拌到均勻混合成質地滑順。加入奶油鍋內，用木匙攪拌混合。

♥ 在剛用過的空杯或量瓶裡（不用清洗），加入白脫鮮奶（或優格）、雞蛋和香草精，攪拌均勻後也倒入奶油鍋中。

♥ 最後，加入麵粉和小蘇打攪拌（使用容量100ml的湯勺很方便），倒入甜點模的6個凹洞中。這裡的份量，應剛好足夠填滿三分之二的高度，正是我們所要的。

♥ 送入預熱好的烤箱，烤12分鐘。烤好後－表面輕壓時有彈性－整盤放在冷卻網架上5分鐘，再脫模。趁熱或等冷卻後再填餡皆可。

事先準備
甜點小盃可在一天前先烤好，放到舖了烘焙紙的密閉容器裡保存。送入熱烤箱重新加熱5-8分鐘再上桌。

冷凍須知
甜點小盃可放到舖了烘焙紙的密閉容器裡，冷凍保存2個月。放在冷卻網架上，以室溫解凍3-4小時，再依照上述方法重新加熱。

Frangelico tiramisu 榛果酒提拉米蘇

每當我想起曾多麼驕傲地鄙視提拉米蘇，就不禁羞愧不已。不過，我覺得對這道甜點的罪過，現在已經加倍還清了。這裡的版本，已在我腦中構思良久才開始動手。現在簡直是欲罷不能。Frangelico（榛果利口酒）是我最愛的黏答答利口酒之一：連它的酒瓶設計都喜歡，像是穿上了僧侶法衣。我更愛它的味道和香氣，最具堅果味的榛果滋味。在幾乎如奶油般濃郁的口感之外，還有一股深沉的煙燻味（因此不至過於甜膩），是你看到酒體呈現的榛果色澤時所料想不到的。

在義大利的酒吧，尤其是西北部地區，你可以點上一杯 caffe corretto alla Frengelico，也就是在濃縮咖啡裡加了一點這款利口酒。當然，你也可選擇許多其他的利口酒，加進咖啡裡加以改良（即英文的 correct），但這種搭配絕對是我最喜歡的（我也喜歡來上一杯裡面已添加了一點 frengelico 的義式咖啡香甜酒 espresso liqueur），所以這道食譜就是要精準地呈現出這種融合的風味。

你接下來看到的食譜，是份量十分充足的提拉米蘇，可裝滿邊長 24 公分的烤皿，足夠供應 12 人份。在拍照時，我做得有點過頭了，把份量加倍，一心想要填滿那飢餓的一大顆心（見下一頁圖片）。在這之前我從來沒想到，有太多的好東西也會是一種詛咒。不過，我可沒因此喪失胃口太久：還是隨時可以來上一碗這酒香四溢、綿密滑順的奢華甜點，我相信你會發現你的客人也是一樣。

註：因爲這道食譜含有生雞蛋，不適合供應給免疫系統欠佳，如小孩、老人和懷孕的婦女食用。

12 人份，*但你不一定要找到 12 個人*

濃縮咖啡 250ml，或用 250ml 滾水溶解 8 小匙（15g）的濃縮咖啡粉
榛果利口酒（Frenglico）250ml，外加內餡需要的量（見下方）

內餡材料：
雞蛋 2 顆，分蛋
細砂糖 75g
榛果利口酒（Frenglico）60ml
馬斯卡邦起司（mascarpone）500g
海綿手指餅乾（savoiardi）30 片（約 375g）
烘烤過的榛果 100g，切碎
可可粉 3 小匙

邊長 24 公分的烤皿（dish）1 個

♥ 在玻璃量杯裡混合咖啡和250ml的榛果利口酒，如果咖啡是熱的，靜置冷卻一下。

♥ 將蛋白打發到產生泡沫狀的蛋白霜。在另一個碗裡，混合並攪打蛋黃、糖與60ml的榛果利口酒，當作內餡。

♥ 將馬斯卡邦起司加入蛋黃碗裡，充分攪拌混合。輕柔地混入泡沫狀的蛋白霜，再度混合。

♥ 將一半的混合咖啡和榛果利口酒，倒入一個寬口淺碗中，加入足量的手指餅乾（剛好一層，約4個），將兩面都浸溼。

♥ 在盛放提拉米蘇的模具裡，鋪上一層浸溼的餅乾（潮濕但未破裂，但破裂也不礙事）。將浸餅乾剩下的混合咖啡和榛果利口酒，全部倒上。

♥ 將一半混合好的馬斯卡邦內餡，鋪在餅乾上，將表面抹平整。

♥ 將量瓶裡剩下的混合咖啡和榛果利口酒，倒入用過的淺碗裡，依照之前的方式，將另一層（也是最後一層）手指餅乾浸濕，鋪在馬斯卡邦內餡上。

♥ 將剩下的混合咖啡和榛果利口酒倒在餅乾上，鋪上最後一層馬斯卡邦內餡。用保鮮膜覆蓋後，放入冰箱冷藏一整夜，或至少6小時。

♥ 準備上菜時，將提拉米蘇從冰箱取出，撕開保鮮膜。將切碎的榛果粒和2小匙可可粉混合，撒在表層。最後，在這堅果味十足的提拉米蘇上，再用篩網輕柔均勻地撒上最後1小匙可可粉。

事先準備

提拉米蘇可在1-2天前先製作，放入冰藏保存：總共可保存4天，剩下的部分要盡快冷藏。

冷凍須知

提拉米蘇可冷凍保存三個月。將提拉米蘇（先不加榛果粒和可可粉）用雙層保鮮膜和一層鋁箔緊密包覆。放入冰箱隔夜解凍，再依照食譜指示，加上表面的堅果和可可粉。

product of
Italy

Lemon meringue fool 檸檬蛋白餅芙爾

我是愛吃芙爾 fool 的傻瓜：那柔軟滑順的鮮奶油與酸甜滋味的水果，令人難以抗拒。這裡的版本，不只超級簡單快速，還是一款不用咀嚼的檸檬蛋白餅。滑入喉嚨的，是極度的輕盈和新鮮的檸檬味。不如說是阿瑪菲 Amalfi 風格的 Eton Mess（伊頓混亂）吧。

可裝滿4個小馬丁尼酒杯或2個餓鬼吃的大酒杯

上等市售檸檬凝乳（lemon curd）150g，外加裝飾用的小份量
檸檬利口酒（limoncello）或檸檬汁 1-2 小匙
濃縮鮮奶油（double cream）250ml
蛋白餅（meringue nest）1個（市售也可）
磨碎的檸檬果皮，裝飾用

♥ 將檸檬凝乳放入碗裡，加入檸檬利口酒（或檸檬汁）攪拌，如果看起來質地太厚重，不適合等會兒加入打發鮮奶油，可再多加一點稀釋。

♥ 將濃縮鮮奶油倒入另一個碗裡，攪拌到剛變濃稠。鮮奶油應打發到能定型，但不至看起來乾燥：等一下加入一些檸檬凝乳後會變得更濃稠。

♥ 將一半混合好的檸檬凝乳，澆在鮮奶油上，用橡膠刮刀輕柔拌入，用同樣的方式加入剩下的一半檸檬凝乳。但不要完全將檸檬凝乳徹底拌入；我們的目標是，打發鮮奶油的表面，如波紋般參雜了一些檸檬凝乳。

♥ 用手將蛋白餅捏碎加入，輕柔地將大部分拌入。用湯匙舀入4個小馬丁尼酒杯（或2個大酒杯），用一些彎曲的檸檬皮絲和一點檸檬凝乳裝飾。如果你有一些薄片餅乾－如貓舌餅（langues de chat）－可配著吃，就一起上桌。

事先準備
芙爾可在2-3小時前先製作，用湯匙舀入酒杯裡後覆蓋冷藏。依照食譜進行裝飾。

冷凍須知
芙爾可冷凍保存三個月，但蛋白餅會變軟。舀入耐冷凍的玻璃杯中，分別用雙層保鮮膜緊密包覆。放入冰箱隔夜解凍，再依照食譜裝飾。

Orange and blueberry trifle 柳橙和黑莓崔芙鬆糕

我知道，這道食譜根本可以收入柑橘果醬布丁蛋糕（Marmalade Pudding Cake，見**第269頁**）的剩菜做得對項目裡。但是做過一次以後，經驗告訴我，這個帶有1920年代珊瑚與紫黑色飄逸風華的崔芙鬆糕（要做 trifle 根本就是 trifle －小事一樁），可以用新鮮的來做。我本來要說，從頭開始做，但其實我的意思是，你可以用市售的果醬蛋糕或柳橙麵包－也就是說，你不用一定要等到有剩下的蛋糕才能做－直接從以下的食譜進行。或者也可用一般原味海綿蛋糕，切片後組裝，塗上柳橙果醬，當作底層。選擇市售的，也可多加一點柳橙果醬，因爲自製的版本，一定會有濃濃、略帶苦味的柳橙芳香。

我喜歡它在這裡呈現的賣相，輝煌地端坐在蛋糕架或大盤子上。不過，堆疊在可透視的玻璃杯或大酒杯裡，一樣漂亮。後者會具有更傳統的崔芙鬆糕外觀，但是自從我在第二本書裡做過當時所稱的盤子崔芙鬆糕後，我就被這種隨興但盡情堆疊的擺盤方式所吸引。不論如何，這是一種很自由的甜點：想怎麼安排都行。

4-6人份

果醬布丁蛋糕（marmalade pudding cake）350g
柳橙利口酒（Cointreau 君度或其他品牌）80ml
磨碎果皮和果汁（1顆柳橙或2顆克萊門汀 clementine 品種）共約100ml
濃縮鮮奶油250ml
黑莓（買不到黑莓可用藍莓）300g

♥ 將蛋糕切片，擺放在盤子或寬口淺碟上。澆上柳橙利口酒。

♥ 將柳橙或小橘子的果皮，磨碎在碗裡，備用。在蛋糕上淋擠出的果汁。

♥ 將濃縮鮮奶油打發到濃稠但仍柔軟，舀到浸溼而美味的蛋糕上。

♥ 在表面擺放上黑莓，均勻撒上預留的果皮。

事先準備
底層可在數小時前先做好，再依照食譜繼續進行打發鮮奶油、水果和果皮。

Old-fashioned cheesecake 老式起司蛋糕

我做過很多種起司蛋糕，同時似乎也越來越偏離它的（與我的）東歐祖先傳統。不過，你也知道，這種隨性實驗也是一種樂趣。然而，回到原點也很好玩，這真的是當初起司蛋糕首次登陸英格蘭的樣子－厚實沉重的一整塊。現在，偶然仍能在某些熟食店發現它的身影，但機會不多。我喜愛它的扎實口感和檸檬風味，同時喚起我和祖母共用茶點的記憶，那些嚴肅的瓷器以及她對我縱容的愛。

可做出16個長方形小塊

所有材料應先回復室溫，再動手製作

基底材料：

麵粉225g
泡打粉1小匙
細砂糖50g
柔軟無鹽奶油25g
雞蛋1顆
全脂鮮奶45ml

內餡材料：

凝乳起司（curd cheese）725g
細砂糖150g
雞蛋4顆，分蛋
玉米澱粉（cornflour）或太白粉（potato flour）50g
檸檬汁3大匙×15ml
香草精1小匙
鹽½小匙
濃縮鮮奶油250ml，打發到柔軟（softly whipped）

鋁箔盒2個或鋪上鋁箔的烤模1個約30×20×5公分

❤ 將烤箱預熱到170℃/gas mark3。如果你用的是可拋棄式的鋁箔盒，將其中一個放進另一個裡－等一下用來將未烘烤、容易搖晃的蛋糕移到烤箱裡－並在烤箱裡放入一個烤盤，以便放上這兩個鋁箔盒。

❤ 製作基底，將麵粉、泡打粉、50g細砂糖、25g軟化的奶油和1顆雞蛋，放入食物處理機的碗裡。一邊攪打，一邊加入鮮奶，當麵團開始成形時停止。如果用手製作，將奶油和麵粉在一個碗裡摩擦混合後，加入其他材料，用木匙攪拌混合。

♥ 將麵團倒入鋁箔盒或舖了鋁箔的烤模。用雙手或木匙背面，用力壓實，盡力將表面整理平滑。烘烤10分鐘。冷卻一會兒，再倒入混合起司內餡。

♥ 將凝乳起司到入碗裡，加入糖攪拌，再加入蛋黃攪拌。加入玉米澱粉混合（或太白粉，這是正宗傳統的配料，但口味上並無太大差異），再加入檸檬汁、香草精和鹽，最後拌入柔軟打發的鮮奶油。

♥ 將另一個碗裡，將蛋白打發到形成軟立體的蛋白霜。將1湯杓的蛋白霜，加入混合起司中，用力攪拌。剩下的打發蛋白霜，以較輕柔的方式，分3-4次拌入。

♥ 倒在烤好的蛋糕基底上，將最後一點都刮乾淨加上。小心地移入烤箱，烘烤1小時，使表面凝固定型，並部份帶焦褐色，但內部尚未完全烤熟。正是我喜歡的。

♥ 不脫模，移到網架上冷卻，在冷卻時，蛋糕可能會產生一點裂紋，要有心裡準備，但不如把它當作一種忠於傳統的象徵。覆蓋好，送入冰箱隔夜冷藏，再享用。

事先準備
起司蛋糕可在二天前先製作，依照食譜指示進行冷卻與冷藏。保鮮膜覆蓋，不要碰到表面。起司蛋糕可在冰箱總共保存4天。

冷凍須知
起司蛋糕可冷凍保存1個月。等到起司蛋糕完全冷卻（不脫模），再用雙層保鮮膜和一層鋁箔緊密包覆，不要碰到表面。放入冰箱隔夜解凍，在二天內食用完畢。

Chocolate peanut butter cheesecake
巧克力花生醬起司蛋糕

自從我遵循傳統，忠實地做出前一道食譜後，我對這一道起司蛋糕裡蘊含的高放縱熱量，比較不覺得罪惡。眞的，我爲什麼要覺得抱歉呢？你嚐過一口，就不會感到一絲歉疚，不過我要事先警告，心臟虛弱的人不宜。毫不節制、大份量而極度放縱的高熱量食材，就是這道食譜的精神。不妨想做是起司蛋糕版的瑞氏花生醬巧克力（Reese's Peanut Butter Cup）吧。正因如此，我不採用**第133頁**香蕉太妃起司蛋糕的隔水蒸烤法。隔水蒸烤法適合做出表面如絲般的輕盈感，但我認爲這裡的花生醬內餡，就需要多一點讓人開心的札實口感。這樣烤出來的蛋糕表面如硬殼狀，更方便抹上巧克力表面餡料。

10-12人份

所有材料應先回復室溫，再動手製作。

基底材料：

消化餅200g

含鹽的花生50g

黑巧克力豆（dark chocolate chips）100g

軟化的無鹽奶油50g

內餡材料：

奶油起司（cream cheese）500g

雞蛋3顆

蛋黃3顆（蛋白可冷凍，作成第262頁的蛋白餅）

細砂糖200g

酸奶油（sour cream）125ml

質地滑順的花生醬250g

表面餡料材料：

酸奶油（sour cream）250ml

牛奶巧克力豆（milk chocolate chips）100g

淡黑糖（soft brown sugar）30g

直徑23公分活動式蛋糕模1個

♥ 將烤箱預熱到170℃ /gas mark3。將餅乾、花生醬、黑巧克力豆和奶油，放入食物處理機的碗裡，攪打製作成蛋糕的基底。當麵團開始成形時停止，倒入蛋糕模裡，用力壓實和底部與周圍緊密貼合，以做出酥脆的硬殼。放入冰箱冷藏，同時來製作內餡。

♥ 將剛用過的的食物處理機碗清洗或擦拭一下，倒入奶油起司、雞蛋、蛋黃、糖、酸奶油和花生醬，攪打到質地滑順。

♥ 倒入冷藏好的蛋糕基底上，將最後一點都刮乾淨加上。烘烤1小時，但過就開始檢查熟度。表面－只有表面－應凝固定型不濕潤。

♥ 將蛋糕從烤箱取出，同時製作表面餡料。將酸奶油、巧克力和黑糖加入平底深鍋內，以小火加熱，一邊攪拌混合。離火。

♥ 用湯匙將巧克力表面餡料小心地抹在表面，盡量不要破壞蛋糕表層（其實也不會太糟糕，只是蛋糕會產生褐色斑紋）。將蛋糕放回烤箱，烤最後的10分鐘。

♥ 從烤箱取出後，不脫模冷卻，再覆蓋好放入冰箱冷藏隔夜。準備上菜時，從冰箱取出稍微回復室溫：會使脫模容易一些。不要等太久，因爲蛋糕會變得比較濕潤，不易切片。

事先準備
起司蛋糕可在二天前先製作，依照食譜指示進行冷卻與冷藏。等到起司蛋糕完全冷卻（不脫模），再用保鮮膜或一個盤子覆蓋，不要碰到表面。依照食譜指示脫模與上菜。起司蛋糕可在冰箱總共保存4天。

冷凍須知
起司蛋糕可冷凍保存1個月。完全冷藏後（不脫模），再用雙層保鮮膜和一層鋁箔緊密包覆。放入冰箱隔夜解凍，在二天內食用完畢。解凍時，表面可能會產生一點凝結水珠，但不影響食用安全。

No-fuss fruit tart 不忙亂的超簡單水果塔

這大概是你的常備食譜裡最有用的一道甜點。當然，我並不是說甜點的唯一任務就是要有用：甜點存在的目的就是要帶來愉悅。但是晚餐還是要準備，即使只剩下一點點時間準備布丁，也應達到美麗可口。所以讓我告訴你：這款充滿各式莓果的鮮豔水果塔，只需要一點點的工作量，就能讓大家吃得開心而滿足。

你只需要將一些餅乾在一天前搗碎來做成基底－我的時間管理哲學，是先將一項工作事先完成－然後將檸檬凝乳和奶油起司混合，用來鋪在塔點模的餅乾基底上。我用的是市售檸檬凝乳，但即使是玻璃罐裝的，也要追求高品質。在和奶油起司攪拌混合時，要記住檸檬凝乳和奶油起司兩者都要回復室溫。這樣的組合，才會產生嚐起來像起司蛋糕的鮮奶油：輕盈豐潤帶著檸檬味。

我以前通常在上菜前，再將莓果擺在蛋糕上，但後來發現，剩下的一塊蛋糕，在聚會過後擺在冰箱，看起來依然誘人。所以我現在就事先將整個蛋糕布置完成。如果你寧願上菜前再擺水果，當然我也能理解。

不用覺得你非得遵照以下的水果種類：任何綜合莓果（或甚至是其他水果）都行，也不一定要這麼輝煌奢華地裝飾，儘管減少份量。

8-10人份

消化餅375g
柔軟無鹽奶油75g
奶油起司（cream cheese）2盒×200g，回復室溫
檸檬凝乳（lemon curd）1罐×240g，回復室溫
藍莓125g
黑莓125g
覆盆子125g
紅醋栗或石榴籽125g
小草莓125g

活動式塔模（fluted tart tin）直徑約爲25公分×深4-5公分1個

♥ 將餅乾和奶油打碎成砂礫般質地，倒入塔模內，將底部和周圍特別壓實。冷凍（不方便的話也可冷藏）10-15分鐘。

♥ 在乾淨的食物處理機碗內，攪打回溫的奶油起司和檸檬凝乳（或用手攪拌混合），均匀抹在蛋糕基底上。

♥ 小心地將水果擺放上去（不要將底層壓陷），運用一點裝飾的美感（參考右頁圖片），加上一點未去蒂的草莓更美麗。

♥ 將塔模放入冷藏至少4小時，最好一整夜。充分冷藏才能使水果塔定型，易於脫模與切片。

事先準備
水果塔可在一天前先製作，用保鮮膜或鋁箔稍微覆蓋後冷藏，小心不要壓到內餡。可在冰箱保存約4天。

冷凍須知
用全脂的奶油起司（cream cheese）製作的水果塔（不加表面的水果），可冷凍保存三個月，但解凍時會產生表面凝結水珠，所以其實不適合冷凍。不覆蓋，冷凍到變硬後，不脫模，用雙層保鮮膜和一層鋁箔緊密包覆。解凍時，撕開包裹，稍微用保鮮膜覆蓋（不包緊）放入冰箱隔夜解凍。依照食譜進行裝飾和上菜。

No-churn pina colada ice cream
免攪拌鳳梨可樂達冰淇淋

基於上次免攪拌瑪格麗特冰淇淋的成功經驗，我爲你呈上最新的免攪拌鳳梨可樂達冰淇淋食譜。濃郁的椰香、酸甜的鳳梨與柔軟滑順的鮮奶油：我們可是很認眞的。你不用和我一樣，需要加上俗氣的酒精來享受這道甜點，雖然這的確有所幫助－不過，這只是心理上，而非味覺上。

我保證，撒在上面的烘烤椰子絲，不是純粹爲了裝飾而已，它眞的能夠平衡酸度。若是單獨食用，這道冰淇淋的椰香簡直過於甜膩。這似乎說不通，但確是如此。若買不到甜味的椰絲，我建議你不要用脫水椰子（desiccated）絲代替，還不如去超市買已脫殼的新鮮椰肉。再用粗孔研磨器磨碎，或用刀子切成薄片，加在冰淇淋上。

註：很抱歉，脫水椰子絲就是不適合這裡需要的口感，我們要的是濕潤香甜的美式椰絲，很可惜，在本書出版時，英國的商店還買不到，但你可在網路上找到。

8-10 人份

罐裝鳳梨汁 125ml
白色椰子萊姆酒（Malibu 馬里布）80ml
椰子香萃（coconut flavouring）數大滴
萊姆汁 2 小匙
糖粉（icing sugar）100g
濃縮鮮奶油 500ml
甜味椰絲（sweetened shredded coconut）75g，上菜用

♥ 將鳳梨汁和白色椰子萊姆酒倒入大碗裡，加入椰子香萃和萊姆汁。

♥ 加入糖粉，攪拌混合。

♥ 加入濃縮鮮奶油，打發到形成軟立體（soft peaks）狀。

♥ 嚐味道看是否需要多加一點椰子香萃或萊姆汁（記得，冷凍後味道比較不會那麼重），用湯匙將冰淇淋舀入密閉容器內，抹平，放入冷凍。

♥ 上菜時－這些冰淇淋不是正該用椰子空殼裝嗎？－將椰絲用平底鍋乾烘到剛變色後，移到碗裡。在每人的碗上撒一點，剩下的供大家自行取用。

冷凍須知

冰淇淋可冷凍保存三個月，但會變得有冰晶，所以最好在1個月內食用完畢，在製作後的一周之內，是最佳賞味期限。

Grasshopper pie 蚱蜢派

有一次我在電視影集 Glee（歡樂合唱團）裡，看到其中的主角之一一口氣吃掉了4片蚱蜢派。而我每次在電視或電影裡，看到和食物有關的場景，都會令我格外關注那正在烹飪或正在享用的食物，而因此忽略故事情節，但這一次我眞的很誇張。在根本還不知道這到底是什麼派的情況下，就決心一定要做來吃。不過，如果你已經知道它是怎麼做的，還願意繼續，坦白說，那眞的不需要任何藉口。不要以爲我故意要阻止你，正好相反；我覺得這個派（我一直叫錯名字，叫成 Ghostbusters 魔鬼剋星派）眞的是由奇蹟似的好運造就出來的。如果我曾經看過它的食譜，我一定會嘴角恐怖地抽蓄一下，馬上翻頁，因此永遠不會發現它是多麼美味動人，可能你也不會知道。我眞的很感恩，非常感恩，自己的好運和壞習慣，如果我不是那麼容易被電視洗腦，可能到現在仍然保持無知。

以前，我就試過用棉花糖料理食物，也不覺得有爲此道歉的必要。讓我告訴你，就因爲加了棉花糖，所以成品的質感特別輕盈，在舌頭上的口感，就像是未經冷凍但仍凝固的冰淇淋。

很罕見的，所需材料我都在廚房常備著，以免臨時想要做一個魔鬼剋星派。我想，這大概是我最受歡迎的甜點之一，我個人認爲，它也很適合搭配許多各式不同的食物。你會以爲它不容易和任何東西搭配，結果就是什麼都百搭。不過，在辛辣的食物過後來上一口，可是特別清新香甜呢。

最後叮嚀一聲：爲了達到最好的效果，請確保你的薄荷利口酒是綠色的，可可利口酒是白色的。

8-10人份

基底材料：

波本餅乾（bourbon biscuits）300g

上等黑巧克力50g，切碎

柔軟無鹽奶油50g

內餡材料：

迷你棉花糖（mini-marshmallows）150g

全脂鮮奶125ml

薄荷利口酒（crème de menthe）4大匙 ×15ml

可可利口酒（crème de cacao blanc）4大匙 ×15ml

濃縮鮮奶油375ml

綠色食用色素數滴（可省略）

活動式直徑25公分深塔模 ×1個

♥ 將1塊餅乾取出備用。將其餘餅乾和巧克力，全部用食物處理機打碎成麵包粉般質感，加入奶油，繼續攪打到開始成形成結粒狀。

♥ 倒入塔模裡，壓實，用雙手或湯匙背面將表面抹平。放入冰箱冷卻定型。

♥ 將棉花糖放入平底深鍋內，加入鮮奶，用小火融化，當鮮奶開始冒泡（但尚未沸騰）便離火，但繼續攪拌，直到棉花糖和鮮奶融合成質地滑順。

♥ 倒入耐熱的碗裡，加入薄荷利口酒和可可利口酒，靜置一旁直到冷卻。

♥ 將鮮奶油打發到開始形成軟立體狀，一邊攪拌，一邊加入冷卻混合好的棉花糖鮮奶。這樣做出來的內餡，雖然濃稠但仍柔軟，不會過硬或過乾，所以能夠輕易倒入冷卻好的塔殼裡。

♥ 當棉花糖鮮奶和鮮奶油混合好後，可加入幾滴食用色素（不想要可不加），攪拌均勻。

♥ 將內餡倒入冷卻好的塔殼，用抹刀將表面抹平，覆蓋好，放回冷藏一整夜或4小時以上，直到定型。

♥ 將剩下的餅乾壓碎，撒在表面，再上菜。

事先準備

這道派點可在1-2天前先製作。冷藏定型後，用鋁箔搭個帳篷（盡量不要碰到表面，以免留下痕跡），冷藏保存。上菜前再加以裝飾。在冰箱可保存共3-4天。

冷凍須知

派點可冷凍保存三個月。不覆蓋，將未經裝飾的派冷凍到變硬，不脫模，用雙層保鮮膜和一層鋁箔緊密包覆。解凍時，撕開包裹，用鋁箔搭個帳篷（盡量不要碰到表面，以免留下痕跡），放入冰箱隔夜解凍。裝飾後再上菜。

OFF THE CUFF 櫥櫃常備材料的即興晚餐

關於是不是該聽我告訴你，在櫥櫃、冰箱和冷凍庫裡要放入什麼食材，這大概是見仁見智的問題。雖然我稱不上是個愛囤貨的奸商，但恐怕也相去不遠。去買菜的時候，不管買甚麼，總是要多拿一個才能安心。也許出自隔代遺傳的難民心理（我的祖先曾經漂洋過海從荷蘭逃亡到英國），我待過的廚房絕對不會有備貨不足的問題。

不過別擔心：我不是要你去瘋狂大採購，也不是要教你像我一樣，把冷凍庫塞得那麼滿，每每得冒著凍傷雙手的危險，把所有的東西拿出來，才能取出底下的一包冷凍豌豆。我們知道，所謂的智慧，就是從別人的錯誤當中學習，而我的疏忽錯誤絕對能使你更有智慧。即使是最貪心、會囤積的人，都不能保證手邊隨時有材料烹飪（問我就對了），我們應該想出對策，至少要讓你有信心，知道你廚房囤積的東西，總有一天能夠做出一餐。

並不是說，光靠這些常備品就能做出完整的一餐（雖然有些食譜的確就是這樣設計的），但至少如果你備有基本日常材料，你的料理生活會輕鬆很多，至少，當你爲了準備晚餐，衝到附近商店時，不致於徒勞地尋找不常見的義大利麵或調味品。而且你也應當想到，有時候客人會臨時出現，在你不方便出門購物時，也能輕鬆做出待客的菜。

我不但需要常備義大利麵（我以前放義大利麵的櫃子，現在變成大籃子，大家稱爲豐收節 Harvest Festival），還有搭配醬汁的製作材料。雖然我的蕩婦義大利麵是其中主力，但也不乏其它的競爭者，你把之後的食譜讀過一遍，就會大概知道有那些材料需要準備。

至於冷凍庫，冷凍蝦子和烏賊（我在魚販處購得1公斤裝）眞的是我的救星，最近我也在超市看到有其他的綜合冷凍海鮮，因此進一步豐富了我的菜單。在冰箱裡，一定會有西班牙臘腸（chorizo）、費達起司、哈魯米起司和義大利培根塊或煙燻五花肉（lardons）。它們都能在冰箱保存很長的一段時間，能夠很快地做成美味主食，我覺得自己能夠仰賴它們，眞是很奢侈的事。

我想，就算列出我在廚房裡囤積的所有材料，對你也不見得有用（更不用說，這是讓我蒙羞的大工程），我只想列出以上幾樣，證明能夠臨時變出一頓晚餐，並不是甚麼特別的技能或才智，而只是懂得購物的結果。動手吧！

Slut's spaghetti 蕩婦義大利麵

你看，我怎麼能抵擋這道菜名的翻譯呢？pasta alla puttanesca 在英文裡，通常稱爲 whore's pasta 蕩婦義大利麵。關於它名稱的由來，一般似乎認爲是，這道菜屬於那種，沒空去市場買新鮮食材的婦女，匆忙地直接用瓶瓶罐罐裡的現成品，調製而成的食物。我就是這樣。也許，它的名稱也和它的風味有關：香辣夠味，鹹度濃厚？無論如何，用這道菜當作這一章常備食材即興晚餐的開頭，再合適不過了。

想要的話，儘管把醬汁做得更辣一點，但請注意，雖然入嘴的第一口似乎很溫和，它的辣度可是會緩緩遞增的。做辣醬時，我有時候會超越國境的界線，使用超市德州墨西哥食品區的罐裝醃製辣椒。你可以順便找找法國小酸豆（nonpareilles）：比一般的酸豆來得小，但風味更爲刺激濃烈。

4-6 人份

橄欖油 3 大匙 ×15ml
鯷魚片（anchovy fillets）8 片，瀝乾切碎
大蒜 2 瓣，去皮切薄片或壓碎或磨碎
乾燥辣椒片 ½ 小匙，壓碎或醃漬墨西哥紅辣椒（red jalapeño chilli peppers）1-2 大匙 ×15ml 或適量（瀝乾切片再切丁）
義大利直麵 500g

切碎的番茄罐頭 1 罐 ×400g
去核黑橄欖 150g（瀝乾後重量），稍微切碎
小型酸豆（capers）2 大匙 ×15ml，充分洗淨瀝乾
切碎的新鮮巴西里 2-3 大匙 ×15ml，上菜用（可省略）
鹽和胡椒適量

♥ 將煮義大利麵的水加熱到沸騰，等到大滾後再開始準備醬汁即可。

♥ 將油倒入寬而淺的平底鍋、鑄鐵鍋或中式炒鍋內，以中火加熱。

♥ 加入切碎的鯷魚，炒 3 分鐘，用木匙不時加壓翻炒一下，使鯷魚幾乎完全融化，加入大蒜和乾辣椒（或醃漬辣椒丁），再翻炒 1 分鐘。

♥ 現在，大概剛好是爲沸騰的煮麵水加鹽的時機，放入義大利麵，根據包裝說明來烹煮。

♥ 回到醬汁鍋，加入番茄、橄欖和酸豆，再煮 10 分鐘，使醬汁變得稍微濃稠，中間不時翻攪一下。調味。

♥ 在義大利麵煮好前，取出 1 杯濃縮咖啡杯的煮麵水，預留備用。當義大利麵煮到想要的熟度時，瀝乾，加入醬汁鍋內，需要的話，加入適量的預留煮麵水以調整醬汁濃度。有的話，撒上切碎的巴西里，以蕩婦的風格上菜，最好在塗得鮮紅的朱唇之間，叼上一根無濾嘴的香菸。

事先準備

醬汁可在二天前先做好，移到非金屬碗內，冷卻後盡快覆蓋冷藏。倒入大型平底深鍋、平底鍋或中式炒鍋內，以小火重新加熱到沸騰，中間不時攪拌一下。

冷凍須知

冷卻後的醬汁，可放入冷凍袋，冷凍保存三個月。放入冰箱隔夜解凍，依照上方說明重新加熱。

Japanese prawns 日式明蝦

菜名叫做日式明蝦，是對於材料裡有清酒和芥末的尊重，但我並不是說它真的是日本菜。不論你是否感覺到任何日式風格，我必須要說，這恐怕是我最常煮給自己吃的東西。做起來非常快速，無敵美味，吃完以後讓我覺得溫暖聖潔。雖然如此，我也應該坦白：做給自己吃時，我可不會把以下的份量減半。

承接著主菜的健康美德，也因為這樣比較簡單，我會搭配沙拉一起享用，讓沙拉葉片浸上風味十足的調味汁。搭配巴斯瑪蒂糙米（已經蒸煮過的小包裝米，可用微波爐加熱，節省時間）或蕎麥麵，也很美味，份量也比較夠。如果用冰箱裡的有機生蝦來料理，自然完美，但我不能總是仰賴它們，只要把冷凍庫門打開，就有方便的冷凍生蝦。真的趕時間的時候，在中式炒鍋裡倒入大蒜油，再丟入一點罐裝或冷凍庫裡的薑絲和辣椒末（外面買來的，不是我事先計畫準備好），再倒入蝦子，澆入芥末清酒，萊姆汁和水，依照以下的步驟料理。不到5分鐘做好的舒適晚餐，就是工作日夜晚的最大救贖。

2人份

清水2大匙 ×15ml
日本清酒2大匙 ×15ml
粗海鹽 ½ 小匙或 ¼ 小匙罐裝鹽或適量
萊姆汁1大匙 ×15ml
日式芥末粉（wasabi powder）½ 小匙或
綠芥末醬（paste）1小匙

大蒜油2小匙
青蔥2根，切蔥花
冷凍生蝦200g
沙拉葉、米飯或麵條，上菜用
切碎的新鮮香菜，2-3大匙 ×15ml，
上菜用（可省略）

♥ 在量杯、碗、或杯裡，混合清水、清酒、鹽、萊姆汁和芥末醬。

♥ 加熱中式炒鍋或底部厚實的平底鍋，等鍋子熱了，加入大蒜油和蔥，翻炒1分鐘左右，倒入冷凍明蝦，再炒3分鐘，直到明蝦解凍轉成粉紅色。

♥ 加入清酒等，加熱到沸騰，續煮2分鐘，不時翻攪一下。

♥ 當蝦子完全熟透，倒在沙拉、米飯或麵條上。有的話，撒上新鮮香菜後上菜。

Speedy seafood supper 快速海鮮晚餐

冷凍庫是你健忘時的好朋友，這道食譜又是另一項明證。如果你忘了、或沒時間力氣或不想去買菜，這就是完美的食譜。當然，你的冷凍庫要有綜合海鮮。我會把蝦子和烏賊分開保存，同時還有這兩者加上淡菜的綜合冷凍海鮮。可別急著抬起你的鼻頭表示輕蔑，這可是我一個對美食最狂熱的朋友推薦給我的。如果家裡剛好有幾個新鮮番茄，我會將它們去籽後切碎，代替番茄罐頭。

我最喜歡的吃法，是用酥脆麵包蘸取醬汁。如果家裡的麵包已經不新鮮了，可以噴些水，放入200℃ /gas mark6預熱好的烤箱，烤10分鐘。當然，如果你更聰明的話，就會備有一些烤好的麵包正好可以使用。

2-4人份*（搭配麵包的話），若拌入義大利麵，可做成6人份*

番紅花1小撮
剛煮滾的水250ml
大蒜油4小匙
青蔥6根，切蔥花
乾燥茵陳蒿（tarragon）½ 小匙
不甜苦艾酒或白酒125ml
切碎番茄罐頭1罐 ×227g（一般尺寸的 ½）
粗海鹽1小匙或罐裝鹽 ½ 小匙或適量
冷凍綜合海鮮400g
胡椒適量
新鮮香草，上菜用（可省略）

♥ 將番紅花放入杯裡或碗裡，加入250ml剛煮滾的水。

♥ 將大蒜油倒入寬口而淺、底部厚實的平底鍋，以中火加熱，翻炒青蔥和乾燥茵陳蒿約1分鐘。

♥ 加入苦艾酒（或白酒），沸騰後滾1分鐘，加入番紅花和水、再加入番茄，沸騰後，加入一半的鹽。

♥ 轉成大火，加入冷凍海鮮，加熱到沸騰，轉成中火，滾煮約3-4分鐘，直到海鮮熟透（參考包裝說明）。

♥ 以胡椒調味，需要的話，加入剩下的鹽，想要的話，加入手邊有的香草。搭配酥脆麵包上菜，用來蘸取湯汁。

Pasta with pancetta, parsley and peppers
義大利麵佐義式培根、巴西里以及甜椒

我的冰箱裡，一定隨時有一包培根丁來為食物增味，不過在這道食譜裡，它們可是主角。如果你想用五花肉（lardons）來代替，當然可以。它們其實是一樣的：義大利文的cubetti di pancetta，就是法文的煙燻五花肉（lardons），只是不知道為甚麼，五花肉（lardons）的體型較大，因此超市的包裝是200g而非義大利培根塊的140g。不用擔心，這兩種包裝都適用這道食譜。

雖然屬於櫥櫃常備材料就能完成的菜，但它真的很美味。不管你用哪種培根，它的濃郁鹹香，透過烘烤甜椒的柔軟香甜得到平衡。辣椒的刺激也受益於新鮮檸檬的陪襯（當然你也可以用醃漬酸豆來代替）。

對我而言，這是最佳的宿醉食物，甚至比**第188頁**更辛辣的蕩婦義大利麵還要好；放縱酒精之後，我不只需要一點辣味和澱粉，也渴望脂肪的慰藉。

這道櫥櫃常備食材版義大利麵，並不阻止你使用新鮮的巴西里，我的廚房向來不會缺少它。不過你知道，不加巴西里也沒有問題。我也必須承認，你煮這道義大利麵時，拌上的醬汁看起來應該會比下一頁的圖片更豐富。在拍照當天，當義大利麵煮好的計時器一響，我就很蠢地把那鍋醬汁到進濾盆裡。最後，我拯救了大部分，誰都免不了犯這種錯誤啊。

大碗滿意的2人份

大蒜油1小匙
義大利培根塊1包×140g，或煙燻五花肉（lardons）1包×200g（或約150g煙燻培根，剪碎）
乾燥辣椒片½小匙
檸檬果皮和果汁1顆
清水2大匙×15ml
玻璃罐裝碳烤甜椒190g（瀝乾後重量）
巴西里1把20g，切碎
義大利直麵250g
鹽和胡椒適量

♥ 將一大鍋水煮滾，準備煮義大利麵。

♥ 用中等尺寸、底部厚實的鍋子（夠容納所有義大利麵加以拌勻）加熱油。將培根塊煎到剛變酥脆，加入乾燥辣椒片、磨碎檸檬果皮和果汁，以及2大匙水。

♥ 讓鍋子滾煮1分鐘。將濾盆裡的甜椒用剪刀剪成入口大小，和一半的切碎巴西里一起加入鍋裡。

♥ 義大利麵鍋的水沸騰後，立刻加入鹽，按照包裝說明烹煮義大利麵。濾乾義大利麵前，取出1小杯煮麵水。將煮好的義大利麵稍微濾乾，加入醬汁鍋內。

♥ 充分拌勻後，需要的話，加入適量煮麵水，調味，撒上剩下的巴西里。

Pantry paella 櫥櫃常備料之西班牙海鮮飯

做爲一道儲物櫃常備材料的食譜，這可說是十分豐盛了。當然，我把冷凍庫也算進去了，不單因爲它是所有儲物櫃裡最有用的。我在裡面不只放進了蝦子和烏賊，也把吃不完的烤肉（冷卻後馬上放入冷凍袋，可保存三個月）都塞了進去，它們通常最後都會做成這道菜或**第198頁**的香料飯。不過，只要是豬肉，都會很光榮地做成這道西班牙海鮮飯。如果沒有豬肉，我就加一點雞肉或（更道地的）西班牙臘腸塊，反正我的冰箱一定都有。

我知道西班牙海鮮飯的死忠派成員，會發現這道食譜許多不令人滿意的地方，不只是我念菜名的方法－像英文一樣把兩個 l 都發出聲來－但我打賭，你一定會想要再來一份。

很餓的4人份

番紅花1小撮
雪莉酒(oloroso sherry)4大匙×15ml
一般橄欖油2大匙×15ml
青蔥3根，切蔥花
大蒜1瓣，去皮切薄片
西班牙海鮮飯專用米(Bomba或arborio或其他)250g
冷凍生蝦250g，解凍
冷凍小烏賊3隻共100g，解凍切片
冷的熟豬肉250g，切成小塊
冷凍豌豆150g
雞湯500ml(現成的、濃縮或湯塊)，最好是有機的
鹽適量
檸檬1顆，切成檸檬角，上菜用
切碎的新鮮香菜1小把，上菜用

♥ 將番紅花放入小鍋子裡，倒入雪莉酒，用中火加熱，不要煮滾。靜置冷卻。用寬口、底部厚實的鍋子，將油加熱。翻炒青蔥數分鐘。

♥ 加入大蒜片，炒1分鐘左右。加入米，和油炒均勻，加入蝦子、烏賊、豬肉和豌豆，和油充分拌勻。

♥ 將雞高湯加熱，或用滾水和湯塊(濃縮)調製高湯，倒入海鮮飯鍋裡，再加入混合雪莉酒。攪拌混合，加熱到沸騰，轉成小火，使鍋子微滾加熱。不蓋蓋子。

♥ 不要攪拌，煮15-20分鐘，直到米飯吸收了大部分的液體並且變軟。

♥ 現在你可以用叉子將米翻鬆。檢查調味，也許再加一點鹽。

♥ 在海鮮飯旁放上檸檬角，撒上香菜後上桌。

Mixed meat pilaff 綜合肉類香料飯

這是一道特別令人滿足的料理，特別是你知道這是用隔夜的剩菜和廚房隨便就能挖出的食材做成的。的確，新鮮的香菜、巴西里和石榴籽（我標示為可省略的材料），將這道香料飯，從好吃的料理提升為令人垂涎欲滴的等級，但這道食譜可以讓你隨意增減想要的材料。盡量到冰箱和櫥櫃找一找吧，再按照以下步驟進行即可。

2-3人份

蔬菜油1大匙 ×15ml
洋蔥1顆，切碎
小茴香籽（cumin seeds）½ 小匙
香菜籽 ½ 小匙
乾燥百里香（dried thyme）½ 小匙
巴斯瑪蒂米225g 或下列米的混合：
巴斯瑪蒂糙米、卡馬格紅米（red Camargue）和野米
雞高湯500ml（現成的、濃縮或湯塊），最好是有機的
撕碎的冷肉150g
鹽和胡椒適量
烤松子或杏仁片或綜合2-3大匙 ×15ml
切碎的新鮮巴西里2大匙 ×15ml，上菜用（可省略）
切碎的新鮮香菜2大匙 ×15ml（上菜用，可省略）
石榴籽2-3大匙 ×15ml（上菜用，可省略）

♥ 選用一個底部厚實並附蓋的平底深鍋，將油加熱，加入切碎的洋蔥，以小火炒5分鐘，不時攪拌，再加入小茴香籽、香菜籽和乾燥百里香，加熱直到洋蔥變軟，約需5分鐘。總共的加熱時間約為10分鐘。

♥ 加入米，用木匙或橡膠刮刀將米拌炒到充滿光澤。將雞高湯加熱，或用滾水調製，倒入鍋裡，加熱到沸騰。蓋上蓋子，以最小火煮15分鐘（使用巴斯瑪蒂米），若混合了3種米，則需煮40分鐘。

♥ 加入綜合碎肉塊，用叉子翻攪混合，蓋上蓋子煮5分鐘，讓肉熱透，米飯熟透。

♥ 檢查肉已完全熱透，米飯夠軟，調味後離火，加入大部分的松子、香草和石榴籽（想要的話），用叉子混合（或先將飯倒入盤子裡再混合），在每個人的米飯上，再撒上最後一點做為裝飾。

Small pasta with salami
小型義大利麵和薩拉米香腸

雖然當初是臨時急就章做出的料理（在某個晚上有幾個飢餓的青少年突然要求我提供食物補給），現在卻變成家裡的一道特別菜色。我的櫥櫃裡一定都備有豆子、番茄和義大利麵，冰箱裡的薩拉米香腸也有好幾包，隨時用來做成烤三明治或單吃解饞。如果你想用眞正的薩拉米香腸 salame（未經切片的整根臘腸），自己切塊，盡管自便，但以下的份量至少要加倍。爲了方便快速（畢竟這是應孩子的要求），切片沙拉米就可以了，而且我還很喜歡它煮熟後，看起來像小寵物狗舌頭的樣子。

我敢說，除了這裡指定的超小型義大利麵外，你也可以用一般的短義大利麵來煮，但我就是沒有。每次被要求做這道菜時，我知道國王陛下是不會容許微臣做任何一點更動的。

3-4人份

義大利麵（ditalini 或 mezzi tubetti）300g
米蘭薩拉米香腸（Milano salami）75g（約15片），剪成小條
切碎的番茄罐頭1罐×400g，外加半罐清水
奶油2大匙×15ml（30g）
香草束（bouquet garni）1束
坎尼里尼白豆（cannellini beans）1罐×400g，瀝乾洗淨

♥ 將煮義大利麵的水加熱到沸騰，加入大量的鹽（或適量），再加入義大利麵，約需10分鐘煮好（參考包裝說明），同時製作醬汁。

♥ 將寬口、底部厚實的鍋子加熱（你可在右圖看到我用的尺寸），加入沙拉米，沾黏在一起也無所謂。以中火加熱1-2分鐘，並用木匙翻攪一下。

♥ 加入番茄，在空罐裡加入半罐清水，一起倒入。

♥ 加入1大匙奶油，用木匙攪拌混合，加入香草束和瀝乾的豆子，攪拌一下，在等義大利麵煮好的時候，繼續小火煮。

♥ 瀝乾義大利麵前，取出1小杯煮麵水。

♥ 將瀝乾的義大利麵加入醬汁鍋內，離火，加入剩下的奶油攪拌。需要的話，加入適量煮麵水，再用木匙攪拌。靜置2分鐘，取出香草束丟棄後上菜。

Chorizo and chickpea stew 西班牙臘腸和鷹嘴豆燉菜

如果有甚麼食譜，能夠更堅定我們對櫥櫃常備食材的愛，就是這一道了。賣相迷人的豐盛大餐，完全使用可長期保存的材料所做成。而且，像這章裡大多數的食譜一樣，準備時間極短。畢竟，如果你沒空去買菜，你也不會有時間在爐子前站上好幾個小時。

我本來就非常喜歡布格麥，和北非小麥很像，但更具質感－這裡把它和一點義大利麵先放在熱油裡煎炒一下，更製造出一點不同的效果。這是當我二十多歲的時候，有一次和一位埃及朋友一起在廚房，邊聊天邊做飯時他教我的，從今爾後我看不出有甚麼理由要更改這個方法。不過，他用的是在埃赫特（echt）雞湯裡可以看到的短米粉，而不是弄斷的義大利直麵。

這種作法，和西班牙臘腸的烹飪傳統相去甚遠，但這點綴了鷹嘴豆的番茄燉菜，卻和質感豐富的布格麥十分搭配。我的櫃子裡一定都有櫻桃番茄罐頭，但你也可以用一般的番茄罐頭代替。

4人份

一般橄欖油2大匙 ×15ml
義大利直麵或米粉50g，折成3公分長段
布格麥（bulgar wheat）500g
肉桂粉1小匙
粗海鹽2小匙或罐裝鹽1小匙
清水1公升
月桂葉2片
西班牙臘腸（chorizo）350g，
切成硬幣般厚片再切半
雪莉酒（amontillado sherry）
4大匙 ×15ml
柔軟乾燥杏桃100g，剪成小塊（可省略）
鷹嘴豆或其他綜合豆類罐頭
2罐 ×400g，洗淨瀝乾
櫻桃番茄罐頭2罐 ×400g，
外加1½ 罐清水
鹽和胡椒適量
新鮮香菜，上菜用（可省略）

♥ 將橄欖油倒入底部厚實的鍋子裡，以中火加熱。

♥ 放入義大利麵翻炒1分鐘，直到像有點燒焦的稻草。

♥ 加入布格麥，翻炒1-2分鐘。

♥ 加入肉桂粉和鹽，倒入水。加入月桂葉，加熱到沸騰後轉成最小火，蓋上蓋子，煮15分鐘，直到水份完全被吸收。

♥ 取出另一個底部厚實的平底深鍋，以中火加熱，加入西班牙臘腸，煎炒到橘色汁液流出。加入雪莉酒，滾煮一下。加入杏桃（要用的話）和鷹嘴豆（或其他豆類）與番茄罐頭，將2個空罐各裝上半罐清水，一起加入。轉成大火，滾煮5分鐘。加入鹽和胡椒調味。

♥ 搭配布格麥，加上一點切碎的香菜（有的話）上菜。

事先準備

這道燉菜可在二天前先做好。移到非金屬的碗裡冷卻後，盡快覆蓋冷藏。倒入大型平底深鍋內，以小火重新加熱到完全沸騰，中間不時攪拌。

冷凍須知

冷卻後的燉菜，可放入密閉容器內，冷凍保存三個月。放入冰箱隔夜解凍，再依上方說明重新加熱。

如果這道菜吃完，還有西班牙臘腸和鷹嘴豆剩下，我會十分驚訝，但布格麥可能眞的會吃不完。我故意一次做大份量是因爲：1. 我覺得在一個包裝裡剩下一點點的麥粒，是很煩人的事，不管我怎麼封緊袋口，櫥櫃裡都會四處散落零星的麥粒。2. 知道接著就有塔布蕾沙拉可吃，會讓我很開心。對，我知道，塔布蕾沙拉需要大量的新鮮香草（而且任何合乎標準的塔布蕾沙拉，香草份量至少是布格麥的2倍），因此絕對不是清櫥櫃的料理。但是，你今天沒空去買菜，並不表示明天也不會有時間。此外，把衛星食譜和發源的母艦分開來，似乎也不恰當。

這道食譜最好是用容積而非重量來衡量，並不是因爲我不想幫剩下的布格麥秤重才這樣說的。以下使用的量杯（cups）是美國制，不過現在在英國也可找到。否則，你也可使用量杯到250ml的刻度（或考慮1½ 杯的布格麥容量大約是一般的早餐杯，用這個標準來量香草）。說實在的，最好的度量方法不是靠重量或體積，而是憑味道。

2-4人份

剩下的煮熟布格麥1½ 杯
薄荷1把40g（2杯切碎的量）
平葉巴西里1把80g（2杯切碎的量）
蒔蘿（dill）1把25g（¼ 杯切碎的量）（可省略）
中型番茄2-3顆（切碎後1杯的量），去籽
青蔥3根，切碎
磨碎的檸檬果皮1顆與檸檬汁 ½ 顆，外加額外的適量
粗海鹽1小匙或罐裝鹽 ½ 小匙或適量
大蒜油2大匙 ×15ml（或一般橄欖油2大匙外加切碎的1瓣大蒜）
果香十足特級初榨橄欖油少許
石榴籽（可省略）

♥ 將煮熟的冷布格麥、切碎的香草、番茄和蔥放進碗裡。磨入檸檬果皮，混合均勻。

♥ 倒入半顆的檸檬汁，加入大蒜油（或加了蒜末的一般橄欖油），和少許特級初搾橄欖油，用叉子混合。嚐味道看是否需要更多檸檬汁或鹽。有的話，撒上一些石榴籽。幾乎可搭配任何配菜，但不妨考慮一塊切片乾煎過的哈魯米起司（halloumi）。

Indian roast potatoes 印度風味爐烤馬鈴薯

我知道這裡要求的櫥櫃辛香料可不少，但是這些馬鈴薯搭配血腥瑪麗亞（Bloody Maria，見**第441頁**），和一些炒蛋，可眞是絕佳的早午餐呀。而且，我告訴你，當你烤雞時（是，又來了），順便端上一盤這個，既實際又多點變化。沒錯，我絕對絕對不會對一道普通的原味烤雞有甚麼不滿的，但這不表示，我不會欣賞爲平日最愛的菜單，增添一點宴會般的異國風情。偶爾想要爲食物增添一點特殊辛香，可不是罪過呀。

從美食的角度來說，這道食譜也不會帶來任何風險。事實上，我很不好意思地承認，這是我簡化了原來較爲複雜的印度食譜的懶人版。

6人份

不削皮的馬鈴薯900g（4-5大顆）
帶點辛辣味的冷壓芥花油（見第16頁的廚房機密）或一般橄欖油2大匙×15ml
薑黃（turmeric）2小匙
茴香子（fennel seeds）1小匙
小茴香籽（cumin seeds）1小匙
黑種草籽（nigella seeds）1 小匙
黑芥末籽（black mustard seeds）1小匙
辣椒粉 ½ 小匙
大蒜1整顆
紅洋蔥 ½ 顆，切丁
萊姆汁1顆
粗海鹽或罐裝鹽適量

♥ 將烤箱預熱到200℃ /gas mark6。將未削皮的馬鈴薯擦洗後，切成2-3公分的小塊。

♥ 將馬鈴薯塊放入冷凍袋裡，加入油和香料，封緊袋口。搖晃袋子，使馬鈴薯均勻沾裹上香料。

♥ 倒入一個大型烤盤裡，邊高一點以防馬鈴薯烤焦。將大蒜弄碎（不去皮），放在四周。

♥ 烤1小時，不要翻動。同時，將洋蔥丁放入碗裡，倒入萊姆汁拌勻，靜置入味。

♥ 取出烤盤，將馬鈴薯倒入溫熱過的大盤子，撒上一點鹽。將洋蔥丁從碗裡取出，撒在馬鈴薯上。

事先準備

馬鈴薯可在一天前先切好，泡在冷水裡，要用時再瀝乾擦乾。剩菜可冷卻後冷藏保存二天。以200℃ /gas mark6的烤箱重新加熱約15分鐘直到熱透。

Making leftovers right 剩菜做的對

*剩下的冷馬鈴薯，和酪梨切片，可一起做成**第433頁**的墨西哥摺餅（Quesadillas），十分美味，如果有此打算，可以捨棄食譜裡的墨西哥辣椒不用。*

Curly pasta with feta, spinach and pine nuts
捲義大利麵佐費達起司、菠菜和松子

如果你臨時有一桌客人要來吃飯，而有人又是素食主義者，這道食譜就是你的救星。不過你不需要等到緊急情況再啓用它：這麼美味的食物，若只是關在門後當備用品就太可惜了。無論如何，知道家裡總備用基本食材，讓我能夠臨時做出食物來，我就覺得很安心了。

包裝好的一塊鹹味費達起司，像哈魯米一樣，在不開封的情況下，能在冰箱保存很久。菠菜的營養豐富，就像小時候大人告訴我們的一樣，因爲它會從土壤裡吸收各種礦物質，但不幸的是，泥土裡不好的成份也會因此被吸收，所以最好買有機的，就算是冷凍的也好。我就是這樣做的，也建議你從善如流。

我喜歡的捲型義大利麵叫做 cavatappi（即軟木塞螺絲之意），在 De Cecco 的目錄第 87 號（希望對你有幫助），但 fusilli 比較容易買到，效果也差不多。

6 人份，*當作主菜*

松子 50g
大蒜油 2 大匙 ×15ml
洋蔥 1 顆，去皮切丁
螺旋麵或螺絲麵（cavatappi, fusilli）或其他短型義大利麵 500g

多香果粉（allspice）¼ 小匙
冷凍菠菜葉，最好是有機的 500g
費達起司（feta）200g，捏碎
磨碎的帕瑪善起司 3-4 大匙 ×15ml
鹽和胡椒適量

♥ 將一大鍋水煮滾，準備煮義大利麵。

♥ 將松子倒入底部厚實的鍋子裡（方便起見，用同一個鍋子來製作醬汁），乾烘到轉成金黃色，移到冷盤子裡。

♥ 在鍋子裡加熱大蒜油，加入洋蔥丁。小火翻炒 8-10 分鐘，直到變軟。可加一點鹽，使洋蔥出水，避免太快煎成褐色。

♥ 水滾後，加鹽，再加入義大利麵烹煮。

♥ 洋蔥炒好後，加入多香果粉。再加入冷凍菠菜，同時持續攪拌，使菠菜均勻解凍。

♥ 瀝乾義大利麵前，取出1小杯煮麵水，加入菠菜裡。

♥ 將費達起司捏碎加入菠菜裡，繼續攪拌使菠菜融化成柔軟滑順的質地。加入3大匙的帕瑪善起司，攪拌一下，再嚐味道看是否還需要再加。

♥ 將義大利麵瀝乾，拌入醬汁鍋裡，調味。倒入（最好是）溫熱過的上菜大碗哩，加入烤好的松子，拌勻後上菜。

Make leftovers right 剩菜做得對

PASTA SALAD
義大利麵沙拉

我不認爲自己是喜歡吃義大利麵沙拉的人，剛好相反，但我保證這道用剩菜做成的沙拉依然美味。將吃不完的義大利麵盡快覆蓋冷藏（可保存二天）。製作沙拉時，用叉子將麵分離開來，加入一點檸檬汁和橄欖油，和適量的鹽和胡椒。裝入便當盒，就可帶去上班當作午餐。

Standby starch 備用澱粉類食物

這眞的就是標題說的：沒有時間煮馬鈴薯或米飯時，又想要多一點具飽足感的東西當作一餐，這就是你快速的解決方法。沒錯，我常常就會煮一包馬鈴薯餃（gnocchi），但比不上這個用途廣泛。它可以搭配幾乎所有主食：燉菜、烤雞、烤魚、烤肉；還可將一點冷肉轉變成豐盛的一餐，尤其是在浸泡北非小麥前，加入1罐瀝乾洗淨的鷹嘴豆。

說到浸泡北非小麥，讓我坦白從寬：我知道這不是標準料裡北非小麥的程序。你應該先用冷水浸泡，再用微滾的鍋子蒸煮。但是我發現這裡的做法也行得通－**第90頁**的芝麻菜和檸檬北非小麥也一樣，雖然作法不同，但一樣偏離傳統－而且大大改善了我的料理與飲食生活（難道我還有別的生活嗎？）。

4-6人份，*當作配菜*

北非小麥250g
乾燥百里香 ¼ 小匙
小茴香粉（ground cumin）½ 小匙
雞高湯（或蔬菜高湯）400ml，
（現成、濃縮或湯塊皆可）最好是有機的
鹽和胡椒適量

♥ 將北非小麥和百里香與小茴香粉，一起放入碗裡。

♥ 加熱高湯，或用滾水與湯塊／濃縮調製高湯，倒入北非小麥，攪拌混合，用保鮮膜（或大盤子）蓋好，靜置10-15分鐘。

♥ 取下保鮮膜，液體應已完全被吸收。用叉子將北非小麥翻鬆，用鹽和胡椒調味。如果你有烤雞或其他肉類搭配，請務必在上菜前將鍋底肉汁加入北非小麥裡，增添風味。但如果搭配沒有醬汁的主菜，我有時會加一點濃縮高湯，再用叉子攪拌翻鬆。

Halloumi with beeroot and lime
哈魯米起司佐甜菜根以及萊姆

一頓好吃的晚餐，只要打開幾個包裝就解決了，這麼容易，幾乎讓人慚愧。如果不是剛好有幾個客人臨時要來吃飯，而我必須做出素食，我自己都想不到會這麼簡單。哈魯米，我家裡都叫做嘰嘰叫起司，是絕佳的備用品。我覺得它就像速食版的培根，但不是只能這樣用而已。我是虔誠的肉食主義者，但冰箱裡若沒有一兩包哈魯米，日子是過不下去的。至於甜菜根，我的態度是比較保留的，但那時剛好有眞空小包裝蒸煮好的原味（尙未被醋毒害），因此突然有衝動想將充滿濃郁鹹味的哈魯米，和後者的極度香甜做個結合。

結果，眞的成功了，是大大的成功。沒錯，我是把甜菜根和一些萊姆汁和橄欖油，一起用果汁機打碎。如果沒有果汁機，你也可將甜菜根切碎，加入熱燙的哈魯米，再擠入一些些萊姆汁。當我提到萊姆，你要知道，我通常指的是方便擠壓的亮綠色萊姆形狀塑膠瓶裝的，當然用水果本身也可（**見17頁**）。

家裡有的任何一種沙拉，皆可搭配這裡的哈魯米和甜菜根，不過若剛好有我鍾愛的深綠色辛辣味芝麻菜，我會特別感恩，旁邊再擺上溫熱的皮塔餅（pita）或任何麵包。或者，你可以做成一種佐餐沙拉，用萊姆汁、小茴香粉和橄欖油做成調味汁，一邊拌勻，順手加入一點辛辣的墨西哥脆片（tortilla chips）。

我知道烙上深紅色印記的哈魯米起司片，在盤子上看起來很高級，但請你加以忽略，因爲只要嘗過一口，你就知道這是給貪吃的人而非道貌岸然的美食者享受的佳餚。

2人份

哈魯米起司1包（約225-250g）
煮熟但冷卻的甜菜根（1大顆或2小顆）150g（或半包的眞空包裝）
萊姆汁2小匙或適量
一般橄欖油2大匙 ×15ml

♥ 在水槽上方，將哈魯米包裝剪開，流出所有鹽水，將起司移到砧板上切片。我可切出8片，但我知道如果不趕時間，或雙手更有靈巧度（或刀工），可輕易切出10片。

♥ 戴上 CSI 手套（避免馬可白夫人效應，見**第17頁**），從包裝裡取出2塊甜菜根，稍微切碎，再用手持食物調理棒打碎，一邊加入萊姆汁和油。

♥ 用大火加熱大型乾燥的平底鍋，夠熱時，加入米魯米起司片。維持大火，加熱1分鐘，使底部產生焦褐印痕，翻面（我覺得廚房鉗正好適合），依同樣方式煎，移到2個鋪了沙拉葉的盤子上。

♥ 將甜菜根萊姆泥，分盛到這2個盤子上，舀在起司片上，搭配熱麵包上菜。

事先準備

甜菜根萊姆泥可在一天前做好。覆蓋冷藏，要用時再取出，使用前攪拌一下。

Pepper, anchovy and egg salad 甜椒、鯷魚和水煮蛋沙拉

另一道來自安娜戴康堤 Anna Del Conte* 的食譜，令人安心的巧合是，我媽媽以前也做過。我知道，她們兩個絕對不會贊成我的偷懶方法，使用超市或西班牙熟食店販賣的炙烤去皮甜椒。我猜，安娜會噘起嘴抱怨，這是降低品質，我媽則會更大聲的罵我浪費。我的腦袋裡可以聽到她們兩個和諧的抗議唱合。還好，我一開動，這個噪音就消退了。我下廚，是爲了取悅他人沒錯，但更多是爲了自己開心。而這道菜，讓我開心的不得了。

* 極富盛名義裔飲食作家與食譜作者。

4-6人份，*視配菜而定*

雞蛋4顆
炙烤紅椒2罐各290g（瀝乾重量為380g）
大蒜1瓣，去皮
鹽和胡椒適量
一般橄欖油4大匙 ×15ml
切碎的新鮮巴西里2大匙 ×15ml，
外加撒上的量（可省略但建議）
瀝乾的瓶裝酸豆（最好是小型 nonpareils 種類）1大匙 ×15ml
瓶裝鯷魚12片

♥ 要做出蛋黃柔軟的水煮蛋，先將雞蛋回復室溫，再放入一鍋水裡煮滾。離火，靜置10分鐘。用冷水沖洗後剝殼。若是食客的免疫系統欠佳，如老人、小孩、懷孕婦女，水煮蛋應完全熟透，則水滾後，不關火，繼續煮10分鐘。剝殼後，雞蛋很快就會冷卻，不過我喜歡趁它尚未完全冷卻時享用。

♥ 將瀝乾的甜椒切成細條狀，擺放在上菜的盤子裡。

♥ 將剝了皮的大蒜放入碗裡，蓋上鹽，將大蒜搗成泥。加入足量的胡椒和油，撒上2大匙巴西里（要用的話），攪拌均勻。

♥ 將雞蛋切成4等份，擺放在甜椒盤上，撒上瀝乾的酸豆，加上鯷魚。

♥ 澆上大蒜（和巴西里）醬汁，再用一點巴西里裝飾，搭配一些上等長棍麵包上菜。

事先準備
全熟水煮蛋可在4天前做好。冷卻後不剝殼，放入密閉容器內，冷藏保存，上菜前再去殼。

Everyday brownies 日常布朗尼

我並不缺少布朗尼蛋糕的食譜，過去幾年來，已經按部就班做過不少，但有了這一道日常版本，不須事先通知就可製作，我仍心懷感恩。它的材料比較沒那麼奢侈－我用可可粉代替上等巧克力，並混入一兩塊雜貨小店就有賣的牛奶巧克力－但是，你吃吃看吧，絕對猜不到我動的手腳，內餡仍然充滿了深色的優雅和濃濃巧克力味。

當你的小孩或同事昨晚臨時通知你，明天的義賣會請你帶個蛋糕，這道食譜就是你的救星。你盡可露出從容的笑容，伸手打開櫥櫃的門。如果你的處境更加忙亂，連黑砂糖（muscovado）都沒有，也沒時間去加油站小店買巧克力，儘管使用白砂糖吧，同時把奶油的份量增加到175g，可可粉變成100g。

最後的提醒，或說是叮嚀：我說要用可可粉，就是可可粉，請千萬不要用熱巧克力即溶粉（drinking chocolate）代替。

可做出16個

無鹽奶油150g
黑砂糖(muscovado sugar)300g
可可粉75g，過篩
麵粉150g
小蘇打粉1小匙
鹽1小撮

雞蛋4顆
香草精1小匙
牛奶巧克力 約150g，切碎
糖粉，撒糖用(可省略)
舖了烘焙紙的烤皿或鋁箔盒，25平方公分，深5公分(30×20×5cm)1個

❤ 將烤箱預熱到190℃ /gas mark5。奶油放入中型平底深鍋內，用小火融化。

❤ 融化後，加入糖，用木匙和奶油攪拌混合(維持小火)。

❤ 將可可粉、麵粉、小蘇打粉和鹽，過篩混合，加入鍋裡攪拌(形成頗爲乾燥、無法完全融合的混合物)，離火。

❤ 在攪拌盆或量杯裡，將雞蛋和香草精一起打散，加入鍋裡攪拌。

❤ 加入切碎的巧克力，快速地將鍋裡麵糊倒入舖了烘焙紙的烤皿或鋁箔盒中，刮下殘餘麵糊，用刮刀抹平。送入烤箱烤約20-25分鐘。深色的表面應看起來凝固而乾燥，但觸摸時可感到底下仍未完全凝固，蛋糕測試棒呈現濕黏，這就是理想的狀態。

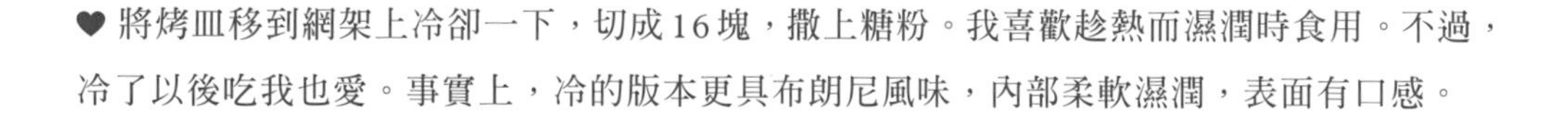

❤ 將烤皿移到網架上冷卻一下，切成16塊，撒上糖粉。我喜歡趁熱而濕潤時食用。不過，冷了以後吃我也愛。事實上，冷的版本更具布朗尼風味，內部柔軟濕潤，表面有口感。

事先準備
布朗尼蛋糕可在三天前做好，放入密閉容器保存。共可保存五天。

冷凍須知
布朗尼可放入舖了烘焙紙的密閉容器內，冷凍保存達三個月。置於陰涼處隔夜解凍。

Part II

KITCHEN COMFORTS

廚房慰藉

CHICKEN AND ITS PLACE IN MY KITCHEN
雞肉與它在我家廚房的地位

A DREAM OF HEARTH AND HOME
爐火與家的夢想

AT MY TABLE
我家餐桌

THE SOLACE OF STIRRING
攪拌的慰藉

THE BONE COLLECTION
食髓知味

KITCHEN PICKINGS
廚房手指小點心

THE COOK'S CURE FOR SUNDAY-NIGHT-ITIS
為周日夜晚準備的廚房解答

CHICKEN AND ITS PLACE IN MY KITCHEN 雞肉與它在我家廚房的地位

我以前曾提到我母親的烤雞傳統，我們的週六午餐，她總是一次烤二隻雞（她說一隻現在吃，另一隻留在冰箱挖來吃），那帶著檸檬味、具撫慰功用的濃郁香氣，飄散在整間屋子裡。對我來說，雞肉仍是構成一個家的基本元素。總是要等到做過第一隻烤雞，我才覺得這是屬於我的廚房。

雖然我不完全跟隨母親的腳步，將一整隻全雞當作休閒零嘴，但沒有雞肉的冰箱（碎肉可撕下來吃或做成另一頓晚餐）似乎就是感覺怪怪的。隨著時間過去，我做烤雞的方法也有一點改變，我不再那麼常在雞胸抹上厚厚的奶油，再送入烤箱，我現在覺得一些金黃色、風味佳的蔬菜油，一樣有很好的效果。不過，我還是會情不自禁地在內腔裡，塞入半個擠過或完好的檸檬。

我現在比較挑剔的是，雞肉的來源。我母親可能對於現在大家對自由放牧和有機雞肉的重視，仍抱持懷疑態度，認爲這是商人爲了大發利市的行銷手段。如果說我不贊同她，部分是因爲我們比她知道更多工廠畜牧業的內幕，但我也明白，她成長於戰後時期，因此無法忍受任何不節儉的行爲。我對自己浪費的態度（她覺得是如此），也無法提出十分高尚的解釋：只是因爲一想到可能會把各種可怕的東西吃下肚，就不禁讓我發出尖叫。再說，品質上等的雞肉所帶來的優質風味，本身就是一種獎賞了。我不擅長製作肉汁（gravy），因此有機全雞自然流溢出的肉汁，特別令我珍惜：那烤盤底部收集的金黃色濃郁肉汁，只需一點苦艾酒或檸檬汁，或甚至是一點熱水，讓沾黏在鍋底風味濃郁的焦褐色硬塊溶解。它的美味真的直達骨髓，一隻有機全雞的骨架，可做成濃湯的基底，供數天後享用。當然，我知道自己很幸運，能夠做出這樣的選擇，我心懷感恩，並不是要說服每個人。

PLAIN ROAST CHICKEN
原味烤雞

不管你用那種雞肉，記得每500公克，就代表要在200℃ /gas mark6的烤箱裡烤20分鐘，外加總計的時間20分鐘。不過我有時候，不管那總計的20分鐘，而是改用220℃ / gas mark7來烤。另外，我還要提醒兩件事：如果雞肉剛從冰箱取出，烘烤時間會更長，從烤箱取出時，務必確認完全烤熟，在雞身和大腿連接處劃一刀，流出的肉汁應透明不帶血色。不過，有機雞肉的顏色，會比工廠畜養的深色雞顏色還要深也偏紅，所以雞腿肉通常偏粉紅色調。如果你還是不確定，我可以說，有機雞肉是如此多汁鮮美，就算多烤一會兒，也不致變得乾柴無味。

ROAST POTATOES 爐烤馬鈴薯

我女兒喜歡的烤雞，要佐上"Pie Insides"（也就是第370頁的白醬韭蔥 Leeks in white sauce），以及一份道地的傳統烘烤馬鈴薯。這個食譜恐怕放入本書的其他章節都不合適，所以我想不如就在此簡單交代一下，節省你在廚房的工作：我的原則是，1顆大馬鈴薯算1人份，若是4人用餐則外加1顆求好運。馬鈴薯削皮後，從中間切出三角形塊，也就是取得三塊馬鈴薯，一塊有兩斜角，二塊各有一斜角。放入鍋裡，加入足夠的冷水，加鹽，加熱到沸騰後，滾煮4分鐘。同時，將烤盤送入烤箱加熱（如果只有一層烤箱來烤雞220℃ /gas mark7，若有雙層烤箱，烤馬鈴薯的熱度要高一些，250℃ /gas mark9），每1公斤的馬鈴薯需要加入約500g的鵝油（goose fat）或1公升的玉米油。馬鈴薯瀝乾水份，稍微晾乾，放回仍溫熱的鍋內，加入玉米粉（semolina）（每公斤馬鈴薯需要2小匙）。蓋緊蓋子，將鍋子搖晃一下，使煮過的薯塊邊緣稍微鬆散，小心地放入裝了熱油的烤盤裡，每面烤20-30分鐘，直到外表呈金黃色，內部鬆軟。

ROAST CHOOK WITH LEEK AND SQUASH 烤雞佐韭蔥與奶油南瓜

如果你想要一頓簡單省事的烤雞晚餐，何不試試我來自澳洲—紐西蘭靈感的烤雞佐韭蔥與奶油南瓜。將全雞放入烤盤。將奶油南瓜切半去籽（不用去皮），切成5公分小塊，和2-3根切厚片的韭蔥（或使用1根韭蔥，外加2-3顆切塊但未去皮的馬鈴薯），一起倒入烤盤。將1顆未上蠟的檸檬切成8塊，一起加入，澆上大蒜油，加入1-2根迷迭香或百里香，以傳統方式送入220℃ /gas mark7烤箱烘烤。

以上述方法做出來的烤雞，是我們家的常客，但它們都比不上下一頁的食譜—我母親的讚雞 My mother's priased chicken，因爲它不只是一道食譜，還是我們家族的烹飪歷史印記。它不算水煮，也不完全是慢燉（braised），所以我暫定爲"prasied 禮讚"，我覺得這眞是最完美的稱呼，因爲烹飪和進食的過程，對我都像是一種全心全意虔誠的行爲。

My mother's praised chicken 我母親的讚雞

這可能是，不，這眞的是，不論香味和口味，對我和我的兄妹，最能喚起”家”的感覺的一道菜，彷彿感覺我們過世已久的母親，又一次回到廚房和餐桌上，在我們身邊。比起其他的菜餚，我煮這道菜最多遍也最久，但這並不表示寫出這道食譜特別簡單。其實，反而更難，眞的很難。

別緊張：我並不是說在實作上，有那一道步驟有執行上的困難。恰好相反，就因爲我做過哪麼多次，僅僅是一道手寫的食譜，完全無法傳達所有可行的變化方案。譬如：你可以先加入培根塊，再加雞肉，並且選擇蘋果酒作爲增加風味的酒精；或者你可在油裡加入生薑，可切片或磨碎，並且用中式米酒或日本清酒來取代白酒或苦艾酒，同時在上菜前加入香菜梗來代替或混合巴西里，並加入新鮮的切成圈狀的去籽辣椒與切碎的香菜。你隨時可做不同的蔬菜變化，若熱愛球莖茴香，可加一些，以增添八角般的香氣，更可加上一點茴香酒（pastis）代替白酒，使其更濃郁。同樣地，你可加入防風草根、奶油南瓜和南瓜，不過最好是烹飪過程中間或尾聲再加入。常常，當所有食材都堆疊在鍋子裡，準備煮成柔軟滋潤的美味時，我會加入1顆磨碎的檸檬果皮，擠入檸檬汁，也許再撒上一點乾燥薄荷。我可以繼續說下去 ...

這道菜的本質，象徵了最自由的烹飪形式，似乎和所謂食譜的本意相矛盾。所以，讓我總歸地說，你該知道的，就是要先把雞肉煎到上色，再加入蔬菜，以及足量剛好蓋過的液體。慢燉之後，便可舀在米飯上食用。我喜歡用巴斯馬蒂糙米，一人份約爲75-100g的生米，依年齡和食慾而定。基本上，我都會寧願煮比較多的份量（你應該不會感到驚訝吧），不是因爲眞的需要那麼多，而是因爲我最喜歡的剩菜食譜，剛好就是把聖誕節吃不完的火雞做成一種沙拉：冷雞肉絲和冷巴斯馬蒂糙米拌飯，再混合石榴籽、葵花籽、或其他類似的綜合種籽，以及新鮮蒔蘿、檸檬汁、鹽和1-2滴美味的蔬菜油（一種濃郁、帶芥末味的冷壓芥花油－見第16頁的廚房機密檔案－是我的最愛）。

不過，讓我們待會兒再來談談有關剩菜的事。如果你想要，當然也可把米飯換成清蒸馬鈴薯。若能直接放在雞肉上方同時清蒸，當然更好。不過在我家裡，一定要配米飯。剛好我也有電子鍋，所以十分省事，不過，這眞的是一種傳統。因爲這道食譜的地位，是我們家人的最愛，事實上，也是我廚房裡永恆的菜色，所以我自認有權霸道一些，詳細規定吃法：我們羅森 Lawson 家族，在貪婪而感恩地享用這道菜時，都會加上一點新鮮蒔蘿和英式芥末醬－ 1小匙就行了，清新鼻子。

4-8人份（*這道食譜比一般的烤雞，似乎更具飽足感，所以你可一次多吃一點，或留下大量的剩菜，供接下來數日享用*）

大型全雞1隻，最好是有機的
大蒜油2小匙
白酒或不甜的白苦艾酒100ml
韭蔥2-3根，清洗修切過，切成7公分長段
胡蘿蔔2-3根，去皮切成細條狀
西洋芹1-2根，切片
清水約2公升
香草束1束或乾燥香草1小匙
新鮮巴西里梗或將數小枝梗綁在一起
粗海鹽2小匙或罐裝鹽1小匙
紅胡椒粒2小匙或足量的現磨黑胡椒

上菜用：
切碎的巴西里葉片（上面切下梗的）
切碎的新鮮蒔蘿
英式芥末醬（English mustard）

❤ 取出一個大型、耐熱（flame-safe）的附蓋鍋子，要剛好能容納你的全雞，我的約爲28公分寬，10公分深。

❤ 在可清洗的砧板上，將綁縛雞身的棉繩剪斷，雞胸肉朝下，用力向下壓，直到聽見胸骨斷裂的聲音（如你所料，我很享受這個步驟）。繼續往下壓，使全雞稍微壓扁。剪下雞腿以下的腳踝（但留著備用）；我覺得廚房剪刀很好用。

❤ 將油倒入鍋裡加熱，雞胸肉朝下，煎數分鐘直到上色，轉成大火，翻面，丟入預留的雞腳。仍維持大火，加入白酒或苦艾酒，滾煮一會兒使酒精揮發，加入韭蔥、胡蘿蔔和西洋芹。

❤ 倒入足量的清水，剛好蓋過雞身，突出一點兒也無所謂，丟入香草束或你屬意的香草，與巴西里梗（如果我有一束巴西里，我會剪下梗部用在這裡，剩下的仍用橡皮筋綁著）或巴西里莖，加入鹽和紅胡椒粒（我就是愛那紅色的小果子）或一些現磨黑胡椒。

- 雞肉應幾乎完全被淹沒了，若沒有，再加點冷水。水量應達到剛好覆蓋的高度。

- 加熱到沸騰，蓋上蓋子，轉成極小火，煮1½-2小時。我通常煮1小時30-40分鐘，關火後（不打開蓋子）靜置20-30分鐘。

- 搭配巴斯馬蒂糙米，端上雞肉和陪襯的蔬菜，澆上1-2湯杓的雞湯，在桌上放上新鮮蒔蘿和芥末醬，讓大家自行取用。

冷凍須知

煮熟的肉可冷凍保存，一旦冷卻立即裝入冷凍袋或容器內可冷凍保存二個月。

Make leftovers right 剩菜做得對

我用它做成的第一回剩菜料理，通常是將剩下的雞湯（記得在1-2天內用完）和撕下的冷雞肉混合，擠上檸檬汁或萊姆汁，加入英式芥末醬，直接這樣吃或用來拌麵或配飯，並撒上一些新鮮蒔蘿，或者也順便加一點巴西里和香菜。食譜前的介紹已提到一種剩菜沙拉供你參考，若是這道雞肉原本是做給4個人吃，剩下的雞肉足夠我再做成另一頓晚餐。你看，這道雞肉食譜不只能吃得比較久，其中的雞肉風味也特別豐腴滋潤，你根本不用擔心常見的冷雞肉變乾柴的問題。真的是這樣，所以如果你想要吃雞肉沙拉的話，我會建議你先用這種方式料理雞肉。（記得將雞肉從骨頭撕下後，用鋁箔包好，儘快冷藏，在3-4天內吃完）

這是我最喜歡的組合，我可以一個人拿根叉子全部吃完，我也知道，如果搭上新鮮麵包，可以做成4人份。那濕潤的冷雞肉、柔軟的酪梨果肉、清脆的生菜和充滿鹹味的酥脆培根，真會使人上癮。給我每天都來上一份BLC更勝BLT。

我喜歡在這裡澆上帶甜味的醋，尤其是麝香葡萄moscatel醋。我知道這不易買到，但真的值得你特地去找（這通常是我會選用的醋）。否則，現在一般超市也有賣調味米醋，也是不錯的替代品。除非你真的喜歡很甜的油醋調味汁，否則我不會考慮巴薩米可醋。

2-3人份（*每人都有大份量，也可當作4人份的簡單午餐，配上1根長棍麵包或一些柔軟的墨西哥捲餅*）

大蒜油1小匙
美式培根或其他去皮煙燻培根4片
萵苣生菜（iceberg）半顆，撕成入口大小
煮熟雞肉225g，撕下（約爲不塞緊的3個早餐杯份量）
小型酪梨2顆
第戎芥末醬2小匙
帶甜味的醋，如（麝香葡萄 moscatel 或調味過的米醋）1大匙 ×15ml
胡椒適量
橄欖油或芥花油少許（可省略）
切碎的細香蔥1大匙 ×15ml，上菜用

♥ 將油用煎鍋加熱，將培根煎到酥脆，移到鋁箔或廚房紙巾上，先別急著洗鍋子。

♥ 將生菜放入大沙拉碗內，加入冷雞肉絲。

♥ 將酪梨切半，去核，用湯匙將果肉舀入沙拉碗內。

♥ 將芥末醬加入煎培根的鍋裡，攪拌混合。倒入醋攪拌，磨上胡椒，倒入沙拉碗裡快速拌勻，若需要更多油，可加入一點橄欖油或芥花油。

♥ 將培根撕碎，將大部分加入沙拉裡，再拌一下。

♥ 最後撒上剩下的培根和細香蔥。

CHINATWON CHICKEN SALAD
中國城雞肉沙拉

這道沙拉的版本很多，但我專攻口感最酥脆的那種，不只是因爲我有時候會省略一種基本材料：餛飩皮。每次我去中國城或亞洲超市時，都會買上一兩包，但事實上，這都是冷凍的，而做這道沙拉根本用不完一整包。(你可以仿照義大利香甜的條狀炸酥皮，做成中式版本，一樣美味：依照下方說明油炸，撒上糖粉，適合搭配咖啡)。我特別喜歡這道菜的名稱，絕對不想改名，雖然我捨棄了餛飩皮，用一樣酥脆的玉米脆片（tortilla chips）代替。

6人份，*當作主菜*

餛飩皮50g（或一把墨西哥脆片 tortilla chips）
蔬菜油，油炸餛飩皮用

調味汁材料：
紅辣椒1根，去籽切碎
薑末2小匙
萊姆汁或米醋4小匙
醬油3大匙 ×15ml
糖 ½ 小匙

沙拉材料：
加鹽花生50g，依喜好使用整顆或切碎
萵苣生菜（iceberg）500g或1顆，切絲
綠豆芽150g
青蔥4根，切3等份長再切絲
紅椒1顆，去籽切絲
冷雞肉絲300g（約不擠壓的4杯早餐杯）
切碎的新鮮香菜1把，上菜用

♥ 若要使用餛飩皮，先在鍋子裡加熱1公分高的油。

♥ 油熱之後，將餛飩皮從包裝取出，分批加入油鍋內（一次3-4片）。請注意，只需要數秒的時間就能讓表面轉成金黃色，移到鋪了廚房紙巾的烤盤上時，顏色仍會持續變深。

♥ 繼續分批油炸餛飩皮，直到烤盤上裝滿了金黃色的酥脆方塊。靜置稍微冷卻一下，同時著手製作搭配的沙拉。

♥ 將調味汁材料放入果醬瓶內混合，或附蓋的玻璃罐，攪拌或搖晃混合。

♥ 在大碗裡，將花生、生菜、豆芽、蔥、紅椒和冷雞肉絲混合。

♥ 加入一半冷卻的餛飩皮，或墨西哥脆片（要用的話），剝成小塊加入碗裡，拌入調味汁，最後再撒上另一半的酥脆餛飩皮（或墨西哥脆片）和切碎的香菜。立刻上菜。

事先準備
餛飩皮可在2-3小時前先油炸。以室溫靜置在廚房紙巾上備用。

QUICK CHICK CAESAR
快速雞肉凱薩沙拉

這是另一個將剩菜回收，做成獎勵自己的美食的例子。雖然油煎麵包塊（croutons）花不了多少時間，但我用墨西哥脆片（tortilla chips）更爲省事速成。我把它想成是快速的凱薩沙拉版本，因爲我一般會用烤吐司塊和蒜味馬鈴薯來做－風味亦佳。如果你想的話，也可以採阿拉伯風格用皮塔餅（pita）代替玉米脆片，撕成兩半烘烤後，再撕碎加入即可。

有些人就是對鯷魚反感（它們眞實的風味，可不是披薩上那過鹹的小黑塊），不過反正它們本來就不是正宗凱薩沙拉的配料，所以我並未列入材料清單內。不過，爲了秉持透明公開的原則，我應該告訴你，在我翻箱倒櫃在廚房做這道沙拉時，我是加了一點。我通常會把1-2小條鯷魚加入調味汁裡打碎，或是如果我剛好有銀白色、像小沙丁魚的醃鯷魚，我就會和雞肉一起拌入沙拉裡。

註：本食譜含有生蛋，不應供應給免疫系統欠佳的人食用，如懷孕的婦女、老人和小孩等。

2人份

雞蛋1顆
特級初榨橄欖油2大匙 ×15ml
大蒜油1小匙
磨碎的帕瑪善起司3大匙 ×15ml
檸檬汁 ½ 顆
粗海鹽 ½ 小匙或罐裝鹽 ¼ 小匙（若使用鯷魚則完全不用加鹽）
蘿蔓生菜或捲心萵苣1顆，或2顆小萵苣
冷雞肉150g，撕碎（約不壓緊的2杯早餐杯份量）
胡椒適量
原味墨西哥脆片（tortilla chips）一大把（約50g）

♥ 將雞蛋打入碗裡，一邊打散，一邊加入油、帕瑪善和檸檬汁。若不加點鯷魚，便加入鹽攪拌均勻。

♥ 將清脆的生菜撕碎成入口大小，放入沙拉碗裡。加入冷雞肉絲混合，以適量的胡椒調味。

♥ 用鍋子以中火乾烘墨西哥脆片數分鐘。

♥ 將調味汁再攪拌一下，澆入沙拉裡拌勻。加入墨西哥脆片（想要的話，順便加一點鯷魚）再度拌勻，準備狼吞虎嚥吧。

THAI CHICKEN NOODLE SOUP
泰式雞湯麵

即使剩下的雞肉不多，還是應該試著做這道菜。只要一點點雞肉絲就夠了（就算你的剩菜不是雞肉，也值得將這個食譜列入考慮，若要在最後加一點冷凍蝦子，記得蝦子要完全煮熟，就是一頓超棒的櫥櫃常備菜晚餐。）這其實是自由度極高的一道菜：我們在拍照時，我忘了放蔬菜，結果味道依然美味。爲了彌補我的粗心大意，還特別給中式快炒蔬菜來個特寫，你可以看到有白菜、小白菜、細蘆筍、芥藍、嫩筍和韭菜。不過，我也會很樂意用一些其他的葉菜、蔥絲和豆芽菜來代替。同樣的，如果你買不到那些透明包裝，塑膠感十足的粉絲（vermicelli），也不要因此放棄，烏龍麵、蕎麥麵、米線、義大利直麵或細扁麵（linguine）都可用來代替。

2-3人份，*當作主菜，或4-6人份的開胃菜*

雞高湯1公升
細米線或綠豆粉絲150g
椰奶200ml
生薑1塊3-4公分，去皮，切薄片再切絲
魚露2大匙 ×15ml
新鮮長紅辣椒1根，去籽切條狀
薑黃（turmeric）1小匙
羅望子醬（tamarind paste）1小匙
淡黑糖（soft brown sugar）1小匙
萊姆汁2大匙 ×15ml
剩下的冷雞肉，撕成絲約150g
（約不塞緊的2個早餐杯）
嫩筍或其他蔬菜250g
切碎的香菜2-3大匙 ×15ml，上菜用

❤ 將雞高湯放入適當的湯鍋裡加熱。

❤ 將麵條放入碗裡，倒入滾水，依照包裝說明烹煮。

❤ 將蔬菜以外的其他材料加入高湯鍋裡，加熱到沸騰。

❤ 當雞肉熱透時，加入蔬菜，等到蔬菜變軟，（若是用嫩筍，1-2分鐘應足夠）加入瀝乾的麵條。或者，直接將麵條分盛到碗裡，澆上雞湯。

❤ 撒上新鮮的香菜後上菜。

Net Cont.: 400
Contenance :

Poached chicken with lardons and lentils
水煮雞肉佐五花肉與扁豆

雖然我在心情不佳和飢餓時，感覺生活悲慘，但我依然覺得，在這個世界上，想要等待他人給你安慰是自找麻煩。也許用這種心聲，作爲這道水煮雞肉佐培根丁與扁豆食譜的開頭，頗爲戲劇化，但這表示我的感覺是如此強烈。不知道爲什麼，許多人很驚訝我一個人用餐時也會親自下廚，但我堅信這是好事一樁。自身所激發出來的自助能力，可以維持很久，而且，我發現自己煮飯反而能讓我少吃一點。如果我不好好地吃一頓晚餐，整個晚上都會黏在冰箱上。

而且，有時候，我就是需要那種帶給我安慰和溫暖的食物，讓我覺得這個世界是安全的。這種食物就是。事實上，這是美國雜誌記者所說的解壓食物；沒有食物能完全驅散不愉快，但以愛心精心調理出有益健康的食物，能使人更堅強。你也可將它轉變成2人份的撫慰晚餐，只要將雞肉的份量加倍，並多加入250ml的清水即可。

可別誤會我的意思：你不需要等到心情不好時再吃這個，事實上，它也是開心愉快時的完美食物。如果我去參加宴會前，擔心他們的酒品質不佳或沒甚麼好吃的，我就會先把這道菜做好，回到家後便搖搖晃晃地走入廚房，將它重新加熱。我吃的時候，會再多加一點英式芥末醬（我就是抵擋不住辛辣口感的誘惑），但只是這樣而已。如果冰箱裡剛好有金寶辣椒醬（Jumbo Chilli Sauce，見第121頁），我也會澆上一點。

若不想加培根丁，盡管省略，我只是覺得甚麼東西加了培根都特別好吃。我可以看到有些人爲了追求完全的健康與純淨，寧願捨棄這美味充滿鹹香的脂肪，絕不是我⋯

1人份

大蒜油2大匙 ×15ml
煙燻五花肉（lardons）或義大利培根（或一般培根丁）100g
胡蘿蔔1根，去皮，縱切成半，稍微切碎
韭蔥1根，清洗修切過，對半縱切再稍微切碎
切碎的新鮮巴西里3大匙 ×15ml
乾燥的薄荷 ½ 小匙
磨碎的檸檬果皮1顆
普依扁豆（puy lentils）125g
英式芥末醬1小匙
去皮帶骨雞胸肉1塊（chicken supreme），最好是有機的
清水500ml
鹽和胡椒適量

♥ 用小型底部厚實附蓋的平底鍋（要能容納一塊雞胸肉），將培根塊、胡蘿蔔、韭蔥、薄荷和檸檬果皮，用油翻炒約7分鐘。

♥ 加入扁豆，續煮1分鐘，再加入黃色的芥末醬攪拌。

♥ 將雞肉放在最上面，加入清水。加熱到沸騰，蓋上蓋子，用極小火慢煮45分鐘，直到雞肉熟透，扁豆變軟。用適量的鹽和胡椒調味。

♥ 想要的話，你現在便可開動，但這道菜最軟嫩美味的時候，是事先做好再重新加熱。我把蓋子打開，讓鍋子冷卻一下（不超過1小時），再蓋回蓋子，然後放入冰箱冷藏。之後要吃的時候，仍保持鍋蓋緊閉，以爐火重新加熱到完全沸騰。何必多洗一個碗呢？

事先準備
煮好後盡快冷卻冷藏（不超過1小時），在1-2天之內，可依照食譜的指示，重新加熱到沸騰後食用。

A DREAM OF HEARTH AND HOME 爐火與家的夢想

因爲機緣巧合（雖然按照佛洛伊德的說法，根本沒有這回事），當我提筆寫下這一章支持我身心良多的食譜時（它們給我的支持，不亞於我爲之煮食的家人朋友），正是我寫完「如何成爲廚房女神 How to be domestic goddess」一書的十年之後。這本書的標題也許被許多人故意誤解了，但它要傳達的訊息，卻毫無歉意地被接收了（我希望是這樣）。

並不是說，我們這些在爐火前得到安慰的人，需要任何道歉。此外，若是現在重起捍衛烘焙的各種言論－可能只會被視爲，重新端出遙遠的十年前，我激烈辯論的後現代宣言－可能被視爲肚量不夠。不過我仍要說明一點：我可不是廚房女神。不過這並非重點：那本書的標題，本來就不是用來自稱的。美國批評家和諷刺作家－亨利・路易斯 - 孟肯（H. L. Mencken）曾說過，我們應該要發明一種字型－像斜體字一樣，只是傾斜的方向相反－叫做反諷型。這就是我的標題應該採用的字型。但不只是這種反諷的意味，很難透過字型來傳達；不只是如此而已。穿著方格圍裙的馬芬皇后這樣的形象，是故意帶點反諷意味與刻意的荒謬感沒錯，但我對烘焙能夠撫慰人心、溫暖身心的信念，在爐火前來來回回的那種安穩心情，想直接傳達給讀者，毫無反諷意味。

我仍然覺得，烘焙裡具有某種轉變的力量，使我們著迷。畢竟，這是東西方文化所共通的一種信念－相信轉變與完美的可能。將全人類共通基本的目標，和攪拌麵糊做蛋糕這件小事連起來，似乎很荒謬，但我知道，我感覺到，它們的關聯性是存在的。而且，爲什麼要貶低勞務小事呢？

說到這裡，我不禁要再提一句，雖然現在這段前言快要變成爲己申辯（Apologia Pro Vita Mea）* 了：許多人說，大張旗鼓慶祝烹飪這件事，就是與女性主義爲敵，但我覺得非常驚訝，就因爲傳統上烹飪是女性的工作，如果加以貶低，不是反而更反女性主義嗎？

廚房女神的副標題是烘焙與撫慰人心料理的藝術。所謂撫慰人心的料理，就是這一章的內容。我把廚房當作是能夠帶來安慰的地方－不論我是在煮蛋、泡茶或做一批杯子蛋糕－但是烘焙在我心目中有特殊的地位，在烘焙時，我能放鬆地純粹爲了自己享受而從事料理。蛋糕，並不是生活必需品，雖然有時候你不同意。甚至，自己動手做蛋糕就是一種奢侈。而我，喜歡正當地享受這種奢侈。

我知道，你們很多人聽了都會發抖，覺得害怕。讓我告訴你幾件事。以前，我一直認爲，世界上有兩種人：做菜和烘焙的，而我屬於前者。但並非如此。雖然，料理的規矩較寬鬆－你可以今天在菜裡加3根胡蘿蔔，明天加2根，但如果蛋糕食譜需要2顆蛋，你不能說我今天想加3顆－但正是烘焙裡的要求，讓我們得到更大的自由。你不需要考慮，照做就是了。

就是因爲烘焙是能夠具體確切掌握的東西，特別予人甜蜜的安慰，從烤箱散發出來的芳香，使整間屋子充滿撫慰人心的氣息。有時候，一周緊湊的工作，讓我頭痛欲裂，只有回到烤箱面前，我才覺得可以開始舒壓。用雙手攪拌一下，聽電動攪拌器規律的聲響，沒試過的你，可別輕忽它療癒的效果。

就像所有的事情一樣，你越常做，就會發現越容易。比較接近事實的說法是，這一章的食譜本來就不會太難。也就是說，只要你看得懂做法，能夠照著做，你就會烘焙了。就是這麼簡單。

*Apologia Pro Vita Mea 爲己申辯，出自約翰・亨利・紐曼創作的書名，深入探討宗教，一本具影響力的鉅作。

- 烘焙時，所有材料都爲室溫狀態，除非特別註明。
- 要冷凍或保存之前，蛋糕和餅乾應先冷卻。食譜後若無事先準備或冷凍須知的附註，則表示作者不建議這樣的處理。
- 本書提到的保存期限，是爲了讓食物維持在最高品質，餅乾和蛋糕通常可再維持數天。

Maple pecan bundt cake 楓糖胡桃邦特蛋糕

隨著年紀增長，我逐漸體會到：我們每個人都受到自身人格和脾性的影響，唯有接受這個事實，才能逐漸控制或改變想法和行爲。你大概覺得我離題太遠，但像我之前說過的，在廚房裡適用的眞理，出了廚房也是不變的準則。我毫不懷疑，一個人在廚房進行料理的方式，就能表現出他的性格和脾氣，不過有時候，我也相信烹飪能夠幫助我們逃避自己的本性。

讓我解釋一下，我以前一直覺得自己的個性完全沒有適合烘焙的地方。我欠缺耐心，動作笨拙，不擅長發號施令。但是你知道嗎？雖然勉強，我征服了這些弱點。我做出來的成品，永遠不會外觀精緻，有時候，我拿蛋糕送給人家，還覺得不得不說謊：表面的糖霜裝飾是我小孩做的。但是，烘焙帶給我極大的愉悅，而且我的耐心還足夠讓我走到怎麼混合麵糊那一步。爲了彌補我的粗心，我已經找到了選擇蛋糕模的好方法，能讓成品賣相不差。容我解釋：混合麵糊並不難，重點是要倒入一個特別的邦特蛋糕模，烘烤出來的蛋糕就會像藝術品。多花點預算投資一只邦特蛋糕模，它厚重（可避免蛋糕烤焦），不沾材質（脫模後便可像圖片所示）。從此之後，就是一片風平浪靜，只有快樂地烘焙。

也許說能夠逃離自我的本性，一開始就不是顚撲不破的論述。但我眞的覺得，在烹調的過程中，我能夠釋放出自己人格裡秘密的那些層面，是我在生活中的其他部份都不願展示出來的。我自認自己是那種討厭故作姿態、過分要求細節的人，但是，如果你給我一個能做出沙特大教堂（Chartres cathedral）般的蛋糕模－好了，別嫌我誇張－我就不禁滿心喜悅。

只要邦特蛋糕模的品質好，我不介意它的形狀。你可自選喜歡的形狀，幸好，它們的尺寸都是統一的23公分（最寬處），容量爲2.5公升。身爲天生的囤積者，我的櫥櫃裡恐怕有太多的形狀可加以選擇，有新娘母親禮帽型、城堡型，還有這裡的花形徽章 fleur-de-lys（見下一頁和**第242頁**）。我選它來做這個蛋糕的原因，是將它切片後，最能呈現出那充滿堅果味的濕潤內部。有的邦特蛋糕完整端上桌時最爲美麗，這一種蛋糕切片後，反而更能呈現出賞心悅目的姿態。

而且，最能夠滿足廚房女神的，就是這種蛋糕。只需經過簡單的攪拌動作，就能使人滿足（對製作者和食客都一樣）。富堅果味而成糖漿狀的內餡，只需用叉子攪拌；你只需要一個攪拌盆和木匙，就能輕易製作麵糊。只是，恐怕我廚房女神的那一面也一樣懶惰，所以我是用電動攪拌器。請你要小心，用電動產品很容易攪拌過度，雖然質地紮實的海綿蛋糕很好，若是變得太過乾硬，可就不妙了。

我不只享受製作這款蛋糕的過程，只要看到它端坐在廚房工作台上，我就感受到一種難得的寧靜與滿足。然後還有開始吃時 ... 切下厚厚的一片，配著午後的熱咖啡，爲身心帶來至高的喜悅。這，才是周末呀 ...

可輕易切出12片

楓糖胡桃內餡材料：
麵粉75g
柔軟無鹽奶油30g
肉桂粉1小匙
胡桃（或核桃）150g，稍微切碎
楓糖125ml

蛋糕材料：
麵粉300g
泡打粉1小匙
小蘇打粉1小匙
柔軟無鹽奶油125g
細砂糖150g
雞蛋2顆
法式鮮奶油或酸奶油250ml
糖粉1-2小匙，裝飾用
無味道的油，塗抹用

23公分的邦特蛋糕模

❤ 將烤箱預熱到180℃ /gas mark4。用無味的油抹在蛋糕模內（或噴上烹飪用油），翻轉過來扣在報紙上，使多餘的油滴下。

❤ 製作蛋糕內餡：用叉子混合攪拌75g麵粉和30g奶油，直到形成近似酥頂表面的質感。接著，仍然用叉子，加入肉桂粉、切碎的胡桃（或核桃）和楓糖，一起攪拌混合成黏稠粗糙的麵糊。靜置備用。

❤ 製作蛋糕，將300g的麵粉、小蘇打粉和泡打粉倒入碗裡。

❤ 現在將奶油和糖攪拌到融合（也就是，將兩者攪拌混合直到質地輕盈顏色變淡），一邊攪拌，一邊加入1大匙混合好的麵粉，以及一顆雞蛋，再加入另一大匙混合好的麵粉，以及另一顆雞蛋。

❤ 仍持續攪拌，加入剩下全部的混合麵粉，最後再加入法式鮮奶油或酸奶油。這時的蛋糕麵糊質地應頗爲厚實。

❤ 用湯匙將一半多一點的麵糊，舀入抹好油的蛋糕模內。將邊緣處和中央空心周圍的麵糊，堆得高一些，做出邊來。這樣是爲了避免沾黏的楓糖內餡漏到蛋糕模的周圍。

❤ 將楓糖內餡小心地舀入麵糊中央的凹洞。再蓋上剩下的麵糊。將表面抹平，將蛋糕模

送入烤箱，烘烤40分鐘，最好在30分鐘後就用蛋糕測試針測試。

♥ 烤好後（將測試針深入蛋糕體，取出無沾黏，內餡當然會沾黏），不脫模，放在網架上冷卻15分鐘。用小抹刀將邊緣和中央凹洞的邊緣弄鬆，脫模放在網架上。

♥ 蛋糕冷卻後，將1小匙左右的糖粉用小濾茶器篩上。

事先準備

蛋糕可在二天前先烤好。用保鮮膜包緊，儲存在密閉容器內。上菜前再篩上糖粉。

冷凍須知

蛋糕可用雙層保鮮膜和一層鋁箔緊密包覆後，冷凍保存三個月。以室溫隔夜解凍，上菜前再篩上糖粉。

Blueberry cornmeal muffins 藍莓玉米粉馬芬

在周間攪拌麵糊，做出一批馬芬來，理論上完全可行，但實際上就是做不到。不是時間不夠的問題（只需要攪拌成麵糊而已），在烘烤的這20分鐘裡，儘可以用來哀求一個小孩起快起床，同時找出另一個小孩不見的球鞋。問題在於，這股不好的心情也會和藍莓一起浸透入麵糊裡。周間的早晨絕對是十分忙亂的，就算不考慮廚房的工作已是如此，唯一使我們支撐下去的就是規律的作息。改變一點點，都可能會毀了整個系統。

沒錯，我在周末時常有製作煎餅（pancakes）的心情，但做馬芬也行。我的朋友和經紀人艾德·維克多 Ed Victor（他提供了**第458頁**的肉派食譜以及其他生活上的協助）說，他喜歡一早起來先做運動，這樣他一整天都會覺得高人一等、志得意滿。這有點太超過了：我寧願用製作馬芬來達到相同的效果。也許可以當作一種上半身運動吧。

每次當我使用玉米粉（cornmeal）的時候，總感覺自己比較像粉領貴族不過我想這大概是我的廚房美式英語作祟。但是，能夠隨性作樂的時候，就趕緊把握吧，我也建議你如法炮製。我們這種光看著出現在舊時代農舍的一罐玉米粉，或一匙發亮淡金色的粉末，就覺得開心的人，應該被仰慕，而不是被嘲笑（也許兩者皆可）。不過，我在這裡使用玉米粉的原因，可不只是出自城市小孩羨慕鄉村田園風光的心情，玉米粉帶有含蓄的甜味－既健康又有撫慰感，很少有食物兩者兼具呀－看那小藍莓融化成果醬般的汁液，流入這黃金色的粗粉裡。

在**第128頁**我已經大張旗鼓地說明，所以這裡應不需再度重申，但還是忍不住提醒一下：自家烘焙的馬芬，頂部不應過於膨脹。玉米粉的重量，確保了馬芬的頂端保持平坦，但也使這酥脆的表面口感十足，正好對比底部充滿藍莓的鬆軟海綿質地。

像大多數的馬芬一樣，如果趁熱食用，最能享受其美味。

可做出12個

麵粉150g
玉米粉100g
泡打粉2小匙
小蘇打粉 ½ 小匙
細砂糖150g
蔬菜油或其他無味的液體油125ml
白脫鮮奶或原味液狀優格125ml
雞蛋1顆
藍莓100g

12份馬芬模1個

♥ 將烤箱預熱到200℃ /gas mark6。將馬芬模鋪好紙模。

♥ 在大碗裡，混合麵粉、玉米粉、泡打粉、小蘇打粉和糖。

♥ 在量杯或碗裡，倒入油和白脫鮮奶（或優格），加入雞蛋攪拌，或用叉子打散。

♥ 將液狀材料倒入乾粉材料碗裡攪拌－記得馬芬麵糊有顆粒其實是好事－將一半的藍莓輕柔拌入濃稠的黃金色麵糊裡。

♥ 將麵糊平均裝入個別馬芬紙模裡（約三分之二的高度），放上剩下的藍莓。每個馬芬上應有3顆藍莓。

♥ 送入烤箱烤15-20分鐘。直到蛋糕測試針取出不沾黏（如果刺到藍莓當然會有顏色）。不脫模，放在網架上冷卻5分鐘，再將個別馬芬紙模取出，放置在網架上冷卻一下，但不要等太久，接著上桌享用。

事先準備
最好在製作的當天享用，但可在一天前先做好，放入舖了烘焙紙的密閉容器內保存。上菜前，以熱烤箱重新加熱5-8分鐘。在陰涼處可保存二天。

冷凍須知
可放入舖了烘焙紙的密閉容器內，冷凍保存2個月。以室溫放在網架上解凍3-4小時，再依照上述做法重新加熱。

Red velvet cupcakes 紅絲絨杯子蛋糕

我第一次製作這些杯子蛋糕，是應我繼女 Phoebe 的要求，那是多年前的事了，但從此以後，它們 chez moi（在我家裡）－並不是說吃它們的時候一定要說法文啦，實在太受歡迎了，所以我就常常做。這裡的篇幅，不夠我把所有的前因後果都說出來，但是不論它的起源為何，要放入這麼多的食用色素，是需要不少的信念。如果你還沒有準備好，我想我也說服不了你，如果你堅持的話，就使用磨碎的甜菜根當作天然色素吧。

有些食譜說要放6大匙（90ml）的紅色食用色素，但我總是要劃出限度來，而且我偏好用膏狀的食用色素，原因之一用量可以少一點，但仍達到同樣的色度。我也必須警告你，以下標示的紅色食用色素分量，大約就是整整一小罐（tub）。我實在太常做了（不管甚麼季節，我都選擇聖誕紅的顏色），所以終於入手了商業用的大罐裝，也學會備有一雙 CSI 手套（見**第17頁**）。

如果你想要做成一個大蛋糕（不過我不建議你做成像電影鋼木蘭 Steel Magnolias 裡的犰狳蛋糕），像我替女兒 Mimi16歲生日做的那種（對，我也嚇了一跳，好像昨天我才寫下為她4歲生日做的芭比蛋糕），那麼以下食譜的分量，也足夠裝入2個25公分的蛋糕模，也有足夠的糖霜裝飾表面。

說到糖霜，當我為 Mimi 製作時，她特別要我不加奶油起司（cream cheese），只准用奶油做成的糖霜；我替 Phoebe 做的奶油起司糖霜也不道地，杯子蛋糕的傳統糖霜叫做 cooked flour frosting。對，沒錯 ... 現在你是不是慶幸我沒有仔細解釋它們的 fons et origo* ？

*fons et origo 拉丁文的根源之意。

可做出24個

杯子蛋糕材料：

麵粉250g

可可粉，過篩2大匙×15ml

泡打粉2小匙

小蘇打粉 ½ 小匙

軟化的無鹽奶油100g

細砂糖200g

聖誕紅食用色膏1大滿匙×15ml

香草精(vanilla extract)2小匙

雞蛋2顆

白脫鮮奶175ml

蘋果酒醋或其他種類醋1小匙

12份馬芬模2個

♥ 將烤箱預熱到170℃ /gas mark3。將馬芬模鋪上紙模。

♥ 在碗裡混合麵粉、可可粉、泡打粉和小蘇打粉。

♥ 在另一個碗裡，將奶油和糖攪拌到融合(也就是，將兩者攪拌混合直到質地輕盈顏色變淡)，加入食用色素(對，全部)與香草精。

♥ 一邊攪拌，一邊在這亮麗的奶油糊，加入1大匙混合麵粉、1顆雞蛋，再加入一些混合麵粉、另1顆雞蛋，最後加入全部的混合麵粉。

♥ 最後再加入白脫鮮奶和醋攪拌，將這獨特不凡的麵糊均勻分裝到24個紙模裡。烘烤20分鐘，這紅醋栗雪酪色的麵糊，顏色會變得較深，成爲仍濕潤的海綿蛋糕，坦白說，顏色比較接近磚紅色，而非天鵝絨紅。

♥ 放在網架上冷卻，等到完全變冷，再用下一頁的糖霜裝飾。

Buttery cream-cheese frosting 起司奶油霜

如同我先前說過的，你可以全部都用奶油（而非一半奶油、一半奶油起司）來製作表面糖霜。或自由選擇想要的裝飾方式。我喜歡用紅色糖粒（有時稱爲 Red sanding sugar）來暗示它們內部的深色調，以及一些黑巧克力來試圖呈現（但不太成功）優雅感。如果要討好小孩子（我本來就是爲他們做的），我建議撒上一點罐裝巧克力口味的糖粒（sprinkles）。

表面糖霜材料：

糖粉（icing sugar）500g（若使用食物處理機，則不需過篩）

奶油起司（cream cheese）125g

軟化的無鹽奶油 125g

蘋果酒醋或檸檬汁 1 小匙

巧克力口味的糖粒和紅色糖粒，裝飾用

♥ 將糖粉用食物處理機攪打去除結塊。

♥ 混合奶油起司和奶油，繼續攪打混合。倒入蘋果酒醋（或檸檬汁），再度攪打成質地滑順的糖霜。

♥ 用小湯匙或小刮刀，以製作好的糖霜裝飾杯子蛋糕。

♥ 以巧克力口味的糖粒和紅色糖粒或其他自選材料，再加以裝飾。

事先準備

杯子蛋糕可在二天前做好，不上糖霜，放入舖了烘焙紙的密閉容器內保存。糖霜可在一天前做好：蓋上保鮮膜冷藏，使用前 1-2 小時從冰箱取出回復室溫，稍微攪拌後再使用。最好在當天加上糖霜並享用，但加上了糖霜後仍可放在密閉容器內，冷藏保存一天。上桌前先回復室溫。

冷凍須知

杯子蛋糕可放入舖了烘焙紙的密閉容器內，冷凍保存 2 個月。放在網架上，以室溫解凍 3-4 小時。糖霜可另外用密閉容器冷凍保存三個月；放入冰箱隔夜解凍，取出回復室溫，稍微攪拌後再使用。

Gooseberry and elderflower crumble
醋栗和接骨木花酥頂

烤箱裡烘烤著酥頂的時候，就是我在廚房最寧靜安詳的時刻。的確，所有的事物都是相對的，而平靜本不是我的專屬美德。但這緩慢、有規律、將奶油和麵粉摩擦的重複動作－將食指和中指指腹，不斷和相對粗糙的大拇指摩擦－就有平靜人心的效果。更令人感到安心的是，那股舊時代熟悉的周日午餐氣味，預告了甜點的來臨。在我的書裡，沒有壞酥頂，但某些版本的確更爲突出。我追求的是略帶酸味的水果和酥頂入口即化的奶油芳香，之間多汁的對比。這就是說，理想的水果就是大黃－我以前寫過了－和醋栗。這兩者都有資格爭奪后冠，但醋栗大概是名符其實的酥頂女王。

我承認，醋栗看起來幾乎像從異次元來的，具有特殊的嫩綠色，奇酸無比，產季又短，一眨眼就幾乎錯過，正因如此，買得到的時候，我很把握時機加以利用。當然，你也可以把它們冷凍起來－先一顆顆放在烤盤上凍到定型，再裝入冷凍袋綁緊－在一年的其他季節，就可隨心所欲地來進行料理，但還是不一樣（啊，說這句話的人，是會在二月份買進口草莓的）。

所以，請盡管將以下的食譜當作基本藍圖，用喜歡的水果代替醋栗也行，如果需要削皮修切等，儘可加大到1公斤。水果越酸越好，你覺得可以的話，儘管減少糖的用量。這裡的接骨木花露（elderflower cordial）是用來增加香味的－它畢竟是醋栗的傳統搭配材料－如果你用其他水果，我建議你加一點香草精代替。

最後一件事：請不要認爲若不能用雙手親自製作酥頂的表面，就不值得動手。有時候我就是沒有時間或心情，讓雙手待在碗裡5分鐘，這時候我就會取出桌上式電動攪拌機代勞。

8人份

醋栗（gooseberries）850g
細砂糖50g
無鹽奶油1大匙×15ml
接骨木花露（elderflower cordial）1大匙×15ml

表面酥頂材料：
麵粉200g
泡打粉2小匙
冷的無鹽奶油150g，切丁
德梅拉拉（demerara）紅糖100g，外加1大匙撒糖用

直徑約21公分、深6公分（外徑約25公分）的派皿1個

❤ 將烤箱預熱到190℃ /gas mark5。放入一個淺烤盤（baking sheet）或瑞士捲模（swiss roll tin）。

❤ 醋栗去蒂後，放入寬口鍋內，加入細砂糖、1大匙奶油和接骨木花露，以小火加熱5分鐘，不時將鍋子搖晃一下，直到奶油融化，醋栗沾裹上芳香光亮的油脂。

❤ 倒入派皿裡備用，著手製作表面酥頂。

❤ 若用**雙手製作時**，將麵粉和泡打粉放入大碗裡，搖晃或用叉子混合，加入冰冷奶油丁，用指腹輕輕加以摩擦。或者使用電動攪拌機的**槳狀攪拌棒混合**。當形成柔軟粗粒狀的麵粒、帶有豆粒般的較大粗塊即停止。

❤ 加入100g的德梅拉拉（demerara）紅糖，用叉子輕柔攪拌，若使用湯匙或攪拌器，甚至是雙手都會使奶油開始結塊。

❤ 倒在派皿裡的水果上，確保酥頂均勻分布，尤其是內部邊緣。最後果汁仍會溢出，是不可避免的（其實是理想的），但最好事先防範漏溢得太嚴重。

❤ 將剩下的1大匙糖均勻撒在表面上，將烤皿放在預熱的烤盤上，烘烤35-45分鐘，直到表面稍微變色。最好靜置10分鐘後再享用，搭配冰涼的濃稠流動狀鮮奶油（cream）享用。

事先準備

酥頂可在一天前組合好。用保鮮膜覆蓋後冷藏，到需要時再取出。依照食譜進行烘焙，但延長5-10分鐘，並確認中央部位完全烤熟。

冷凍須知

表面酥頂可事先做好，用冷凍袋密封，冷凍保存三個月。取出後可直接撒在水果上，同時用雙手將大粗塊搓開。組合好但尚未烘焙的酥頂，可用雙層保鮮膜再加一層鋁箔緊密包好，冷凍保存三個月。放入冰箱隔夜解凍，再依上方說明進行烘焙。

Devil's food cake 惡魔蛋糕

別管它的名字叫什麼，這個蛋糕是天堂來的美味。內部蛋糕柔軟，內餡和表面糖霜滑順鮮美。有個周五我做了這個蛋糕，我以為孩子（駐家美食批評者兼糟糕食客）會覺得它太深、太濃郁、不夠甜：你知道我的重點。但當我在周六早上下樓時，卻發現一個空空如也、曾沾上巧克力的蛋糕架和一連串蛋糕屑。

你可能會想要用和我相反的順序，先準備表面糖霜，再準備蛋糕。不管如何，請先將食譜從頭到尾看完一遍（應該不用再提醒一次了），心理先有個概念，而且，這裡的糖霜比一般的更柔軟黏膩。在製作的時候不用緊張，巧克力融化以後，麵糊似乎太過濕黏，像閃閃發光的液體塗層，漂亮但不實用。按照指示靜置1小時，就會變得完美能夠塗上了。它不會變乾，但這就是這款蛋糕口感如此滑順豐腴的秘密之一。這種黏膩感，在這裡是好的。

10-12人份

蛋糕材料：

上等可可粉50g，過篩
深黑糖（dark muscovado sugar）100g
滾水250ml
軟化的無鹽奶油125g，外加塗抹的量
細砂糖150g
麵粉225g
泡打粉 ½ 小匙
小蘇打粉 ½ 小匙
香草精2小匙
雞蛋2顆

糖霜材料：

清水125ml
深黑糖30g
無鹽奶油175g，切丁
上等黑巧克力300g，切碎

20公分的淺圓模2個

♥ 將烤箱預熱到180℃ /gas mark4。將淺圓模底部鋪上烘焙紙，周圍抹上奶油。

♥ 將可可粉和100g 黑糖放入碗裡，確保能預留多餘的空間，倒入滾水，攪拌混合，靜置備用。

♥ 將奶油和細砂糖，攪拌混合到顏色變淡質地鬆軟；我覺得用直立式電動攪拌機最簡單，但用雙手攪拌也不會累死。

♥ 同時－如果你用手攪拌，等到你停下來時－在另一個碗裡，加入麵粉、泡打粉和小蘇打粉混合備用。

♥ 將香草精加入攪打好的奶油和糖裡－持續不斷攪拌－加入一顆雞蛋，馬上加入1大匙混合麵粉，再加入另一顆雞蛋。

♥ 一邊不斷攪拌，一邊加入剩下的混合麵粉，最後加入混合可可粉拌入，用刮刀把碗刮乾淨。

♥ 將這完美的巧克力麵糊，分裝到2個淺圓模裡，烘烤30分鐘，直到蛋糕測試針取出不沾黏。從烤箱取出，放在網架上冷卻5-10分鐘，再將蛋糕脫模冷卻。

♥ 但是蛋糕一進入烤箱烘烤的同時，就要準備糖霜。將水、30g 糖和175g 奶油放入鍋裡，用小火融化。

♥ 開始冒泡沸騰時便離火，加入巧克力碎片，將鍋子旋轉搖晃一下，使所有的巧克力都均勻受熱，靜置1分鐘使其融化，再加以攪拌混合到質地滑順充滿光澤。

♥ 靜置1小時，不時攪拌一下－當你剛好經過的時候－等到蛋糕已經冷卻可以加上糖霜了。

♥ 將其中一個冷卻好的蛋糕，翻轉過來底部朝上，放在蛋糕架或盤子上，抹上三分之一的糖霜，放上第二個蛋糕，正常方向，在表面和周圍都用刮刀抹上糖霜。你可以抹成光滑效果，但我從來不這樣做，大概也辦不到。

事先準備
蛋糕層可在一天前烤好，上菜前再組合：用保鮮膜緊密包覆後，放入密閉容器內。加上糖霜的蛋糕可放入密閉容器內，在陰涼處保存2-3天。

冷凍須知
未上糖霜的蛋糕層，可在烘焙當天個別用雙層保鮮膜再加一層鋁箔包好，冷凍保存三個月。以室溫放在網架上解凍3-4小時。

Chocolate chip cookies 巧克力豆餅乾

說來奇怪，我已經寫了七本書（不包括這一本，因爲我還正在寫，不想先說大話，以免倒楣），卻從未收入一道簡單的巧克力餅乾食譜（對，就是最簡單的原味餅乾，裡面含一點巧克力碎片）。我是寫過一道：百分百巧克力巧克力豆餅乾 Totally Chocolate Chocolate Chip Cookie，就是因爲它的成功，使我有信心創造這個食譜。因爲你知道嗎：你以爲原味餅乾，裡面加了一些巧克力豆，應該是很簡單的食譜，但並不是。

步驟不難，但要比例抓得對並不容易。也許是我挑剔，但我心目中（或說對我的嘴巴來說），餅乾若是太乾，就令人失望，若是太濕黏，又像在嚼麵團。它的口感必需帶一點乳脂糖（fudgy）般的濕潤柔軟，但也要有一絲酥脆口感。

我努力地嘗試過了。說不出到底試了幾次。我烤了許多餅乾，也吃了許多，結果呢？不是輕鬆不沾手的工作，但總是有人要做。以下的食譜開心地證明了，我的努力沒有白費。

約可做出14個

柔軟的無鹽奶油150g
淡黑糖125g
細砂糖100g
香草精2小匙
雞蛋1顆，從冰箱取出
蛋黃1顆，從冰箱取出

麵粉300g
小蘇打粉 ½ 小匙
牛奶巧克力豆（choco chips）1包 ×326g

大型烤盤1個

❤ 將烤箱預熱到170℃ /gas mark3。將烤盤鋪上烘焙紙。

❤ 將奶油融化後，稍微冷卻一下。將黑糖和細砂糖倒入碗裡，倒入稍微冷卻的奶油，攪拌混合。

❤ 加入香草精、冷雞蛋、和冷蛋黃攪拌，直到質地滑順而輕盈。

❤ 慢慢加入麵粉和小蘇打粉攪拌，直到剛好充分混合，輕柔拌入（fold in）巧克力豆。

❤ 將麵團舀入美式 ¼ 量杯或60ml的冰淇淋挖杓，再一個一個倒在烘焙紙上成為圓形餅乾，每個保持8公分的間距。必須要分二批做，製作下一批前，將麵團的碗送入冰箱冷藏。

❤ 在預熱的烤箱裡烘烤15-17分鐘，或直到邊緣稍微烤成褐色。在烤盤裡靜置5分鐘，再取出移到網架上冷卻。

事先準備
餅乾可在三天前做好，儲存在密閉容器內。共可保存五天。

冷凍須知
烤好的餅乾可放入密閉容器或冷凍袋內，冷凍保存三個月。以室溫解凍2-3小時。未經烘烤的麵團，可舀到舖了烘焙紙的烤盤上，冷凍到變硬，再移到冷凍袋裡，可冷凍保存三個月。從冷凍庫取出後，可依照食譜直接烘焙，但烘焙時間要延長2-3分鐘。

多出來的蛋白，也可冷凍起來（裝入冷凍袋，貼上標籤，可冷凍三個月），下次做成蛋白餅（**見262頁**）。在解凍後的24小時之內使用完畢。

Baked egg custard 烤布丁

有些香味，眞的會讓我感激得快要流下眼淚。當這款烤布丁，慢慢地在烤箱裡烘焙時，整間屋子充滿了肉豆蔻粉和香草的味道，像育嬰室的氣味－香甜的雞蛋香味，能夠立即帶給人一種輕盈的舒適感。

嚐起來有這種味道的食物－如同理想的童年，一路順遂，充滿了支持我們的力量－應該要有簡單的做法，這裡的食譜就是。裡面有兩個步驟可能會讓你猶豫一下，不是因爲有多難，而是你可能以爲－錯誤地－可以省略。我說的是，將雞蛋、糖、和混合牛奶過濾到烤皿裡，還有將烤皿進行隔水蒸烤。千萬不要想省略任何一個步驟，因爲正是這個作法，才能賦予布丁入口即化的柔軟度。

我覺得用直徑約爲17公分小烤皿效果最好，但我知道這不是標準尺寸。你可以用稍大的烤皿（直徑22公分），做出的烤布丁會較淺，並且比以下的烘焙時間少半小時。我不能保證這個版本會一樣美味，但值得試試看，對讀者和食客都是如此。

最後一點：我說需要568ml的全脂鮮奶（不要想替換成低脂的），因爲這是英國舊時代1品脫鮮奶的容量。如果你家裡的包裝是1公升，就量出600ml，我也用過500ml一樣很成功 ...

4人份，*或貪心的2人份，趁熱吃一半，冷了再吃另一半*

奶油，塗抹用
全脂鮮奶568ml（或1品脫）
雞蛋4顆
細砂糖50g

香草精2小匙
現磨肉豆蔻粉（nutmeg）

尺寸約爲17×6公分的圓形耐熱烤皿1個

♥ 將烤箱預熱到140℃ /gas mark1。將圓形烤皿抹上奶油。將鮮奶倒入平底深鍋內，加熱到變熱但未沸騰。或者倒入量杯裡，用微波爐加熱。

♥ 在足夠容納鮮奶的碗裡，攪拌混合雞蛋、糖和香草精。一邊攪拌，一邊加入熱鮮奶。

♥ 將烤皿放在烤盤裡，進行隔水蒸烤（bain marie，見下一個步驟）。將混合好的奶蛋液用過濾器（sieve）過濾倒入烤皿裡，磨上足量的肉豆蔻粉。

❤ 在烤盤裡注入剛煮滾的水，到烤皿的一半高度。小心地（不要溢出）將烤盤連同烤皿送入烤箱，烘烤 1½ 小時。布丁應剛好凝固定型。取出後，將烤皿從烤盤取出冷卻一下，再食用。我覺得溫熱但非滾燙的布丁，最爲誘人，我也喜歡冷食，搭配一些覆盆子，但不要放入冰箱，否則就毀了（對我而言）。

Coffee toffee meringues 咖啡太妃糖蛋白餅

很難相信，僅僅是蛋白和糖，就能做出蛋白餅這麼美妙的東西。似乎很不可思議，但我不擅長解釋食物中的化學作用。我擅長的是吃－滿心歡喜地沉浸在這美妙的口感對比中：外層酥脆，內部仍帶點濕潤鬆軟。原味蛋白餅，只搭配一些微酸莓果和一大杓稍微打發的鮮奶油，就很難有其他與之匹敵的美味了，但這並不是說我們不該嘗試。

這裡的咖啡太妃糖配料，幾乎是渾然天成，它的發音和兩者搭配的口味，都帶給我極大的愉悅，藉由蛋白餅的媒介，達成相融和諧的完美。我在蛋白霜裡，加了一點黑糖，一方面使其口味圓融，一方面更加深呂宋紙色調，太妃糖漿也更濃郁。不要加太多糖漿：只要澆一點點就夠了。雖然蛋白餅很甜，但咖啡味使之得到平衡，因此能夠容許太妃糖醬汁的添加。

你不需要在糖漿裡加入利口酒，或是在淡色的蛋白餅上撒榛果碎粒，但這兩個動作都令我覺得更趨完美。

可做出8-10個

蛋白餅材料：
細砂糖200g
柔軟淡黑糖50g
即溶濃縮咖啡2小匙
塔塔粉（cream of tartar）少許
蛋白4顆
烘烤過的碎榛果100g，表面裝飾用（可省略）

太妃糖漿材料：
奶油1大匙×15ml
金黃糖漿75g
柔軟淡黑糖25g
濃縮鮮奶油60ml
榛果利口酒（Frangelico hazelnut liqueur）2小匙（可省略）

內餡材料：
濃縮鮮奶油（double cream）600ml

大烤盤（baking sheet）1個

❤ 先製作蛋白餅：將烤箱預熱到140℃/gas mark1。在碗裡混合200g細砂糖、50g淡黑糖、即溶咖啡粉和塔塔粉，靜置備用。

♥ 將蛋白放入無油的碗裡攪拌（純粹主義者說用青銅材質，但我用不鏽鋼的），打發到開始形成軟立體（soft peaks）。

♥ 開始加入混合好的糖粉，同時不斷繼續攪拌，一次加1大匙，直到蛋白霜濃郁有光澤，像生蠔絲稠般的光澤。

♥ 在烤盤鋪上烘焙紙或烤盤墊（Bake-O-Glide），用湯匙舀上數匙蛋白霜（約2大匙甜點匙），做出直徑6公分的圓形蛋白霜，將頂端塑型得高一點，增加口感；可以做出8-10個蛋白霜。

♥ 在每個蛋白霜撒上 ½ 小匙的榛果粒，剩下的備用。

♥ 送入預熱好的烤箱，烘烤45分鐘，蛋白餅的外表應已變乾，但中央仍濕潤未定型。從烤箱取出，但留在烤盤上。

♥ 製作太妃糖漿：用小火融化鍋裡的奶油、金黃糖漿和淡黑糖。不時輕微搖晃鍋子（切勿攪拌），加熱到沸騰後，續煮2分鐘。

♥ 離火，加入60ml的濃縮鮮奶油和利口酒（要用的話）攪拌，倒入小耐熱量杯中（不超過150ml），待其冷卻。

♥ 準備組合蛋白餅時，將60ml的濃縮鮮奶油打發成質地變濃稠但不到硬的程度。將蛋白餅的頂端弄破一角，稍微分開，舀入一勺鮮奶油。澆上一點糖漿，再撒上一點榛果碎粒。

事先準備
蛋白餅可在一天前做好，放入密閉容器內保存。糖漿可在一天前做好：放入碗裡冷藏或直接用保鮮膜覆蓋。要用前的1-2小時從冰箱取出，回復室溫。

Swedish summer cake 瑞典夏日蛋糕

我的貪婪不只侷限在享用美食而已。我還喜歡看相關的書籍…等。我的食譜書收藏已將近4000本了，由此你可稍微瞭解我有多瘋狂。不只如此，除了我不得不購買的書籍以外－一旦明瞭自己算是有些收藏，就很難找藉口不繼續增加－還有我從雜誌撕下的文章，以及在朋友家用餐潦草記下的筆記。其中我最珍藏的，就是別人給我他們家族裡代代相傳的私房食譜。我說"給"，但其實應該坦白地說，是我不斷囉嗦脅迫的結果，尤其當我相信他們的食譜對我意義重大。

十八、九歲左右，我在義大利住了一陣子，因此開啓了我對義大利烹飪的終生熱愛；同樣的，在我八到十二歲時，我們總是在北歐度暑假，因此也使我對當地食物，有一種很深的懷舊情感。我對 Anna Engbrink 提過一次，(她在我常去的倫敦餐廳 Scott's 工作)，她就告訴我她祖母的烹飪故事。每個禮拜，我都不斷地騷擾她，要她給我她祖母的蛋糕食譜(那是全北歐在慶祝仲夏日時會做的節日蛋糕)，終於在歷經無數懇求之後，獲得這個食譜。其實，和這裡寫出來的食譜有些微出入。

Anna 的祖母，不令人意外地，是瑞典人，但多年前我度暑假、享受大片藍天的地方是挪威，所以我根據直覺，稍微將它修改成更接近我記憶中挪威仲夏日 Bløtkake 的版本。Bløtkake 就是 wet cake(濕蛋糕)，我的卡士達比 Anna 祖母(或其他的瑞典人)更濕潤，是我比較喜歡的版本，做起來也更快而省事。

這裡的食譜並不難，但我承認組合的步驟有些瑣碎，至少看起來會給人這樣的感覺。有多道程序的食譜就有這樣的問題，雖然每道程序本身並不費力。這道食譜的不同部份－蛋糕、卡士達、組合等－都有個別的材料清單，方便你著手製作。但爲了便於採購，我建議你把這三個部分都看過一次，再記下要採買的東西。

當我看到 Anna 給我的食譜時，令我最感動的是附註裡提到，我的祖母在製作蛋糕底層的同時，總是要我們到花園裡摘新鮮的草莓。我知道，是很 Elvira Madigan*，但不只如此，這也讓我想起了，我們在挪威度假時，總是會去屋子後方的樹林裡摘藍莓當作早餐。

不用擔心，如果你像我一樣，花園裡沒有草莓(其實是連花園都沒有)，這個蛋糕還是會將北歐夏日的甜美氣息吹進你的廚房。

*Elvira Madigan 知名瑞典唯美經典電影。

蛋糕可切成8-10大片

VANILLA CUSTARD 香草卡士達

香草卡士達

我在做蛋糕前一天，先把這個卡士達做好，因爲把一項工程細分成小項目來做，壓力比較沒那麼大，而且卡士達也需要時間完全冷卻。不管你何時動手，它的製作時間只需5分鐘，所以並不麻煩（但冷卻時間需要3小時）。

如果你像我一樣討厭浪費，可以將蛋白放入冷凍袋標示好（寫上蛋白數目，以免忘記），可冷凍保存三個月，下次要做蛋白餅時，可放入冰箱隔夜解凍，在24小時內使用（心血來潮或有特殊場合時，可做出一半份量－即4或5個**第262頁**的咖啡太妃糖蛋白餅 Coffee Toffee Meringues）。

蛋黃2顆
細砂糖2大匙×15ml
太白粉或馬鈴薯澱粉2小匙
全脂鮮奶250ml
香草莢½根或香草精1小匙

❤ 若使用香草莢，將所有材料放入鍋裡，以小－中火加熱，同時不斷攪拌，直到開始變濃稠。不要沸騰。若像我一樣常用的是香草精，就將香草精以外的所有材料，依同樣的作法處理。

❤ 開始變濃稠時－用中火約需3分鐘，小火約不到5分鐘－離火。取出香草莢（使用的話）。

❤ 倒入碗裡（不要溫熱過的），加入香草精攪拌混合（使用的話），繼續攪拌使其冷卻，用保鮮膜覆蓋－要觸碰到表面－以免變冷後形成薄膜。或將烘焙紙沾濕，直接放在卡士達表面。

CAKE
蛋糕

蛋糕

有機器的幫忙會省事很多，不論是直立式或手持式電動攪拌器都可以。不過既然這個食譜在這些機器發明之前就存在了，當然也可以只靠攪拌器和腕力。

雞蛋3顆
細砂糖250g
剛煮滾的熱水90ml
泡打粉1½小匙
麵粉150g
奶油，塗抹用

直徑23公分活動蛋糕模，或其他圓形蛋糕模1個

❤ 將烤箱預熱到180℃ /gas mark4。將蛋糕模底部鋪上烘焙紙，周圍抹上奶油。

❤ 將雞蛋和糖攪拌到顏色變淡、質地蓬鬆，膨脹到原來的兩倍，一邊加入熱水，一邊輕柔地攪拌。

❤ 在另一個碗裡，混合麵粉和泡打粉，慢慢地一邊攪拌，一邊加入蛋糊裡，確認不要有結塊，中間可能需要暫停一兩次將碗壁上的麵粉刮下來。

❤ 倒入準備好的蛋糕模裡，將碗裡的麵糊刮乾淨，送入預熱好的烤箱，烤30分鐘，直到轉成金黃色並充分膨脹，蛋糕測試針取出不沾黏。

❤ 不脫模，將蛋糕放在網架上冷卻5-10分鐘，再小心地脫模後，繼續在網架上冷卻。

ASSEMBLY
組合

組合蛋糕

如果你像我一樣手拙不靈巧，這就是最難的部分。另一方面，這種笨拙通常容易隱藏，也增添一種樸拙的魅力。我們現在必須保持積極樂觀的態度。重點是：如果你不擅刀工，或雙手不易保持穩定，那麼將這個蛋糕水平切割成三等份，可能有點難度。別擔心，你可以看到在上一頁的圖片裡，我把其中一層蛋糕弄破了，但是放上莓果和卡士達鮮奶油後，幾乎看不出來，也許蛋糕有一點傾斜，所以卡士達往某個角度漏得特別多。但我就喜歡這樣，我本來就不想做出看起來整齊精美的蛋糕，所以正好。

上等草莓750g
細砂糖2-3小匙，依莓果的甜度而定
濃縮鮮奶油（double cream）500ml
香草精2小匙

❤ 將250g草莓放置一旁備用，準備剩下的500g。去蒂切半（大型草莓切成4等份），放入碗裡。撒入糖－份量依草莓的甜度而定－搖晃一下，靜置到草莓形成光澤：10分鐘可以，但放1小時會使草莓更多汁更有光澤。

❤ 將濃縮鮮奶油打發到形成立體，拉起攪拌器後立體仍定型。

❤ 將三分之一的打發鮮奶油，拌入完全冷卻的香草卡士達（見上一頁）。

❤ 當蛋糕也完全冷卻後，舉起刀子，勇敢地將蛋糕水平切割成三等分。就算你只想切成二片，也不是世界末日。

❤ 將其中一層放在蛋糕架或上菜的大盤子上，放上一半的卡士達鮮奶油，再擺放上一半的光亮草莓，周圍要比中央多一點。放上第二層蛋糕，重複這樣的步驟，繼續放上卡士達鮮奶油和草莓。

❤ 放上第三層蛋糕，並加上剩餘的卡士達鮮奶油。依照自己喜歡的方式，裝飾預留的250g草莓。我通常會將大部分去蒂，其中一些切半，留幾個完整的隨意裝飾。

事先製作
卡士達可在一天前做好，冷卻後立即冷藏。草莓可在一天前切好，放入碗裡，用保鮮膜覆蓋冷藏。上菜前1小時從冰箱取出，撒上糖。

冷凍須知
未經裝飾的蛋糕分層，可在烘焙當天進行冷凍，可保存1個月。將蛋糕分切後，在每一層中間鋪上圓形烘焙紙，再重新組合。將蛋糕用雙層保鮮膜再加一層鋁箔包覆好。放在網架上以室溫解凍3-4小時，當天使用。

Marmalade pudding cake 柑橘果醬布丁蛋糕

這，眞的是很漂亮的甜點。我不是說它的外表有多突出，正好相反，它的外觀有一點拘謹端莊，而內部的口味卻能神奇地溫暖人心。這款輕鬆的周日午餐甜點，體現了廚房裡食物的眞諦。我很樂意將甜點外表修飾得精細完美的工作，交給專業廚師和糕點師傅，當我想要吃這樣的蛋糕時，直接去餐廳就行了。這樣，每個人都開心。

我不想把這個柳橙果醬布丁蛋糕形容得太詳細－它的質地如清蒸海綿蛋糕般輕盈－因爲這樣似乎不太有格調。我很喜歡厚切（thick-shred）柳橙果醬的微苦風味，所以通常會用符合這種口味的黃褐色版本，如果這樣的選擇對你來說味道太重，你儘可以用細切（fine-shred）的版本。

6-8人份

軟化的無鹽奶油250g，外加塗抹用
細砂糖75g
淡黑糖75g
柑橘果醬（marmalade）150g，外加75g做表面亮面（glaze）
麵粉225g
小蘇打粉 ½ 小匙
泡打粉1小匙
雞蛋4顆
磨碎的柳橙果皮和果汁1顆（預留 ½ 顆柳橙汁的量做亮面使用）

24公分的正方形玻璃皿 Pyrex 或其他耐熱皿

❤ 將烤箱預熱到180℃ /gas mark4。在烤皿抹上奶油。

❤ 將75g的果醬和 ½ 顆柳橙汁，在小鍋子裡混合成亮面材料，靜置一旁備用。

❤ 將製作甜點麵糊其他的所有材料，放入食物處理機內打碎，倒入抹好奶油的烤皿中，將殘餘的麵糊刮乾淨，將表面抹平。如果不用食物處理機，用雙手或直立式電動攪拌機，將奶油和糖攪拌到融合（也就是，將兩者攪拌混合直到質地輕盈顏色變淡），再加入果醬攪拌，之後加入乾燥材料，加入雞蛋，最後加入柳橙果皮和果汁。

❤ 放入烤箱，烘烤40分鐘－經過半小時後便開始檢查熟度－蛋糕應已膨脹，測試針取出不太沾黏。從烤箱取出但不脫模。

♥ 用鍋子加熱亮面材料直到融化，均勻鋪在蛋糕表面，讓柳橙果皮成爲這風華內斂蛋糕的唯一裝飾。蛋糕的柳橙香氣和熱度會保持一陣子，所以你可以在坐下來享用主餐前，就先將蛋糕做好。

♥ 用大湯匙或蛋糕鏟（或兩者都用）上菜，將一量杯的卡士達或鮮奶油端上桌，一起搭配享用。

Make leftovers right 剩菜做得對

*我強烈建議你不要把蛋糕全部吃完，留下一點等冷卻後，馬上包好送入冷凍（放入密閉容器內可保存1個月），直到你需要爲晚餐宴會準備一個省事的甜點。你只需要（見**第171頁**參照精確份量和詳細步驟）以室溫解凍3-4小時，放幾片蛋糕在盤子上，澆上柳橙汁和利口酒，再放上黑莓，撒上磨碎的柳橙果皮。*

不過，我承認是很難克制自己，將剩下的蛋糕（用保鮮膜包好，可冷藏保存二天）重新加熱或直接冷食獨享。

Lemon polenta cake 檸檬玉米粉蛋糕

無麥麩

這款蛋糕可說是英格蘭和義大利的聯姻。扁平的外表，令人想起義大利糕點鋪櫥窗裡，擺放成幾何形狀的小甜食；口感濕黏帶一點刺激酸味，正像英格蘭人最愛的茶點點心－檸檬糖霜蛋糕 Lemon drizzle cake。這是理想的結合：我愛所有的義大利食物，只除了一樣：我覺得他們的蛋糕太乾又太甜了。這道食譜裡玉米粉的香甜口感，和杏仁粉的濃郁滑順，比普通麵粉更能呈現出細緻的滋潤。

不只如此。不知怎麼的，裡面的檸檬，更突顯出蛋糕的雞蛋奶油濃郁風味，雖然濃郁，但又清新。如果你試著想像一下檸檬凝乳（lemon curd）做成蛋糕是甚麼滋味，大概就和這個成品相去不遠了。

雖然我會很開心地直接把這一片片蛋糕，吃相難看地塞進嘴裡，任由那些濕潤的小碎塊掉滿地，但它最好是用刀叉來享用（至少在有伴的時候）。無論如何，它都有資格成為令人滿足的佐茶點心，或是晚餐聚會後的美味甜點。

可切成16片*（但我不認為每個人只會吃一片 ...）*

蛋糕材料：

柔軟無鹽奶油200g，外加塗抹用

細砂糖200g

杏仁粉200g

細粒玉米粉（fine polenta/cornmeal）100g

泡打粉1½ 小匙（需要的話可使用無麥麩的）

雞蛋3顆

檸檬果皮2顆（擠出果汁準備製作糖漿）

糖漿材料：

檸檬果汁2顆（見上方）

細砂糖125g

直徑23公分活動蛋糕模或其他圓形蛋糕模1個

♥ 在蛋糕模的底部鋪上烘焙紙，周圍稍微抹上一點奶油。將烤箱預熱到180℃/gas mark4。

♥ 用雙手和木匙，或電動攪拌機，將奶油和糖一起攪拌到顏色變淡，質感變蓬鬆。

♥ 混合杏仁粉、玉米粉和泡打粉，取出一些加入打發的奶油裡攪拌，再加入一顆雞蛋，接著再輪流加入部分的混合杏仁粉和剩下的雞蛋，直到用完，中間仍持續不斷攪拌。

♥ 最後加入檸檬果皮攪拌，倒入（或用湯匙刮下）準備好的蛋糕模裡，送入烤箱烤約40分鐘。蛋糕可能看起來未完全變硬，但蛋糕烤熟的話，測試針取出應不沾黏，蛋糕邊緣也略爲和蛋糕模分離。從烤箱取出後，不脫模，放在網架上冷卻。

♥ 製作糖漿。用小型平底深鍋，將檸檬汁和細砂糖加熱到沸騰。等到細砂糖完全溶解即可。用蛋糕測試針（金屬籤會摧毀整個蛋糕）在蛋糕表面均勻刺洞。澆上熱糖漿，等到冷卻後再脫模。

事先準備
蛋糕可在三天前先做好，存放在密閉容器內，置於陰涼處。共可保存5-6天。

冷凍須知
蛋糕冷卻後，可連同外圍的烘焙紙，用雙層保鮮膜加一層鋁箔包緊，可冷凍保存1個月。以室溫解凍3-4小時。

Coffee and walnut layer cake 咖啡和核桃夾層蛋糕

我的祖母、外婆，以及我自己的媽媽，都不擅烘焙，但這卻是我童年常吃的蛋糕。當我還是小女孩的時候，會在每年妹妹生日時，爲她做這個蛋糕，賣力地用木匙在攪拌盆裡費力攪打。現在我用的則是簡化版本：全部交給食物處理機搞定。

我小時候製作享用的蛋糕，是牛奶咖啡而非濃縮咖啡的口味，但現在這個版本，我毫不考慮小孩的問題，儘管做得濃烈。如果你有所顧忌，或是對香甜的童年滋味仍有偏好，盡管將4小匙的濃縮咖啡粉，換成2小匙的即溶咖啡，以1大匙滾水來溶解。

可切成8大片

海綿蛋糕材料：

剝半的核桃50g
細砂糖225g
軟化的奶油225g，外加塗抹的量
麵粉200g
即溶濃縮咖啡粉4小匙
泡打粉2½ 小匙
小蘇打粉 ½ 小匙
雞蛋4顆
牛奶1-2大匙 ×15ml

奶油霜材料：

糖粉350g
軟化的奶油175g
即溶濃縮咖啡粉2½ 小匙，以滾水1大匙 ×15ml溶解
剝半的核桃25g，裝飾用

20公分直徑的淺圓模（sandwich tins）×2個

❤ 將烤箱預熱到180℃ /gas mark4。在2個淺圓模上抹上油，底部鋪上烘焙紙。

♥ 將核桃和糖放入**食物處理機**內，打碎成粉末，加入225g的奶油、麵粉、4小匙濃縮咖啡粉、泡打粉、小蘇打粉和雞蛋，攪打成質地滑順的麵糊。一邊攪打，一邊加入牛奶稍微稀釋，麵糊應成柔軟垂落的質地，需要的話，可再多加一點牛奶。（**若用雙手製作**，將核桃用擀麵棍壓碎，和乾燥材料混合，將奶油和糖攪拌到融合（也就是，將兩者攪拌混合直到質地輕盈顏色變淡），輪流加入一些乾燥材料和雞蛋混合攪拌，最後再加入鮮奶。）

♥ 將麵糊分盛到2個鋪上烘焙紙的淺圓模內，送入烤箱烤25分鐘，或直到海綿膨脹，摸起來有彈性。

♥ 不脫模，將蛋糕放在網架上冷卻約10分鐘，再脫模放在網架上，並除去烘焙紙。

♥ 海綿蛋糕冷卻後，可開始製作奶油霜（buttercream）。將糖粉放在**食物處理機**裡攪打到無粗塊，加入奶油攪打成質地滑順的霜狀。

♥ 用1大匙的滾水溶解即溶濃縮咖啡粉。趁熱加入食物處理機內，和奶油霜攪拌混合。

♥ 若用**雙手**製作，將糖粉過篩後加入奶油內，用木匙攪拌混合。再加入熱咖啡混合。

♥ 將1塊海綿蛋糕翻轉過來，放在蛋糕架或上菜的大盤子上，抹上一半的奶油霜，放上第2塊海綿蛋糕，正面朝上（也就是兩片海綿蛋糕的平面在中間會合），最後在表面用圓圈漩渦狀抹上剩下的奶油霜。這蛋糕的特色，就是質樸的鄉村傳統風情，所以不用做得太精緻：奶油霜的表面一點都不重要。同樣地，請你也不用擔心周圍可能溢出的奶油霜：這正是它引人垂涎之處。

♥ 在表面邊緣處，小心地壓上一圈剝半的核桃，每顆間隔約1公分。

事先準備

這款蛋糕可在一天前烤好，上菜前再組合。將海綿蛋糕層用保鮮膜包緊，存放在密閉容器內。奶油霜可在一天前做好，用保鮮膜蓋好冷藏。使用前1-2小時從冰箱取出回復室溫，再稍加打發即可使用。未加奶油霜的蛋糕應存放在密閉容器內，置於陰涼處可保存2-3天。

冷凍須知

未加奶油霜的蛋糕層，在烘烤當天可加以冷凍。每片先用雙層保鮮膜再加一層鋁箔包緊，可冷凍保存三個月。放在網架上，以室溫解凍3-4小時。奶油霜可分別置於密閉容器內，冷凍保存三個月。放入冰箱隔夜解凍，接著在回復室溫後，稍微打發即可使用。

Venetian carrot cake 威尼斯胡蘿蔔蛋糕

無麥麩&牛奶

我以前總以爲，胡蘿蔔蛋糕是美國人的發明，後來才知道，原始版本來自威尼斯猶太區的猶太人。

這裡的版本嬌小許多，不似美國的巨大尺寸，及其濃郁甜膩的奶油起司（cream cheese）內餡與表面裝飾。雖然外表不起眼（除了那燦爛的金黃色以外），卻驚人地美味。另一個優點是，適合對牛奶和麥麩過敏的人。當初我拿到的食譜就不含牛奶，我想可以用杏仁粉來取代麵粉，使避麥麩唯恐不及的人也開心享用，不過最主要的考量還是，我自己覺得這樣的口味更好。

對美式版本裡表層的奶油起司糖霜致意，我刻意安排了義大利風味的柔軟馬斯卡邦蘭姆酒奶油霜來搭配，不過，大概只有那些具有輕鬆飲食態度的人，才樂意在一片濕潤易碎的蛋糕旁，舀上幾瓢。

8-10人份

胡蘿蔔蛋糕材料：

烘烤過的松子3大匙 ×15ml
中型胡蘿蔔2根（約200-250g）
桑塔納葡萄乾（golden sultanas）75g
蘭姆酒60ml
細砂糖150g
一般橄欖油125ml，外加塗抹的量
香草精1小匙
雞蛋3顆
杏仁粉250g
肉豆蔻粉（nutmeg）½ 小匙
磨碎的檸檬果皮和果汁 ½ 顆

馬斯卡邦奶油霜材料（可省略）：

馬斯卡邦起司（mascarpone）250g
糖粉2小匙
蘭姆酒2大匙 ×15ml

直徑23公分的活動蛋糕模或其他圓形蛋糕模1個

❤ 將烤箱預熱到180℃ /gas mark4。將蛋糕模的底部鋪上可重複使用的不沾矽膠紙（見**第14頁**）或烘焙紙，在周圍抹上橄欖油。將松子用平底鍋乾烘一下，只靠烤箱無法將松子烤到上色。

❤ 將胡蘿蔔用食物處理機（最方便）或粗孔研磨盒磨碎（grate），用雙層廚房紙巾包起來，以吸收多餘水分。

- 將葡萄乾和蘭姆酒一起放入小型平底深鍋內，加熱到沸騰，轉成小火，加熱3分鐘。
- 將糖和油攪拌混合－我用電動攪拌機，但用雙手來攪拌也不會太累－直到變得輕盈滑順。
- 將香草精和雞蛋攪拌混合，輕柔拌入杏仁粉、肉豆蔻、胡蘿蔔、葡萄乾（與表面沾浸上的蘭姆酒），最後再拌入檸檬果皮和果汁。
- 將麵糊刮入準備好的蛋糕模內，用橡膠刮刀將表面抹平。蛋糕模裡的麵糊不會太高。
- 撒上烘烤過的松子，送入烤箱烘烤30-40分鐘，直到表面膨脹呈金黃色，蛋糕測試針抽出後雖然有些沾黏但大致上乾淨。
- 從烤箱取出後，不脫模，放在網架上冷卻10分鐘再鬆開，繼續冷卻。
- 將蛋糕完全脫模，移到上菜的大盤子上；將馬斯卡邦起司和糖粉與蘭姆酒放在碗裡混合，附上湯匙，供想要的人取用。

事先準備
蛋糕可在三天前做好。用保鮮膜緊密包覆，放入密閉容器內保存，並置於陰涼處。共可保存5-6天。

冷凍須知
蛋糕可用雙層保鮮膜再加一層鋁箔小心地包好（連同底部的蛋糕模會比較好處理），冷凍保存三個月。以室溫隔夜解凍。

Flourless chocolate lime cake *with margarita cream* 無麵粉巧克力萊姆蛋糕

無麥麩

不含麵粉的巧克力蛋糕，就是這麼容易讓人一口接一口。有朋友來共度晚餐時，這就是我的常備甜點。

8-10人份

黑巧克力150g，切碎
軟化的無鹽奶油150g，外加塗抹用
雞蛋6顆
細砂糖250g
杏仁粉100g
上等可可粉4小匙，過篩
磨碎的萊姆果皮和果汁1顆
糖粉，撒糖用（可省略）

直徑23公分的活動蛋糕模，或其他圓形蛋糕模 ×1

❤ 將烤箱預熱到180℃ /gas mark4。將蛋糕模的底部鋪上烘焙紙，周圍抹上奶油。

❤ 將巧克力和奶油裝入耐熱碗中，懸在一鍋慢滾的熱水上方，慢慢攪拌融化，或使用微波爐（依照製造商的使用說明），接著放置一旁稍微冷卻備用。

❤ 將雞蛋和糖一起打發成原來體積的3倍，顏色變淡質感輕盈。我使用桌上型電動攪拌機，但手持式電動攪拌機也很好用；使用雙手顯然也是可行，但需要耐力和肌肉。

❤ 混合杏仁粉和可可粉，輕柔拌入打發的雞蛋內，再拌入稍微冷卻的巧克力。最後再拌入萊姆果皮和果汁。

❤ 將麵糊倒入準備好的蛋糕模哩，刮乾淨，送入預熱好的烤箱，烘烤40-45分鐘（過35分鐘後便開始檢查熟度）；蛋糕的表面應已凝固定型，但底下仍帶點流動感。

❤ 從烤箱取出後，不脫模，放在網架上冷卻。一旦熱氣散去，便蓋上一條乾淨的廚房布巾，避免表面變硬（雖然表面最後一定會凹陷產生裂紋，但我不要它的口感變得酥脆）。

❤ 冷卻後脫模，想要的話撒上糖粉，搭配下一頁的瑪格麗特鮮奶油上桌。

事先準備
蛋糕可在三天前先做好，放入密閉容器內，置於陰涼處保存。上菜前再撒上糖粉。

冷凍須知
蛋糕可用雙層保鮮膜再加上一層鋁箔（連同底部的蛋糕模較容易），緊密包覆後冷凍保存1個月。以室溫（不能太熱）隔夜解凍，享用前篩上糖粉。

Margarita cream 瑪格莉特鮮奶油

我愛極了這款鮮奶油裡的酸甜萊姆味。雖然和蛋糕裡的萊姆味相呼應，它的質地也是很好的襯托：輕盈的刺激酸味，對應著濃郁的黑巧克力。

萊姆汁60ml（2-3顆萊姆）或使用萊姆汁罐（見第17頁的廚房機密檔案）
龍舌蘭酒（tequila）1大匙×15ml
柳橙利口酒（triple sec或君度Cointreau）1大匙×15ml
糖粉75g
濃縮鮮奶油（double cream）250ml

♥ 在容量足夠的碗裡，將萊姆汁、龍舌蘭酒和柳橙利口酒攪拌混合。接著加入糖粉攪拌，使其溶解在這酸而濃郁的液體中。

♥ 緩緩加入濃縮鮮奶油攪拌，繼續攪拌到產生泡沫，質地變得輕盈。搭配上一頁的巧克力萊姆蛋糕享用（在其他時候，也可盛裝在小玻璃杯裡像乳酒凍一樣直接吃，也不會有人阻止你）。

Buttermilk scones 白脫鮮奶司康

去年夏天，我放棄出國度假，選擇在英格蘭康瓦爾 Cornwall 租個小屋，只有一天太陽露出笑臉，其他的日子都是風雨交加，我喜歡得不得了。窗外可以看到鯖魚色的海翻騰不已，我待在屋子裡，生著熊熊烈火，以當地生產的脂肪，也就是凝脂奶油（clotted cream），維生。

司康，自然是最適合用來享用凝脂奶油的食物，另一個則是糖蜜塔點（treacle tart，見**第301頁**的食譜）。這道食譜裡用了白脫鮮奶，不僅增添一絲刺激酸味，特別適合搭配塗上的果醬和鮮奶油，也使口感更綿密、入口即化。

這些司康看起來也許像長了橘皮組織（我敢說，如果我們吃太多一定會這樣），但道地的司康不應該像市售的版本一樣，外表光滑紮實，你真的應該親自動手做做看。只要做了第一批，你就會發現它的程序是這麼簡單。事實上，從開始動手製作到烘焙完成，從頭到尾不會超過20分鐘。這麼快速，所以我不覺得需要事先烤好，但我喜歡一次做多一點－這道食譜可做出18個－然後將其中一些冷凍起來，以備日後需要時，能夠快速端出一桌英式下午茶。

可做出17-18個

麵粉500g
小蘇打粉2小匙
塔塔粉（cream of tartar）2小匙
細砂糖2小匙
無鹽奶油50g
柔軟酥油（shortening）25g

白脫鮮奶（buttermilk）300ml
雞蛋1顆，打散，刷蛋汁用（可省略）

大型烤盤1個
6公分直徑的司康壓模1個

♥ 將烤箱預熱到220℃ /gas mark7。將大型烤盤鋪上烘焙紙。將麵粉倒入碗裡，混合小蘇打粉、塔塔粉和糖。

♥ 將奶油和酥油切碎，加入麵粉裡。

♥ 將酥油和麵粉相摩擦－或剛好混合－然後倒入白脫鮮奶，製作成麵團。

♥ 在工作台撒上手粉，將麵團整成厚約4公分的圓形餅狀，然後用司康壓模切出直徑6公分的司康（我做出來的高度都不一致，因爲我用手整形麵團時，不會太在意它的形狀）。

♥ 將司康放在舖了烘焙紙的烤盤上（不會有太多間距），刷上蛋汁使表面呈金黃色（並非必要）。烘烤12分鐘，司康的底部應已變乾，拿起來覺得輕盈。取出放在網架上冷卻，搭配凝脂奶油和什錦莓果果醬（見下一頁）上桌。

事先準備

司康在製作當天享用最爲美味，但隔天亦可用預熱150℃/gas mark2的烤箱，重新加熱5-10分鐘。

冷凍須知

烤好的司康可放入密閉容器或冷凍袋裡，冷凍保存1個月。以室溫解凍1小時，再依照上述方法重新加熱。未經烘烤的司康，可放在舖了烘焙紙的烤盤上，加以冷凍到定型，再移到冷凍袋裡，可冷凍保存三個月。從冷凍庫取出可直接送入烤箱，依照食譜指示進行烘烤，烘烤時間要延長2-3分鐘。

消毒玻璃罐

我認爲直接從洗碗機取出的玻璃罐（只要不觸摸到內部），就算經過消毒殺菌了，但若你的標準較高，可用加了洗碗精的溫水清洗，再放入烤箱（140C/gas mark1）烘烤10分鐘。若要裝入溫熱的果醬或酸甜醬，確保玻璃罐是熱的。若內容含有醋，玻璃罐的蓋子應耐酸，如 kilner 品牌或可重複使用的醃漬品玻璃罐。

Jumbleberry jam 什錦莓果果醬

如其名稱所示，這款果醬各種莓果沒有標準的相對比例，裡面唯一需要遵守的比例，就是莓果的總重量應和糖的重量相等。我從廚房裡的一本筆記本，找到這個食譜的時候，其實不太能辨認自己潦草的筆跡，希望在這裡我可以釐清。不過，這個食譜的重點，是幫你用完剩下的水果，你不需要用到以下我提到的所有種類，它們的比例也可隨興。食譜，基本上就是告訴你，某樣食物是怎麼在某段特定時間做出來的。如果你覺得不安心，儘管照著我的比例來做，我建議放200g的紅醋栗、各150g的黑醋栗和黑莓、各125g的覆盆子和草莓，與100g的藍莓。

如果我剛好要清冰箱（我的確慎重考慮過，這道食譜是否歸在煮得更好 Cook it Better 那一章），那我大概只會做一半的份量，不加藍莓－如果你住英國的話－因爲它比較貴，又不比其他的本地當季莓果滋味好。如果我剛好有藍莓可用（我的確很喜歡做藍莓馬芬，也喜歡和石榴籽一起拌優格吃），當然我也很樂意把它們從冰箱取出，一起丟進鍋裡。

不過請記得，先量好水果的總重量，再取出相對的糖。如果你剛好有足量的紅醋栗（富含天然果膠），也許你會寧願使用一般的糖，而非果醬用糖（jam sugar 含有果膠，因爲我的耐心不足）－我知道這會使果醬凝結得快一點，也表示我不用擔心果醬不會成型。

足夠做出6罐 ×250ml的玻璃罐

綜合莓果，如紅醋栗、黑醋栗、覆盆子、草莓、藍莓等750g

果醬用糖（jam sugar） 750g

可密封的玻璃罐6罐 ×250ml

♥ 將玻璃罐消毒（**見285頁**）。將數個咖啡小碟子放入冷凍庫，等會可用來判斷果醬的凝結。

♥ 將草莓切成4等份（若體型很小則對切），和所有的莓果一起放入大型寬口的鍋子裡。記得水果和糖在加熱過程中，會冒出大量的泡沫。加糖，充分攪拌一下。

♥ 停止攪拌，將鍋子以小火加熱。

♥ 不時將鍋子稍微搖晃一下，使糖在水果中逐漸溶解，請千萬不要去攪拌它。等到糖完全溶解後，轉成大火。

♥ 沸騰後轉成中火，維持慢滾（不要大滾到溢出）。仔細留意，但千萬不要攪拌。

♥ 15分鐘後，從冷凍庫取出1個咖啡小碟子，將鍋子離火，然後小心地取出1小匙的果醬，抹在小碟子上。將小碟子放在旁邊等幾分鐘，用小茶匙或手指，輕推果醬表面，若產生皺摺，就代表果醬做好了。若還沒做好，將鍋子重新加熱數分鐘，再依照相同的步驟測試。若使用果醬 / 煮糖溫度計，則是等到紅線移到果醬處，約105℃。

♥ 等到你覺得果醬煮好後，離火。將果醬漏斗架在消毒好的玻璃罐上，小心地裝入果醬，裝滿就密封起來，靜置冷卻。

事先準備
可置於陰涼處，保存1年。開封後要放入冰箱保存，在1個月內使用完畢。

Gooseberry chutney 醋栗酸甜醬

說到酸甜醬，我眞是徹底地招架不住：不僅是因爲我愛吃，它的製作過程也帶給我莫大的喜悅，做法簡單到我覺得自己應該感到羞恥。並不是我假裝這是多困難的工程，而是將一瓶自製的酸甜醬放在餐桌上，似乎就讓人不得不驕傲自滿。

酸甜醬的唯一挑戰，就是喜歡製作的人，通常是天生的囤積家，總是在櫥櫃裡裝滿各式各樣的好東西，就覺得寧靜安穩。我常常把酸甜醬放到過期，就像買了新衣服（當然是因爲特別得捨不得穿），老是掛在衣櫃裡不動一樣。

有意思的是，我發現如果我做得份量較小，就比較容易將它們吃完。也許這是因爲小批製作－像這裡的3小罐－不是什麼浩大的工程。比較不像是開果醬工廠，反而像是充分利用產季短暫的醋栗。其實眞的是這樣，但是，也請你參考**第251頁**的酥頂。

無論如何，請好好享受這裡的3罐酸甜醬：你可以給朋友1罐，但好好珍惜剩下的2罐，搭配冷火腿、一條麵包和一些起司，或搭配**第388頁**的烤鴨腿，或經典法式鯖魚醋栗maquereaux aux groseilles的英格蘭版本：搭配原味炙烤鯖魚的恰當酸甜風味。

足夠做出3罐×250ml的玻璃罐（共約750ml）

醋栗（gooseberry）500g，清洗後去蒂
洋蔥1顆，去皮切碎
切碎去籽的紅辣椒2小匙
薑末2小匙
薑黃（turmeric）1小匙
丁香粉（ground cloves）½ 小匙
香菜籽1小匙
小茴香粉（ground cumin）1小匙
粗海鹽1大匙×15ml或罐裝鹽1½ 小匙
德梅拉拉（demerara）紅糖250g
蘋果酒醋350ml

附有防侵蝕蓋、可密封的玻璃罐3罐×250ml（或1個容量750ml的玻璃罐）

♥ 將玻璃罐消毒（**見285頁**）。

♥ 將醋栗、洋蔥丁、辣椒、薑、薑黃、丁香、香菜籽、小茴香和鹽，加入鍋子裡。

♥ 倒入糖，加入醋，充分攪拌混合。加熱到沸騰，轉成中火，維持慢滾，煮30-40分鐘，直到變得濃稠，一些醋栗破裂。

♥ 用大湯勺舀入消毒過的玻璃罐內，密封好後靜置冷卻。

事先準備
在使用前二個月開始製作，使其有充足時間成熟。置於陰涼處可保存1年。開封後放入冰箱，在一個月內使用完畢。

Spiced pumkin chutney 辛香南瓜酸甜醬

如同上一道食譜，這也是季節性菜色。你大概也可以用現在一年到頭幾乎都有的奶油南瓜，但一顆顏色鮮亮的大南瓜就是特別有感覺，光是從店裡扛回家，就有慶祝豐收季的氣氛。

如果你買一整顆南瓜，那麼不妨查看最後的索引奶油南瓜 butternut 或南瓜 squash，然後調整食譜以應付你的秋季欲求。如果你是向蔬果店而非超市購買蔬果，那應該可以買半顆或 ¼ 顆的南瓜，運氣好的話，甚至可以照重量買。

足夠做出6罐 ×250ml的玻璃罐（共約1.25公升）

南瓜1.25kg，去籽削皮後可取出1公斤的量
中型洋蔥2顆
烹飪用蘋果（Bramley品種）1顆，去核
桑塔納葡萄乾（golden sultanas）100g
紅辣椒（bird's eye品種）2根，去籽切碎
淡黑糖275g
肉桂粉1小匙
薑粉1小匙
丁香粉1小匙
粗海鹽2小匙或罐裝鹽1小匙
薑末2大滿匙
白酒醋25ml

附有防侵蝕蓋、可密封的玻璃罐6罐 ×250ml（或1個容量1.25公升的玻璃罐）

♥ 將玻璃罐消毒（**見285頁**）。

♥ 將南瓜削皮去籽切丁。洋蔥和蘋果削皮切碎。

♥ 將所有材料加入大型寬口平底深鍋內。加熱到沸騰，攪拌使糖溶解。

♥ 以中火慢滾1小時，直到變得濃稠，南瓜變軟。這個時間長度可能會依南瓜的種類而有所變化，所以最好在45分鐘後開始檢查，若酸甜醬已變得濃稠，但南瓜還未變軟，可稍微蓋上蓋子。

♥ 舀入消毒過的玻璃罐內，密封好後靜置冷卻。

事先準備
在使用前二個月開始製作，使其有時間成熟。置於陰涼處可保存一年。開封後放入冰箱，在一個月內使用完畢。

Blackberry vodka 黑莓伏特加

裝瓶製作自家的利口酒，讓我覺得樸實開心而滿足，彷彿隨時準備帶瓶自製的犢牛腳凍 Calf's Foot Jelly，探視行動不便的鄰居。當然，這完全是不切實際的幻想，但在日常生活中，有比抱著玻璃密封罐跑來跑去，更荒誕無用的事。

也許就是因爲這種無必要性，使這樣的工作特別能夠撫慰人心。我們下廚做飯的時候，通常是因爲必須爲家人準備一餐，雖然這帶來成就感，但畢竟也有些壓力。我能瞭解有些人可能覺得這個食譜根本是浪費時間，但我個人覺得，如果有時間可以浪費在這些美好的事物上，就是對生命的慶祝。

足夠裝滿700ml的玻璃瓶，外加250ml的量

伏特加1瓶 ×700ml（標準尺寸）
黑莓500g
細砂糖200g

寬頸玻璃瓶或可密封玻璃罐（如Kilner）1瓶 ×1.5公升，浸泡用
伏特加酒瓶1瓶 ×700ml或1公升可密封玻璃瓶，保存用（可省略）

❤ 將你的寬頸玻璃瓶或玻璃罐消毒（**見285頁**），倒入伏特加。保留原來的伏特加酒瓶（可泡水去除標籤，用來裝酒用），如果你有更漂亮的空酒瓶，也可以直接回收。

❤ 在裝了伏特加的酒瓶裡，倒入糖和黑莓，用蓋子密封。

❤ 耐心地搖晃酒瓶，使糖溶解－不斷左右搖晃，糖最後會完全溶解的。

❤ 將酒瓶置於陰涼處，要方便拿取，因爲接下來的2-3周，每天都需要搖晃一下酒瓶。之後的一個月，每周要搖晃1次。

❤ 經過6-8周後（多出幾周也無所謂），將保留的伏特加酒瓶（或你更喜歡的其他空酒瓶）消毒，倒入過濾的伏特加酒（莓果可用來做成下一頁，喝醉的芙爾 drunken fool）。若你不想裝瓶，只想用湯勺舀入小烈酒杯（shot glasses）享用，就不用費心過濾。

❤ 如果你用原本的伏特加酒瓶裝瓶，會多出250ml的黑莓伏特加，因爲添加的糖和莓果會產生更多液體。你可倒入250ml的腰間隨身酒瓶（hip flask），或做成下一頁，喝醉的芙爾 drunken fool，搭配一小杯黑莓伏特加一起享用。

事先準備
過濾後的黑莓伏特加，置於陰涼處可保存一年。

DRUNKEN FOOL
喝醉的芙爾

把爲了你的伏特加貢獻生命的莓果丟棄，簡直是犯罪行爲。單獨食用並不是甚麼美味，但拌入稍微打發的鮮奶油中，加上一些捏碎的市售蛋白餅，彷彿就賦予了它們第二個生命，端上這巧妙命名的甜點宴客，享受雙重的美食喜悅。

足夠裝滿6個小馬丁尼杯

濃縮鮮奶油300ml
糖粉1大匙 ×15ml
黑莓伏特加過濾出的黑莓
市售蛋白餅2個
現做黑莓伏特加少許

♥ 將濃縮鮮奶油混合糖粉後，稍微打發。小心不要過度打發，因爲加了浸泡伏特加的黑莓，會變得更濃稠。

♥ 輕柔拌入（fold in）黑莓，加入捏碎的蛋白餅。

♥ 加入一點黑莓伏特加，再次輕柔的拌勻。

♥ 裝入6個小馬丁尼酒杯，最後澆上一點黑莓伏特加，搭配自選的餅乾，以及一小杯黑莓伏特加（想要的人）享用。

Cut and come again
切了又再切蛋糕（易做好保存的蛋糕）

在以前的年代，這種在客人來臨時做好、端出來切片，然後又可以重新包起來，放入錫盒保存的蛋糕，叫做 cut and come again 切了又再切蛋糕。它們是優質、口味簡單的蛋糕，方便保存，又受到大家的歡迎，代表家庭的溫馨與安詳。

我不確定這種安詳感，適不適用我家，恐怕只有一種象徵或甚至是反諷的意味，但我的確很喜歡，廚房裡總是有東西能夠讓經過的人，搭配一杯茶或咖啡一起享用。連來我家修理熱水器的人，都會讓他帶個蛋糕包裹回去。

因爲以下的蛋糕食譜，主要就是針對不須特別場合才能製作，所以不想顧慮沾黏或洗碗等問題，所以我承認，通常使用拋棄式的鋁箔盒來製作。現在我已經統一使用烤肉用鋁箔盒的尺寸（30×20×5公分）（**見19頁**），在一般商店都容易買到，非夏季也一樣。

Seed-cake 葛縷籽蛋糕

葛縷籽蛋糕 seedcake 對我而言非常英格蘭：優雅、口味平淡、有益健康，而不厚重。當然這不是一般我們英格蘭風格的定義。我對它的記憶，來自我的童年，老實說，已是上個世紀的事了，那個時候，親愛的～葛縷籽蛋糕早已老掉牙不流行，代表愛德華時期，或甚至是更早維多利亞時期，那時的人們認爲葛縷籽（caraway）有益消化。

事實上，這道食譜甚至比維多利亞時期還要早，這是可憐的簡愛（Jane Eyre）在她童年時僅有的快樂回憶之一，她和學校好友海倫（Helen）好不容易有一點空閒，而她們的老師譚普爾小姐（Miss Temple）站起來打開抽屜，取出一個紙包，打開來，我們看到的是一個不小的葛縷籽蛋糕。

我記得年輕時，一想到葛縷籽蛋糕（不是它的口味），就會精神爲之一振。我也記得，在家母泛黃、無插圖的比頓太太（Mrs Beenton）* 食譜裡看到它的配方，對我來說，勃朗特 Brontë* 和比頓 Beeton 都是極度溫暖的葛縷籽蛋糕所喚起的永恆意象。

然而，這兩種版本我都已經大膽地實驗過了：譚普爾小姐的版本不會是用化學膨脹劑做的，而比頓太太的版本比我的更明理、熱量不那麼高。但我並不因此抱歉：我把這道

充滿奶油和杏仁糖的版本收進來，是因爲我喜歡，希望你也是如此。此外，杏仁粉使這款蛋糕保存更久，而不至變乾，更能達到come again and cut it切了又再切蛋糕（易做好保存）的效果。

我要你的賓客們都能和簡愛一樣感覺到：那一夜，我們彷彿暢飲了花蜜和仙饌密酒（ambrosia），令我們同樣歡喜的，是招待我們的女主人，看到我們彷彿餓壞了，盡情享用時臉上那滿足的微笑。讀者們，那滿足的微笑－廚房女神獨有的榮譽勳章－是屬於你的：步驟簡單卻得到極大成果，因爲你值得。

*Charlotte Brontë 夏綠蒂・勃朗特，簡愛的作者也是十九世紀著名的英國作家。

* Mrs Beenton 伊莎貝拉・比頓，十九世紀英國美食作家。

可切出16厚片

軟化的無鹽奶油175g，外加塗抹的量
細砂糖175g，外加1大匙×15ml撒糖用
麵粉150g
泡打粉2小匙
杏仁粉75g
葛縷籽（caraway seeds）4小匙
雞蛋3顆

900g（容量2lb）吐司模1個

❤ 將烤箱預熱到180℃/gas mark4。將900g吐司模（常標示爲2lb販賣）鋪上吐司模專用烘焙紙，或在底部鋪上一般烘焙紙，周圍抹上奶油。

❤ 將奶油和175g糖攪拌到融合（也就是，將兩者攪拌混合直到質地輕盈顏色變淡）。

❤ 在碗裡混合麵粉、泡打粉、杏仁粉和葛縷籽，取出1大匙，加入打發好的奶油裡，接著一邊攪拌，一邊加入一顆雞蛋，按照這樣的步驟，將麵粉和雞蛋用完。

❤ 當所有材料混合好後，舀入準備好的吐司模內，將表面抹平，撒上剩下的1大匙糖。烘烤45分鐘，但從35分鐘後便開始檢查熟度，必要的話，可能需要烤到50分鐘。烤好時，會溢出滿室的香氣，表面和周圍會變得酥脆，轉成金黃色。

❤ 不脫模，放在網架上冷卻，等到不燙手時，可將吐司（連同烘焙紙）脫模，繼續放在網架上冷卻。蛋糕表面可能會有點下陷，這是正常的（**第309頁**的巧克力柳橙蛋糕圖片，可看得很清楚）；並非你或烤箱的錯。

事先準備

這款蛋糕可在二天前烤好。用保鮮膜包緊，儲存在密閉容器內，置於陰涼處，共可保存7天。

冷凍須知

蛋糕可以雙層保鮮膜在加一層鋁箔包好，可冷凍保存三個月。以室溫隔夜解凍。

Raspberry bakewell slice 覆盆子貝克威蛋糕

嚴格來說，這並不能歸於 cut and come again 切了又再切蛋糕（易做好保存）的範疇，因爲裡面的新鮮水果（覆盆子）使它不能在廚房裡保存太久。但是它也不太可能放久的，只要切了第一片，一定會很快再動手切下第二片，一點都不誇張。

很少人會說，製作派點不麻煩，但這裡的派點不需花很多的時間，就可完成。可拋棄式的鋁箔盒，是省事祕訣之一，但眞正的秘密，在於直接壓實不用擀開的麵團－這是我針對派點問題的日常解答，不論是眞實或想像。

可做出16片

底層材料：

麵粉225g

糖粉60g

鹽1小撮

軟化的無鹽奶油225g，外加塗抹用

尺寸約為30×20×5公分的鋁箔盒或烤盤1個

內餡材料：

柔軟無鹽奶油150g，外加塗抹用

雞蛋4顆

細砂糖150g

杏仁粉150g

無籽覆盆子果醬250g

新鮮覆盆子250g

杏仁片（flaked almonds）50g

♥ 將烤箱預熱到180℃ /gas mark4。將烤盤鋪上鋁箔，並抹上油，或者將鋁箔盒抹上油。

♥ 在食物處理機內，混合攪打麵粉、糖粉、鹽和225g奶油，直到麵團成形。壓入烤盤（或鋁箔盒內），使底部均勻貼合。請發揮一點耐心，我保證麵團的份量做成底層一定足夠，只要用木匙背面或雙手（最好是指節處）持續地將麵團往下壓，並將表面整平。

♥ 烘烤20分鐘，不脫模，冷卻約5分鐘。

♥ 在烘烤的同時，用小鍋子融化奶油來製作內餡，離火後，在等蛋糕底層冷卻的同時，一樣冷卻5分鐘。

♥ 將雞蛋、細砂糖和杏仁粉，用食物處理機攪打成膏狀。馬達仍在轉動時，緩緩加入稍微冷卻的液態奶油，完全混合後即可停止。不過，在內餡倒出後，你可再開動機器攪打一下，將最後一點也刮下。

♥ 將果醬倒入碗裡，稍微攪拌一下會比較好抹，抹平在蛋糕底層上，再加入杏仁內餡，將表面抹平。

♥ 撒上杏仁片，烘烤45分鐘，過了35分鐘便開始測熟度：烤熟時，可看到蛋糕稍微膨脹，並轉變成金黃色。

♥ 加以冷卻－等不及的話就免了（不過請小心果醬內餡燙口）－再切塊上桌。

事先準備

底層和內餡可在烘烤一天前先準備好。將底層壓入烤盤後，用保鮮膜包好冷藏。將內餡放入碗裡，包上保鮮膜冷藏。使用前1-2小時從冰箱取出回復室溫，稍微攪拌一下，再抹在底層蛋糕上方。

冷凍須知

剩下的蛋糕，可用保鮮膜包好，冷藏保存1-2天。可能的話，回復室溫後再上菜。

Treacle slice 糖蜜蛋糕

我的天吶－終於找到製作糖蜜蛋糕而不流淚的方法，可不令我高興嗎？－因爲這不是處於正常心理狀態的人，能夠抗拒的誘惑（我認爲）。我承認表面看來，不過就是平淡無味的麵團，裹上加入麵包粉變得濃稠的糖漿，似乎不怎麼美味。怎麼會搖身一變，成爲最令人垂涎的點心，以及我在這世界上最愛吃的甜點之一？也許最好別追根究柢了，只要感恩地大飽口福即可。

麵包粉要新鮮，這話也許有點矛盾，因爲麵包在用食物處理機打成（或研磨）成麵包粉前，就已經不新鮮了。我的冷凍庫裡常備有一包包的麵包粉，使用前也不須解凍。如果你能在外面買到品質好的麵包粉也無所謂，但請不要用盒裝號稱麵包粉的那種橘色粉末。

我之所以標出麵包粉的重量和容量，是因爲我發現容量和重量之間沒有絕對的關係，而在這個食譜裡，重要的是容量。是的，食譜裡似乎要求很多的麵包粉，但一旦麵包粉吸收了奶油檸檬味的糖漿，就會變得質感蓬鬆而美味。蛋糕底層刻意保持原味，因爲你需要爲薑黃色的表面餡料如廟堂拱形屋頂般，安排優雅的平衡。

這就要說到我安排的搭配選擇：凝脂奶油（clotted cream），雖然用含有50% 以上脂肪的東西，來搭配，似乎有點瘋狂，但它的濃郁，奇妙地平衡了蛋糕的甜味。若不想在蛋糕上加凝脂奶油，而寧願搭配卡士達，從碗裡舀出來吃，我也不會抗議。

可做出16片

底層材料：

麵粉200g

軟化的無鹽奶油50g，外加塗抹用

酥油（shortening）50g

檸檬汁1大匙×15ml（預留磨碎的果皮做表面裝飾）

冰水2大匙×15ml

表面材料：

金黃糖漿（golden syrup）1罐×454g

軟化的無鹽奶油25g

麵包粉（breadcrumbs）約150g（可用量杯測出550ml）

磨碎的檸檬果皮（見底層材料清單）

雞蛋1顆，打散

尺寸約爲30×20×5公分的鋁箔盒或深烤盤（baking tin）1個

❤ 將烤箱預熱到180℃ /gas mark4。將烤盤鋪上鋁箔，並抹上油，或者將鋁箔盒抹上油。

❤ 在食物處理機內，混合底層材料的麵粉、50g奶油和酥油，攪打成粗粒狀。

❤ 混合檸檬汁和冰水，當馬達仍在運轉時，倒入食物處理機內，攪打成顏色偏淡而濕潤的麵團。

❤ 用木匙背面或雙手，將麵團壓入烤盤（或鋁箔盒內），使底部均勻貼合，表面平整。烘烤20分鐘。

❤ 同時，用底部厚實的平底深鍋，以小火融化金黃糖漿和25g奶油。加入麵包粉攪拌，會形成濃稠黏膩如木屑般的混合物，不用擔心。

❤ 離火稍微冷卻，加入檸檬果皮和雞蛋攪拌均勻。倒在烤好的底層蛋糕上，續烤20分鐘。

❤ 烤好後，內餡應會稍微膨脹，看起來即將凝固定型，邊緣變乾，但中央部位仍有點黏稠。

❤ 從烤箱取出後冷卻一下下，就可切塊上桌：趁熱食用，最爲香甜。

事先準備

這款蛋糕可在一天前先做好。不脫模自然冷卻後，用保鮮膜包好冷藏。用預熱180℃ /gas mark4的烤箱，重新加熱20分鐘，或直到熱透。剩下的蛋糕，可用保鮮膜包好，冷藏保存2-3天。

冷凍須知

整個蛋糕不用脫模，用雙層保鮮膜再加一層鋁箔緊密包好，可冷凍保存一個月。放入冰箱隔夜解凍，再依照上述方法重新加熱。

Guinness gingerbread 健力士薑味麵包

我鍾愛薑味麵包的簡單家常風味，一點也不花俏，但它的味道如此濃郁，隱隱約約穿透出一絲刺激風味。我用了酸奶油和甘草風味的啤酒，所以更帶點不同的刺激，但－即使加了糖蜜和濃烈的辛香料－口味依然溫和，製作過程也令人覺得舒服，只是小心上癮。

剛開始，只是爲了搭配一杯熱飲而做，後來發現搭配芒果丁嚐一小塊，就是廚房晚餐的完美甜點。如果趁熱搭配**第140頁**的肉桂李子和法式吐司，就是完美的周日午餐甜點。

若使用鋁箔盒（foil tray），可做出24個小方塊，或16個大矩形塊。

奶油150g，外加塗抹用
金黃糖漿（golden syrup）300g
深色黑糖（dark muscovado suagr）200g
健力士啤酒（Guinness）250ml
薑粉2小匙
肉桂粉2小匙
丁香粉 ¼ 小匙

麵粉300g
小蘇打粉2小匙
酸奶油300ml
雞蛋2顆

23公分的方形烤盤（baking tin）或30×20×5公分的鋁箔盒1個

- 將烤箱預熱到170℃ /gas mark3。將烤盤鋪上鋁箔並抹上奶油，或在鋁箔盒抹上奶油。
- 將奶油、糖漿、淡味黑糖、健力士、薑、肉桂粉和丁香粉放入鍋裡，以小火融化。
- 離火，加入麵粉和小蘇打粉攪拌混合，用點耐心，徹底攪拌到質地滑順。
- 在量杯裡攪拌混合酸奶油和雞蛋，加入麵糊，攪拌到質地滑順。
- 倒入準備好的烤盤或鋁箔盒裡，烘烤約45分鐘。烤好後，中央部份會膨脹有光澤，邊緣和烤盤稍微分離。
- 冷卻後，切片或切成方塊食用。

事先準備

薑味蛋糕可在一周前先做好。用烘焙紙再加一層保鮮膜包好，放入密閉容器內，置於陰涼處，共可保存二周。

冷凍須知

薑味蛋糕可用一層烘焙紙再加雙層鋁箔緊密包好，可冷凍保存三個月。放在網架上，以室溫解凍3-4小時，再切塊。

SYRUP

Chocolate orange loaf cake 巧克力柳橙蛋糕

長條狀的蛋糕 loaf cake 就是你應該在廚房常備的甜點：能夠解饞又不炫耀，這一款蛋糕濃郁芳香，和一般庸俗的巧克力蛋糕相比，格調又更高了。

但這可不是令人耽溺的幻想，而是一整塊可切片、富含可可的靜謐享受。是有巧克力，嚐起來深沉濃郁，但蛋糕體的口感輕盈。當我還是小孩的時候，市面上有一種巧克力棒，號稱可在三餐之間享用但又不會破壞胃口的甜點。很難相信吧？然而，這款蛋糕－圓潤的柑橘味，幾乎像是一種溫暖的辛香－特點是，讓你覺得可在早上或下午隨時吃下一片，而不覺得飽膩，在心理上和腸胃消化上都是如此。這就是好成果。

可切成10-12片

軟化的無鹽奶油150g，外加塗抹用
無味的蔬菜油少許，抹在盛糖漿的湯匙上
金黃糖漿2大匙 ×15ml
深色黑糖175g
麵粉150g
小蘇打粉 ½ 小匙

上等可可粉25g，過篩
雞蛋2顆
磨碎的柳橙果皮2顆與果汁1顆

900g（2lb）吐司模1個

❤ 將烤箱預熱到170℃ /gas mark3，將吐司模鋪上烘焙紙或吐司模專用襯紙。

❤ 將軟化奶油、糖漿和糖攪拌混合（用廚房紙巾將一點油抹在湯匙上，再用來盛糖漿就不會沾黏），直到形成質感滑順的美式咖啡色糖霜（糖不會完全溶解，所以仍帶一點粗粒狀）。

❤ 混合麵粉、小蘇打粉和可可粉。取出1大匙，加入奶油裡攪拌混合，再加入一顆雞蛋攪拌，接著加入2大匙混合麵粉攪拌，再加入另一顆雞蛋攪拌。

❤ 加入剩下的混合麵粉，攪拌均勻，再加入柳橙果皮攪拌，最後一邊攪拌一邊慢慢加入果汁。麵糊應看起來下陷，似乎要開始結塊的樣子，請別擔心。

♥ 倒入準備好的烤盤，刮下殘餘的麵糊，烘烤45分鐘，但在烤好的5分鐘前就開始確認，必要的話，也可能需要多烤5分鐘。蛋糕測試針取出時，也許仍有點沾黏，因爲這款蛋糕質地雖然輕盈，內部仍希望帶點濕潤。不脫模，放在網架上冷卻一下，再小心脫模繼續置於網架上冷卻。

事先準備
蛋糕可在三天前先做好。用保鮮膜緊密包好，放入密閉容器內，共可保存五天。

冷凍須知
蛋糕可用雙層保鮮膜再加一層鋁箔緊密包好，可冷凍保存三個月。以室溫隔夜解凍。

Sweet and salty crunch nut bars 甜鹹酥脆堅果棒

跳動的心，請你安靜吧。再想一次，現在說這樣的話似乎不太恰當，因爲這塊超級美味的巧克力甜點，可能眞的會產生這樣的效果。我不願常做這個甜點，但也很難掉頭離開，這簡直就像是廚房裡的古柯鹼！

不過，就像法國人說的，所有的東西都要適度，包括適度本身。所以，它眞是完全的放縱、粗野而毫不節制，我愛死了。

秘訣在於甜和鹹之間的平衡：吃的時候，就像是腦袋裡有好幾個喇叭同時大聲鳴叫起來。奇怪的是，我通常喜歡全牛奶巧克力做的點心，但在這裡，我想要混合黑巧克力和牛奶巧克力。並非那個版本比較不好，大家的評價也差不多，我只是覺得應該要清楚地把選項告知。我喜歡把黑巧克力的版本保存在圓錫盒裡，切成蜂蜜堅果糕形狀 panforte-type 的小塊；而將我偏好的牛奶巧克力版本，存放在矩形托盤上，切成矮胖的大塊（就像我吃完以後感覺自己變成的樣子）。

使用圓形活動蛋糕模，可切出約24小塊；使用鋁箔盒，則可切出18大塊或36小塊。

黑巧克力200g和牛奶巧克力100g
（或全部使用牛奶巧克力300g）
無鹽奶油125g
金黃糖漿3大匙 ×15ml
加鹽花生250g

牛奶巧克力棒（Crunchie bars）4個 ×40g

直徑25公分的活動式蛋糕模（或其他圓形蛋糕模），或尺寸約30×20×5公分的鋁箔盒×1個

♥ 在蛋糕模內鋪上鋁箔，或使用鋁箔盒。

♥ 將巧克力弄碎或切碎，放入底部厚實的平底深鍋內，加入奶油和糖漿，以小火加熱融化。

♥ 將花生倒入碗裡，用手壓碎牛奶巧克力棒後一起加入。

♥ 將融化的巧克力離火，加入花生碗裡，接著全部倒入蛋糕模（或鋁箔盒）內。用橡膠抹刀或帶了 CSI 手套的雙手，將表面盡量整平。

♥ 送入冰箱，冷藏 4 小時，凝固後，依照想要的方式切塊。

事先準備
堅果棒可在一天前做好。移入舖了烘焙紙的密閉容器內，置於冰箱冷藏，可保存3-4天。

Rice crispy brownies 脆米香布朗尼

雖然這款甜點缺乏巧克力柳橙蛋糕的尊嚴，但它不應因此覺得（或我替它覺得）抱歉，所有的事物都有它該發生的場合和時機，甚至是用融化奶油、巧克力、糖漿和沾黏上的小小米香也一樣。

的確，它沒有甚麼微妙之處，甚至包含了牛奶巧克力、黑巧克力和巧克力豆，但就像我所說的，太多的好東西，可能會令你感覺更好。前幾天，爲這個過度耽溺所刺激，我也丟進了一些白巧克力豆。

使用邊長23公分的蛋糕模可切出16方塊；若使用長方形烤盤，可切出24片*（小尺寸正好適合搭配晚餐宴會後的濃縮咖啡）*

無鹽奶油100g
金黃糖漿5大匙×15ml（共75g）
上等牛奶巧克力150g，切碎
上等黑巧克力50g，切碎
米香（rice crispies）150g

牛奶巧克力豆150g（或一半牛奶巧克力搭配一半黑巧克力）

23公分方形蛋糕模或約30×20×5公分的鋁箔盒×1個

❤ 將蛋糕模鋪上鋁箔，或使用烤肉用鋁箔盒。

❤ 將奶油、金黃糖漿和切碎的巧克力（不是巧可力豆），放入底部厚實的寬口平底深鍋內，以小火融化。

❤ 攪拌混合並融化後離火，快速加入米香攪拌。

❤ 仍保持離火狀態，快速加入巧克力豆，接著倒入蛋糕模（或鋁箔盒）內，刮下殘餘的巧克力糊。我覺得用帶了 CSI 手套的雙手將表面抹平，最爲容易。

❤ 送入冰箱，冷藏4小時使其定型，即可切片上桌。

事先準備
這些布朗尼可在二天前先做好。用保鮮膜包緊，置於陰涼處。天氣熱或潮濕時，置於冰箱冷藏。切成方塊後上桌。可保存3-4天。

Blondies 金髮尤物

它們的前身記在我沾滿墨水和油脂的筆記本裡，稱作巧克力豆燕麥方塊 Chocolate Chip Oatmeal Squares，後來演變成軟芯巧克力豆方塊 Chewy Chocolate Chip Squares，終於在我家的廚房裡贏得一席之地，稱爲金髮尤物 Blondies。標題裡的燕麥字眼必須要拿掉：這項材料仍然存在，但隱而不顯－這本來是做給小朋友吃的，他們通常不會考慮任何含有燕麥的食品。我猜大肆宣傳有口感的巧克力豆餅乾，可以誘惑他們，結果眞的成功了。有一次－在做出布朗尼 brownies 之後的數天－我說它們就像是金髮尤物 Blondies。這個名字就從此定了下來。雖然金髮尤物 Blondies 有貶低的意味，但在這裡我完全沒有這個意思。相反地，我對這些小腹滋潤多汁的美人，有種幾乎狂熱的情感。

眞的，我實驗過好多版本，幾乎讓我開始懷疑自己的執著是不是正常；我猜大概是煉乳的關係。奇怪的是，當我使用讓我臉紅的材料時，我反而不禁更進一步地爲之著迷。通常，我有「三次不成功便出局」的嚴格規定，但它們就是令我放不下手。一直到第四次（還是第五次？）的嘗試，才讓我眞正滿意－或說是狂喜不已。第一次的嘗試，做出的東西甜得不得了，內部雖然甜美濕潤，但烘焙時間太久，外層變得太硬了，所以得重做。結果這次做出來的東西比較像小薄餅（flapjack），雖然大人喜歡，但我覺得應該可以做得更好。這時候，我女兒認眞的說，媽媽，你從一個極端到另一個極端了，找出中間地帶吧。我知道她是對的。但事實證明，沒有奇蹟的第三條路，我連著三天試不同的版本，以爲自己要失敗了，卻沒想到努力是有代價的，我終於找到了解答。

巧克力豆應該用白的，才能符合標題，但煉乳的確賦予了足夠的香草濃郁感。而且我們都知道，過了二十四歲，就沒有所謂的天生金髮尤物了（除了北歐地區以外）；所以你可以說，那點綴在餅乾上的黑巧克力豆，就是金髮退色後所露出的髮根。

可做出16片

燕麥片（非即溶）200g
麵粉100g
小蘇打粉 ½ 小匙
軟化的無鹽奶油150g
淡黑糖（light muscovado sugar）100g
煉乳（condensed milk）1罐 ×397g
雞蛋1顆
黑巧克力豆（dark chocolate morsels or chips）1包 ×170g

23公分方形蛋糕模，或尺寸約30×20×5公分的鋁箔盒1個

♥ 將烤箱預熱到180℃ /gas mark4。將方形蛋糕模鋪上鋁箔（便於取出烤好的蛋糕），或使用烤肉用鋁箔盒。

♥ 在碗裡混合燕麥片、麵粉和小蘇打粉。

♥ 在另一個碗裡，將軟化奶油和糖攪拌（或打發）到顏色變淡、質地輕盈滑順，加入煉乳攪拌，再加入混合麵粉。

♥ 當所有材料充分混合後，加入雞蛋攪拌，再輕柔拌入巧克力豆。

♥ 將麵糊倒入蛋糕模內，用刮刀將表面整平，送入預熱好的烤箱，烤35分鐘。烤好時，邊緣會轉成深褐色，並和蛋糕模微微分開。表面看起來、摸起來已經烤好了，但內部似乎尚未凝固。但不用擔心，在冷卻過程會逐漸凝固的。爲了達到我們理想的口感，應在這時感覺蛋糕尚未完全熟透時，將它從烤箱取出。

事先準備
金髮尤物可在三天前烤好，存放在密閉容器內。共可保存五天。

冷凍須知
置於鋪了烘焙的密閉容器內，可冷凍保存三個月。置於陰涼處，隔夜解凍。

AT MY TABLE 我家餐桌

在本書前幾章已經列出，當平日工作負荷較大或周間太過繁忙，無法在廚房花太多時間的時候，我常爲朋友準備的食物。這一章的食譜，相對地屬於較悠閒的周末節日，所謂的隨性過日子 Country Casuals。當然在眞實的生活裡（我孩子小時候叫現實生活爲 true life），到底在一周的哪一天烹飪，並非決定因素。但這裡的食譜，對我來說絕對充滿了周六晚餐的氣氛，即使只是在精神上。

我是故意用晚餐 supper 這個字的：總覺得必須要一再強調，每次我邀請朋友來晚餐，不管名目是什麼，絕對不是所謂的宴會。對我來說，其中的差別當然在語調上，也許這是調整我和朋友彼此期待的方法。以前人們發出邀請的方式，是宣布他們會在家（at home）；但我唯一想要接待客人的地方是廚房，或說是在餐桌上。我要飯菜豐盛、展現誠意，但不覺得有必要對好友展現出客套的一面。

如同我一向的作風，我不喜歡用上多道菜的方式做晚餐。我並不反對提供一點下酒菜（見**第410頁**，或毫不愧疚地端上堅果或橄欖等傳統酒吧食物），也不討厭下廚，更非提倡節約。只是在一餐中間，不時地跳起來重新整理碗盤，端上下一道菜，實在不是消磨夜晚的好方式。

我之所以喜歡邀朋友來吃飯的原因之一，正是因爲可以一起放鬆。我是那種在點菜時，因爲過於貪心，馬上覺得焦慮無法下決定的人，因此我更享受自己在家下廚，因爲只要把食物做出來就好了，不用擔心要點什麼菜。完全不需要端上什麼華麗的東西，讓客人覺得物有所値（你也不收費呀），或是用新奇的菜色來誘惑客人，或是展現出什麼高超的廚藝，好讓人讚嘆。一塊暗褐色的啤酒燉牛肉，也許看起來毫不起眼，上不了餐廳的檯面，但這道美味是我從廚房端出來，最能展現待客誠意的菜色之一。這道 carbonnade（即啤酒燉牛肉）所帶來的慰藉感，可不容小覷。有時候，因爲請了客人特別覺得可以趁機揮霍一下－我不是每天都會煮一整盤的烤檸檬海鮮與馬鈴薯，或一鍋熱呼呼的舊金山燉魚－但是有時候，一整桌的好友要的只是最平易家常的菜餚，如牙買加烤雞（jerk chicken）搭配米飯和豌豆。沒有哪一種才是準備晚餐的正確方式，就像每個人的生活也沒有絕對的正確途徑。

雖然我會跳過開胃菜，但你絕不會聽到我說要跳過一餐最後該上的甜點。有時候我直接端上葡萄或起司－就這樣而已－有時候，我會選擇其他甜點，你可以在之後的幾頁找到。

Roast seafood 爐烤海鮮

對我來說，這道食譜就是完美的宴客菜單：事前準備程序很簡單，在客人光臨前先準備，等到客人坐下來，只要花一分鐘完成最後一個動作就好。

當然，爐烤海鮮真的會帶出特殊豪華的氣氛：畢竟，花費不低。當海鮮新鮮的時候，又煮得恰到好處鮮嫩可口時，其實是很有飽足感的，並且滋味濃郁；檸檬的酸味和馬鈴薯的澱粉質，正能與之平衡。用烤箱爐烤，似乎更能濃縮食材的風味，含蓄而不至過於濃烈：畢竟，這是一道簡單時髦的宴客菜。

你可以再加以擴充，但並非完全必要：我建議你準備一道生菜沙拉，也許之後再上一道不忙亂的超簡單水果塔（No-fuss fruit tart，見**第177頁**）。但若季節不對，或客人對巧克力毫無招架之力，不妨端上**第281頁**的無麵粉巧克力萊姆蛋糕（Flourless chocolate lime cake）。

6人份

馬鈴薯750g(約3大顆烘焙用馬鈴薯)
大蒜8瓣,不去皮
紅洋蔥2小顆
未上蠟的檸檬1顆
一般橄欖油4大匙 ×15ml
小型帶殼蛤蜊350g
小烏賊6-8隻
中型帶頭生蝦575g或16隻
不甜白苦艾酒或白酒3大匙 ×15ml
粗海鹽和胡椒
稍微切碎的巴西里2-3大匙 ×15ml,上菜用

♥ 將烤箱預熱到220℃ /gas mark7。馬鈴薯不去皮,切成厚片,再切成4等份。放入大型烤盤哩,加入帶皮大蒜。

♥ 將洋蔥切成4等份,去皮(我發現這樣很容易去皮),再水平切半。將檸檬切成4等份,再切成1公分小塊。將洋蔥和檸檬也加入烤盤裡。

♥ 澆上2大匙的油,送入烤箱烤1小時。

♥ 同時,將蛤蜊浸泡在一碗水裡,將破損或保持開啓的蛤蜊丟棄。將烏賊切成圈狀。

♥ 1小時後,將烤盤從烤箱取出。放在爐子上,以小火加熱,以免烤盤冷卻。

♥ 在馬鈴薯、大蒜、檸檬和洋蔥上,擺上瀝乾的密閉蛤蜊、小烏賊圈和整隻生蝦。

♥ 在海鮮澆上剩下的2大匙油和苦艾酒,以鹽和胡椒調味。

♥ 將烤盤放回烤箱,烤15分鐘,蛤蜊應已開啓,蝦子也呈現粉紅色。丟棄未開啓的蛤蜊。

♥ 撒上新鮮巴西里(不用切得太細),直接以烤盤上菜,不可能比這更美麗了。

事先準備

馬鈴薯可在一天前先準備。泡入一碗水中,放入冰箱冷藏。瀝乾擦乾再使用。洋蔥和檸檬可在一天前先切好,放入碗裡,用保鮮膜緊密覆蓋,冷藏保存。

Date steak 約會牛排

所有的牛排，都是一種特殊的犒賞，但這道多汁的沙朗牛排，配上香甜刺激的烤肉醬，更是獨特：最適合周六的二人約會晚餐或其他特殊場合。

在浪漫晚餐送上烘烤馬鈴薯與酸奶油，似乎太過飽足，但你和我都知道，這樣的搭配就是太理所當然，而無法避免。你可以準備一個馬鈴薯就好，一人一半。旁邊再加上一點酥脆的四季豆，增添色澤，可以很隨興，因爲這樣的菜色，不管搭配什麼都不會出錯。

2人份

深色黑糖（dark muscovado sugar）2大匙×15ml
紅酒醋2大匙×15ml
第戎芥末醬1大匙×15ml
醬油1大匙×15ml
紅醋栗果醬1大匙×15ml
切碎的生薑2小匙
濃縮番茄泥（tomato purée）或日曬番茄醬（sundried tomato paste）1大匙×15ml
大蒜油1大匙×15ml
沙朗牛排（sirloin steaks）2片，各約300g

♥ 將糖、醋、芥末醬、醬油、紅醋栗果醬、薑、和番茄醬放入小鍋子內，用小火一邊加熱一邊攪拌混合。

♥ 加熱到沸騰，轉成小火，慢煮約5分鐘，直到醬汁稍微濃稠，離火備用，同時準備牛排。

♥ 牛排可以用平底鍋或用橫紋鍋（griddle）煎：平底鍋的話，選底部厚實的鍋子加熱大蒜油；若是使用橫紋鍋，先將牛排刷上油，再放入很熱的橫紋鍋中。

♥ 將牛排每面煎約3分鐘，可做出三分熟的牛排，煎牛排的時間和牛排的厚度有關，以及（可想而知）你喜歡的熟度。

♥ 牛排離火後，以雙層鋁箔包起來，靜置5分鐘，使肉汁重新分布，遠離冷風。

♥ 打開鋁箔，將流出的肉汁倒入烤肉醬鍋內，攪拌混合。

♥ 將牛排盛到2個溫熱過的盤子上，澆上適量的醬汁。

事先準備
醬汁可在一天前先做好。移到非金屬的碗裡，用保鮮膜蓋好冷藏。上菜前，以小火重新加熱，再加入肉汁混合。

Spatchcocked poussin
with baby leaf salad and sourdough croutons
春雞佐嫩葉沙拉以及酸種麵包塊

我不會常建議你用一隻春雞 poussin，來製作兩人份晚餐。但蝴蝶剪攤平後切半，周圍襯著果香四溢的堅果沙拉，就成爲一道豐盛的晚餐。如果你想要用一隻做成 1 人份，我也不會阻止你，但我覺得眞的不需要；這樣就已經夠完美了。你儘可以搭上一些美味的葡萄酒，但是就平價而特殊的周末浪漫 2 人份菜色而言，不可能比這個更完美了。

2 人份

春雞（poussin）1 隻
一般橄欖油 2 大匙 ×15ml
紅椒粉（paprika）½ 小匙
新鮮百里香 3-4 根，外加裝飾的量
大蒜 4 瓣，不去皮
桑塔納葡萄乾（golden sultanas）1 大匙 ×15ml
不甜的白苦艾酒或白酒 2 大匙 ×15ml
松子 1 大匙 ×15ml

酸種麵包厚片 1-2 片
西洋菜（watercress）、菠菜和芝麻菜（rocket）沙拉或其他新鮮沙拉葉 150g
第戎芥末醬 ½ 小匙
粗海鹽 ½ 小匙
麝香葡萄酒醋（moscatel vinegar）1 大匙 ×15ml
冷壓芥花油或上等特級初搾橄欖油 3 大匙 ×15ml（見第 16 頁廚房機密檔案）

♥ 將烤箱預熱到200℃ /gas mark6。將麵包片放在網架上乾燥一會兒。將春雞蝴蝶剪處理：用堅固鋒利的剪刀（或家禽剪）沿著背脊兩邊剪下，取出脊骨，翻轉過來，用力壓下胸肉部分，使整隻春雞攤平，並切成兩半。放入小型烤盤裡，丟入脊骨，以增添醬汁風味。

♥ 澆上1大匙橄欖油，撒上紅椒粉、百里香與大蒜。烘烤30-40分鐘，直到表面呈金黃色並完全熟透。

♥ 同時，將葡萄乾放入小鍋裡，加入苦艾酒（或白酒）。加熱到沸騰，離火，靜置10分鐘最好是靜置到春雞烤好。

♥ 將松子用平底鍋乾烘到呈金黃色，靜置一旁備用。將麵包皮切除，切成小麵包塊（croutons）。在平底鍋裡加熱剩下的1大匙橄欖油，將麵包塊煎到酥脆呈金黃色，移到盤子上。

♥ 春雞烤好後，將烤盤從烤箱取出，靜置5-10分鐘。丟棄脊骨和烤焦的百里香。同時，將上菜的盤子鋪上沙拉葉。

♥ 在碗裡攪拌混合第戎芥末醬、鹽、醋、和3大匙冷壓芥花油（或特級初榨橄欖油）。將大蒜和春雞移到砧板上。將烤盤裡的肉汁倒入調味汁裡，再度攪拌混合。如果你真的不想浪費一點點烤盤裡的精華汁液，可加入一點剛煮開的熱水，搖晃一下，一起倒入調味汁攪拌混合。倒入葡萄乾和苦艾酒，再度攪拌。

♥ 將半隻春雞分別放在沙拉葉上，並放上2瓣大蒜（如果看起來不太焦的話，有點焦褐色的焦糖化風味最理想）。再將調味汁攪拌一下，澆上。撒上烤好的松子、麵包塊和一點新鮮百里香。

事先準備

春雞可在一天前蝴蝶剪處理。放入烤盤裡，用保鮮膜緊密包覆。冷藏保存。

Chicken with 40 cloves of garlic 四十瓣大蒜的烤雞

當我年輕時，這道古老的經典法國菜仍十分流行（雖然是以一種安靜低調的方式）。我敢說，這是因為一下子用這麼多大蒜的點子，似乎有些誇張得危險，因此讓人覺得興奮。即使是今天，想到要一次在鑄鐵鍋裡加入40瓣大蒜，還是會讓人有些吃驚吧。當然，如果你把大蒜全部剝皮切碎（若是切成蒜末那更不用說了），自然行不通，但帶皮的大蒜經過烘烤，反而散發出焦糖般的香甜風味，像裹在黏膩包裝紙裡的鹹味糖果，一點也不辛辣苦澀。這是一道舒服愉悅的晚餐，不會令人反胃。

我收納了這道菜色，是出於他人的緣故。幾年前，我當時的同事與朋友尼克Nick Thorogood正好歡度40歲生日，他的伴侶請大家寫一點東西，好編成一本致敬之書。長久以來，我和尼克Nick的會話通常熱烈地交集在食物上，因此我覺得寫下一篇食譜是最恰當的了。因為是他40歲的生日，所以這道食譜應該是最完美的選擇。

這不是最經典的傳統版本（並不是說那唯一的公定版必然存在，食物就像烹調之人一樣多變），但我遵循了基本原則。因為現在市售雞胸肉部分（white meat），多平淡無味，我不用全雞，而選擇用雞大腿部分（chicken thighs）來烹調。當然，如果你自己飼養雞隻，並自行宰殺加菜，自然另當別論（當這道食譜出現時，當時的人們通常是這樣過生活的），也是處理老母雞的好方法。但是以當代的採購習性來說，選擇雞大腿是很方便的。不知道為甚麼，我似乎特別偏好那些，能用我的鑄鐵平底鍋料理的食譜（請見**第3頁**自助餐燉鍋Buffet Casseroles in Kitchen Carboodle），這也的確符合標準。

想要的話，儘管加入一些清蒸或水煮馬鈴薯，但我更喜歡配上一兩條法國長棍麵包，撕成小塊，蘸著美味的湯汁吃；不過，也別忘了酸種麵包，切片烤一下，抹上香甜的大蒜泥，更是完美。或者，一些四季豆或嫩豌豆，或是簡單的生菜沙拉，就能組合出一道令人垂涎的佳餚。

4-6人份

一般橄欖油2大匙 ×15ml
帶骨帶皮雞大腿（chicken thighs）8隻，最好是有機的
青蔥1把或6根
新鮮百里香（thyme）1小把
大蒜40瓣（約3-4顆），不去皮
不甜白苦艾酒或白酒2大匙 ×15ml
粗海鹽1½ 小匙或罐裝鹽 ¼ 小匙
上等現磨黑胡椒

♥ 將烤箱預熱到180℃ /gas mark4。將油放入寬口而淺的附蓋耐熱燉鍋（casserole）（可容納單層擺放的所有雞肉）內，將雞肉帶皮部分朝下，以大火煎到上色。也許需要分兩批。將煎好的雞肉移到碗裡。

♥ 一旦全部的雞肉煎好、移到碗裡後，將青蔥切薄片，加入鍋裡，和百里香葉快速翻炒一下。

♥ 加入20瓣未去皮大蒜（紙片般的外皮可去除），再重新加入雞塊（帶皮部分朝上），再加入剩下的20瓣大蒜。

♥ 在盛過雞肉的碗裡，加入苦艾酒（或白酒），和裡面的雞汁搖晃混合，也倒入鍋裡。

♥ 撒上鹽，磨入胡椒，再加入幾支百里香。蓋上蓋子，送入烤箱，烘烤1個小時30分鐘。

事先準備
雞肉可在一天前先煎上色，並和其他材料在鍋裡組合，密閉覆蓋後，放入冰箱保存。以鹽和胡椒調味，再以小火加熱5分鐘，便可依照食譜送入烤箱烘烤。

Make leftovers right 剩菜做得對

若有雞肉剩下－我想從來不會超過一塊－我會當場去骨，然後將雞肉冷藏。在一兩天之內，製作成雞肉湯：取出雞肉，將凝固的雞油放入鍋裡，加入一些雞高湯或清水，用大火加熱，然後加入撕碎的雞肉，等到全部熱透即可。當然你也可加入米飯或義大利麵共煮。另一招是，將剩下的大蒜壓成泥，加入凝固的雞油中，和切碎的雞肉一起放入平底深鍋裡，加一點鮮奶油（cream），用小火煮到完全熱透，當成義大利麵醬汁或用來拌飯。

GARLICKY SOUP
蒜味雞肉湯

GARLICKY CHICKEN SAUCE
蒜味雞肉醬汁

Carbonnade a la flamande
or beer-braised beef casserole
啤酒燉牛肉

烹調傳統經典菜色，有時就像回到家的感覺，一部份原因是，我從小就是吃這些菜長大的，但這不只和個人成長背景有關，傳統的招牌菜能夠通過歷史的考驗，必定有其原因。所有的比利時人，抱歉了，但我必須要說，真正的法國菜－和高級餐廳裡那種表面華麗的版本不同－都能發揚出家庭料理的真正精神：帶給我們安慰，提升我們的精神，超越那種受限於時代潮流、斤斤計較細節的粗俗。

事實上，我的確有些不好意思把這個比利時經典菜－法語區稱為 carbonnade；佛蘭芒語 Flemish 稱為 stoofvless －納入我的法國菜單裡。我無意對赫丘里・波羅 Hercule Poirot、雷內・馬格利特 René Magritte 和雅克・布雷爾 Jacques Brel 的祖國不敬，要知道我針對的不是地理關係，而是烹調方式。事實上，雖然法國菜很少將外國菜色納入它們的版圖裡，這道啤酒燉牛肉（以及另外一道同鄉菜李子燉兔肉 lapin aux pruneaux），在很久以前已被法國人心甘情願地融入他們的美食文化之中。

這道啤酒燉牛肉絕對能夠在你的廚房中，佔有一席之地，就像它在我心目中的地位一樣。我覺得該是讓它出來亮相的時候了。它的作法十分簡單－我很少會先將牛肉煎上色－又能讓一大群人吃得心滿意足。而且－更讓我滿意的是－如果事先製作、冷卻後加以冷藏，再重新加熱，味道更好。烹調時間很長是沒錯（在烤箱裡加熱的時候，你甚麼也不用做），但同時也能盡情享受那馥郁溫暖的芳香。當然，趕時間的時候就不能做這道菜了。如果你是會事先準備冷凍食物的人，我可以告訴你，如果你在周末煮上一大鍋這道燉牛肉，接下來在時間緊湊、更需要慰藉的周間，就能用來享受好幾次美味的速成晚餐。

在比利時（與法國和荷蘭）的某些地區，當地人會加入一點醋：但我覺得啤酒裡的苦味已經足夠了。事實上，我還因此加了一點深色黑糖來平衡（雖然不正宗，你也可以加入一點李乾 prunes），但我不只是要加一點甜味而已。傳統的版本會在烹調中，撒入一點薑味麵包（gingerbread），加以調味並使之濃稠：在這裡我用多香果粉（allspice）和黑糖，喚起這種充滿辛香味的濃郁感；我用麵粉來增加濃稠感（雖然比較缺乏想像力）。

比利時人，願主保佑他們，喜歡搭配 frites（炸薯條）。我的配菜比較不複雜，像法國阿爾薩斯地區用來搭配紅酒燉雞 coq au vin 一樣，我通常用寬帶麵 pappardelle 或其他雞蛋寬麵來搭配啤酒燉牛肉。我也推薦鬆軟義大利餃 gnocchi，或一大碗清蒸馬鈴薯或薯泥，都可用來吸收美味的湯汁。

至於使用的啤酒，要品質好而深色的，現在可以輕易地買到各種優質的比利時啤酒，所以你可以自由選擇，不過，英格蘭深色艾爾啤酒 Dark Ale 也是很好的替代品。另外－不用我說－餐桌上應搭配啤酒，而不是葡萄酒，來享用這道菜。

最後的提醒：用牛小腿的肉（beef shin）才能使味道如此豐腴甜美；如果一定要的話，儘管用其他部位的燉肉代替，但就無法做出這種入口即化的鮮嫩口感。

8人份

鴨油、鵝油或其他自選油類1大匙×15ml
煙燻五花肉（lardons）250g
洋蔥4顆，切碎
多香果粉（dried allspice）2 小匙
乾燥百里香2小匙
牛小腿肉（shin of beef）1.5公斤，切成4-5公分小塊
麵粉50g
牛高湯625ml（上等現成、高湯塊、濃縮液等皆可），最好是有機的
芥末籽醬（grain mustard）4小匙
深黑糖3大匙×15ml
深色比利時啤酒或英格蘭深色艾爾啤酒625ml
月桂葉4片
粗海鹽1小匙或罐裝鹽 ½ 小匙
上等現磨胡椒

♥ 將烤箱預熱到150℃ /gas mark2。

♥ 取出一個大型底部厚實的燉鍋（casserole），放在火爐上，以中－大火融化1大匙的脂肪，或加熱1大匙的油。加入五花肉（lardons）翻炒5-10分鐘，直到稍微酥脆。

♥ 加入切碎的洋蔥，充分攪拌，使其和培根塊均勻混合，轉成小火，炒10分鐘，中間不時攪拌，此時洋蔥應已變軟。

♥ 加入多香果粉和百里香攪拌，倒入牛肉塊，用一雙鍋鏟（spatulas）之類的工具，可方便將牛肉翻面。

♥ 加入麵粉，盡量攪拌混合。

♥ 將高湯倒入大量杯中，加入芥末和糖攪拌混合，再加入啤酒（如果可以的話），然後全部倒入牛肉鍋裡。

♥ 攪拌混合後，加熱到沸騰，加入月桂葉、鹽和足量胡椒，蓋緊蓋子，努力地將這個很重的鍋子放入烤箱裡。

♥ 烤3小時，直到肉十分軟爛（用叉子就可將肉剝散），打開蓋子冷卻後（如果你能等的話），加以覆蓋放入冰箱，等到改天要吃時再取出。不過，煮好的當天食用就已經夠美味了，耐心有時候是過於誇張的美德。

事先準備
這款燉肉可在二天前做好。移到非金屬碗裡冷卻。盡快覆蓋冷藏。重新加熱時，將燉肉倒回鑄鐵鍋內，以小火加熱到沸騰。或以預熱到150℃ /gas mark2的烤箱，重新加熱1小時到沸騰。

冷凍須知
冷卻的燉肉可放入密閉容器內，冷凍保存三個月（你可以小份量分批冷凍，適合當作周間晚餐）。放入冰箱隔夜解凍，依照上方說明重新加熱。

Papardelle with butternut and blue cheese
寬麵佐奶油南瓜與藍紋起司

這是那種大碗滿意，適合好友圍坐溫馨享用的料理，可以省略那種多道式的晚餐（餐後來些薑味麵包，倒是可以考慮，見**第305頁**健力士薑味麵包 Gingerbread）。雖然舒適溫馨，但美味絕不打折扣。這道食譜－讓我毫不猶豫地聲明－並非道地的義大利美食：奶油南瓜和鼠尾草與松子，si（是），但藍紋起司？ Beh...（嗯…）就像義大利人感到不確定時，但又必須表達出難免的偏見，這是一種他們無奈地接受世事轉變的態度。是的，在本來十分傳統的鼠尾草風味奶油南瓜醬汁的義大利麵裡，加入藍紋起司，是會引起義大利人這麼強烈的反應。

但是，既然這道食譜已經通過義大利料理終極仲裁安娜戴康堤 Anna Del Conte*（Gastronomy of Italy 的作者，也出版過許多博學、實用、有啓發性、必備的廚房手冊與其他認眞而有趣的書籍）的認定，我也不需要爲了一樣不正宗的材料遺憾。但並不是安娜的認定（雖然很令人安心）讓我決定喜歡這道創作並把它收納進來。畢竟，我只能依靠自己的味覺來進行，要是連自己都不能對自己有信心，我根本不能下廚做菜，也別說寫食譜書了。

我必須說，雖然它的分量不小，貪心的我常用一半的分量，來當作我和先生的兩人份：一旦你嚐過一口，就很難停下來。是，這樣的經驗我雖然常有，但這裡鮮活有力的口味和質感，對比上義大利寬麵的厚實，格外有撫慰人心的效果，令我心甘情願大快朵頤。柔軟、充滿洋蔥風味的南瓜塊，呼應著香鹹濃烈的起司；少量的鼠尾草提供了必要而幽微的苦味，蠟質的烤松子，爲這柔軟美味的佳餚，增添了酥脆口感。我這樣分析它的美味條件，不是要自誇或讓自己覺得了不起：只是要說明材料之間的相互作用，是如何地渾然天成。

雖然如此，若你要省略或增添某些食材，我不會介意的：不喜歡藍紋起司也無妨，加點捏碎的 Cheshire（柴郡起司）或 Wensleydale（文斯勒德起司），或是－買得到的話－義大利 ricotta salata（熟成瑞可達起司）。還有，雖然我個人覺得此菜必搭配寬雞蛋麵（pappardelle，外表與口感都很厚實）不可，粗通心粉（rogatoni）或貝殼義大利麵（conchiglie）也會是很好的替代品。只要記得，因爲醬汁這麼濃郁，一定要搭配紮實有力的麵類才行。

* 極富盛名義裔飲食作家與食譜作者。

6人份

大型奶油南瓜(butternut squash)1顆,約1.25-1.5kg或已切丁的800g
中至大型洋蔥1顆
一般橄欖油2大匙×15ml
煙燻紅椒粉(paprika)¾小匙
無鹽奶油1大匙×15ml
馬沙拉酒(marsala)3大匙×15ml
清水125ml
鹽適量
松子100g
義大利寬麵(pappardelle)或其他較粗的義大利麵500g
新鮮鼠尾草(sage)葉6片
柔軟藍紋起司125g,如Saint Agur

♥ 將奶油南瓜削皮去籽,切成約2公分小丁。

♥ 將洋蔥去皮切碎,用大型底部厚實的平底鍋(要能容納之後加入的義大利麵)與橄欖油煎炒一下。等到洋蔥轉成金黃色,便加入紅椒粉。

♥ 倒入南瓜丁,加入奶油,充分攪拌混合。當南瓜丁充分沾裹上油份後,加入馬沙拉酒和清水。加熱到沸騰後,蓋上蓋子,轉成小火,慢煮約20分鐘,或直到南瓜變軟。

♥ 同時,準備一大鍋水煮義大利麵,等水滾後再加鹽,另外取一鍋,在爐子上乾烘松子到呈褐色,倒入碗或盤子裡冷卻。

♥ 打開南瓜鍋的蓋子,檢查南瓜是否變軟,若沒有,再蓋上蓋子煮久一點,但南瓜丁應保持原形,不至軟爛。煮好後,調味-不要加太多鹽,因為稍後加入的起司亦有鹹味-離火,準備加入義大利麵。

♥ 根據包裝說明烹煮義大利麵,但在煮好的2-3分鐘前檢查熟度。等待的同時-別忘了不時翻攪一下-可將鼠尾草葉切碎,並捏碎藍紋起司。將大部分的鼠尾草撒在南瓜上,預留一小部分備用,快速攪拌一下;起司備用。

♥ 瀝乾義大利麵前,取出1小杯煮麵水,將瀝乾的義大利麵倒入南瓜鍋裡,慢慢將義大利麵和醬汁拌勻。亦可倒入溫熱的大碗裡再攪拌。如果醬汁太乾,可加一些煮麵水稀釋-裡面的澱粉可幫助醬汁乳化,更容易附著在麵上。

♥ 加入捏碎的起司與一半的松子,然後-像拌沙拉一樣-輕柔地拌勻後,再加入剩下的松子和預留的鼠尾草葉。

事先準備

奶油南瓜醬汁可在一天前做好。將南瓜丁煮軟後，移到非金屬碗裡冷卻，盡快覆蓋冷藏。以平底深鍋小火重新加熱，再加入鼠尾草，依照食譜繼續進行。

冷凍須知

奶油南瓜醬汁可放入密閉容器內，冷凍保存三個月。放入冰箱隔夜解凍，再依照上方說明重新加熱。

Venetian lasagne 威尼斯千層派

我稱它爲「威尼斯」千層派，並不只是因爲我用玉米粉（和威尼斯有很深的關聯，但那裡的玉米粉比較白，而且我用的黃金穀粒，道地的威尼斯人也不屑使用即食版本）薄層來取代傳統的義大利麵皮，也因爲威尼斯這個名字就自然勾起了夢幻般的聯想。

的確，很少人會特地到威尼斯享用美食，但當我輕鬆而悠閒地享用這道，層層疊疊鋪滿了濃郁肉醬和充滿起司風味的香甜玉米糕時，我可以很愉快地想像自己正眺望著那礁湖上哀愁的冬日黃昏。

不過讓我們回到日常的平凡廚房吧：我用的是即食玉米粉（我忠實的櫥櫃備用品之一），但我發現捨棄包裝說明，不用清水而用雞湯（同樣仰賴櫥櫃的湯塊等，而不用自己熬大骨頭湯），並且加入帕瑪善起司，就能讓風味大大升級。讓我暫停一下，向你坦承這是第三次偷懶，使用罐裝已磨好的帕瑪善起司。這是我最近的偷懶新招，因爲我發現我家附近的超市冷藏區，竟然有來自義大利、已磨好的新鮮帕瑪善起司（還是有機的，似乎這就能舒緩我偷懶的原因），質地柔軟新鮮，嚐起來道地（雖然較爲溫和），比以前那種粗糙低劣，如青少年臭襪子還自稱爲帕瑪善的東西強多了。如果我的偶像，安娜戴康堤 Anna Del Conte* 聽到了，絕對不以爲然。但我要對大家誠實，我的冰箱裡存了好幾罐這種磨碎或削皮的帕瑪善起司，眞的很方便。當然，你儘管可以自己現磨，或使用切達起司（比較容易磨碎，而且我認識的義大利人都瘋狂喜愛它）。

這道食譜的好處是，不但好吃極了，做法又簡單。主要的兩樣材料－玉米糕和肉醬－都在事先做好了，等到要吃時，再動手鋪疊，送入烤箱即可。另外，大家知道我也會用拋棄式的鋁箔盒（用來做玉米糕和烹調最後成品），因此還省去了洗碗的工作。

* 極富盛名義裔飲食作家與食譜作者。

8-10人份

乾燥牛肝蕈（porcini）25g
馬沙拉酒（marsala）125ml
清水125ml
一般橄欖油2大匙 ×15ml
洋蔥1顆，去皮
中型胡蘿蔔1根，去皮
西洋芹1根
乾燥百里香1小匙
粗海鹽2小匙或罐裝鹽1小匙，或適量

牛絞肉500g，最好是有機的
濃縮番茄泥（tomato puree）3大匙 ×15ml
切碎番茄罐頭1罐 ×400g
月桂葉1片
即食玉米粉（instant polenta）1包 ×375g
濃縮雞湯4小匙或雞湯塊1顆或更多（適量）
軟化奶油1大匙 ×15ml
現磨帕瑪善起司2罐各80g

拋棄式鋁箔盒3個或耐熱烤皿 / 烤盤，尺寸約爲30×20×5公分

♥ 將牛肝蕈、馬沙拉酒和水放入小鍋子裡，加熱到沸騰，離火，用剪刀將軟化的牛肝蕈剪碎。

♥ 將油加入底部厚實並附蓋的平底鍋裡加熱，用手或食物處理機將洋蔥、胡蘿蔔和西洋芹切得很碎，加入鍋裡。

♥ 以小火將蔬菜煮軟，約需5分鐘，加入百里香和鹽攪拌混合。

♥ 加入絞肉，用叉子盡量撥開，煎到稍微上色。加入番茄泥、罐頭番茄和月桂葉。

♥ 加入牛肝蕈，和泡過的深色美味湯汁，讓鍋子加熱到沸騰，一旦醬汁開始冒泡，蓋上蓋子，轉成小火，小火慢煮45分鐘到1小時。如果你的鍋子比較寬，較短的時間應該就行了；如果醬汁堆得比較深，大概需要一整個小時。

♥ 當醬汁在煮時，著手準備鋪玉米粉。先用自來水將鋁箔盒或烤盤潑濕一下。

♥ 在鍋子裡，根據包裝說明做成玉米糕，但先依照說明用高湯濃縮液或湯塊和水，調配出高湯。

♥ 用木匙攪拌，當玉米粉變得濃稠，一邊攪拌，一邊加入1大匙奶油和1罐帕瑪善起司。嚐味道看是否需要更多高湯，用濃縮液會比湯塊方便。或者，就加入適量的鹽。一旦玉米糕煮好，從鍋緣脫離時，分裝入3個鋁箔盒裡，盡量用冷水蘸濕的橡膠刮刀將表面抹平。它會馬上凝固。現在可以將肉醬和玉米糕放置一旁備用。

♥ 當你準備好要組合千層派時，將烤箱預熱到200℃ /gas mark6。將一半的肉醬，鋪在其中一個玉米糕上。

♥ 將另一個玉米糕靈巧地（不會太難的）倒上來，再鋪上另一半的肉醬。倒上最後一盒玉米糕，撒上第2罐起司。

♥ 如果肉醬是冷的，烘烤1小時，如果仍溫熱，只需45分鐘。起司應已融化轉成金黃色，千層派應完全沸騰熟透。

事先準備

千層派可在二天前做好並組合。用保鮮膜或鋁箔紙將鋁箔盒緊密包覆後冷藏。根據食譜進行烘焙，但可能需要額外的10-20烘焙時間，確認中央部位完全熱透。

冷凍須知

組合好的千層派，可用雙層保鮮膜外加一層鋁箔包好，冷凍保存三個月。放入冰箱解凍24小時，再依照上方說明烘焙。

Sweet potato supper 甘藷晚餐

這道食譜的發想，來自於某天傍晚我在逛超市時，突然非常想要買地瓜，又剛好被蘆筍尖所誘惑，回到家更發現冰箱裡的一包五花肉（lardons －法國培根丁）在對我招手，所以這樣的組合，就是命中注定。這道菜到現在，我已經做過好幾次了，通常是在我累得無力照顧太多細節－或正在忙別的事的時候－ 5分鐘前還不急著吃東西（我常常這樣）。

當然，你可以自己加以實驗變化，不過，我自己是很滿意這樣的成果，既美麗又充滿濃郁的大地氣息。不過，我還是喜歡在桌上擺瓶芒果辣醬搭配著吃，用辣椒水 Tabasco 也可以。如果你想要擺盤漂亮一點，可以將地瓜盛在2個舖了漂亮沙拉葉的盤子上。

2人份

地瓜2顆（清洗擦乾但不削皮），各切成4等份
煙燻培根丁（smoked ladons）200g
蘆筍尖（asparagus tips）200g
大蒜6瓣，不去皮
新鮮百里香數根或乾燥百里香1小匙
冷壓芥花油3大匙 ×15ml（見第19頁廚房機密檔案）
粗海鹽適量
沙拉葉，上菜用（可省略）
辣椒醬，上菜用（可省略）

直徑約30公分的大型圓烤盤，或任何一般的烤盤1個

♥ 將烤箱預熱到220℃ /gas mark7，取出一個可裝入所有材料的烤盤，我用的是大的圓烤模（tarte tatin tin）但一般小一點的也行。

♥ 將地瓜塊擺放在烤盤裡，放入大部分的培根丁，再加入蘆筍尖和大蒜，最後再放入剩下的培根丁。

♥ 撒上百里香，澆上油，以烤箱烘烤30分鐘，將地瓜翻面後，續烤30分鐘。

♥ 讓食物冷卻一下－否則一定會燙口的－分盛到2個盤子上，事先舖好沙拉葉（不要也行），撒上一些粗海鹽或加點辣椒醬（或兩者都加，隨你心情高興）。

Homestyle jerk chicken
with rice and peas 家庭式牙買加烤雞佐白飯與豌豆

一開始我必須聲明，這道家常牙買加烤雞，和我在當地街上，由攤販直接從側躺的金屬桶般的烤架取出、又燙又脆的版本不一樣。當然會不一樣啊。不是我沒試過，把整隻雞帶皮帶骨的四分之一部位都用完了，就是感覺不對。家裡的烤箱溫度就是不夠高，雖然外皮上的香料烤得酥脆，但雞皮本身一點也不酥脆－當然不可能呀－而濕軟的雞皮是不能容忍的。所以，雖然摻有醋、萊姆、蘭姆酒和辛香料的醃醬，使肉質美味鮮嫩，最後還是要把外皮全部捨棄，這樣我覺得太浪費了。

你很少看到我建議使用雞胸肉，更不用說去骨的雞胸肉片（breast fillet）了，所以如果連我都說，香辣的醃醬、這塊部位的軟骨搭配上內部入口即化的白肉，效果眞得很棒，那絕對值得相信。我也必須說，我以前從來沒有辦法料理出、或發現，白肉可以這麼鮮美多汁。簡直是奇蹟，我雖然震驚，更是感恩。我沒有別的可說了，只建議你，可以嘗試瘦的里脊豬肉（lean pork tenderloin）來發揮相同的魔法。

不過請注意，除非你眞的喜歡吃辣，否則別隨便嘗試。眞的很辣。沒有必要硬要做這道菜，又故意把辣度減少，如去除辣椒的籽（如果你一定要的話也是可以）。更何況，雖然它的辣度極其夠味，但配上一定要的柔軟椰香飯，就是完美的平衡。秉持同樣的精神，我推薦餐後來上一道免攪拌鳳梨可樂達冰淇淋（見**第180頁**）。

6人份，*搭配下一道的白飯和豌豆*

雞胸肉6塊（去皮去骨），或帶一小段骨的雞胸肉塊
多香果粉（Allspice）2小匙
乾燥百里香2小匙
卡宴紅椒粉2小匙
薑粉2小匙
肉豆蔻粉（nutmeg）2小匙
肉桂粉2小匙
大蒜2瓣，去皮
生薑1塊4公分，去皮切小塊
深色黑糖（dark muscovado sugar）2大匙 ×15ml
深色萊姆酒（dark rum）60ml
萊姆汁60ml
醬油60ml
蘋果酒醋125ml
新鮮紅辣椒2根，整根不去籽
洋蔥1顆，去皮切成4等分

♥ 在每塊雞胸肉上用刀子斜劃三道，深約2公分，放在橢圓形的盤子裡，切面朝下。

♥ 將其他材料全部用食物處理機攪打成深色的膏狀，均勻倒在雞肉上，靜置入味2-4小時，或加以覆蓋放入冰箱醃一整夜。

♥ 將烤箱預熱到200℃ /gas mark6。在一個淺烤盤舖上雙層鋁箔紙，倒入雞肉和醃醬，切面朝上，烤30分鐘。

♥ 取出烤盤，倒出多餘的汁液，用糕點刷和湯匙，將醃醬均勻塗抹在雞肉上。續烤30分鐘，雞肉應已熟透鮮嫩，外皮酥脆而辣。當雞肉最後一次送入烤箱時，你便可開始準備白飯和豌豆。

事先準備
牙買加烤雞醃醬（jerk paste）可在一天前先做好。移到非金屬碗裡，蓋上保鮮膜，再用第二層保鮮膜黏緊後冷藏。雞肉可在24小時前開始醃，用保鮮膜緊密覆蓋後冷藏保存。

冷凍須知
加入醃醬的雞肉可放入冷凍袋，冷凍保存1個月。放入冰箱隔夜解凍，將冷凍袋放在碗裡，以防溢漏。

Rice and peas
白飯和豌豆

雖然這道加勒比海菜餚稱為白飯和豌豆，但裡面其實是豆子（beans）。傳統上用的是木豆 gungo peas－又稱為 gunga peas, Congo peas, no-eye peas 或更常聽到的 pigeon peas－但不用太執著。我常用的是眉豆 black-eyed peas，有一兩次還用斑豆 borlotti 或腰豆 kidney beans。事實上，就像一首歌唱的，任何種類的豆子都行。

6人份

木豆(gungo beans)1罐 ×400g
蔬菜油或花生油1大匙 ×15ml
洋蔥1顆,去皮切碎
紅辣椒1根,去籽切碎
大蒜2瓣,去皮切碎
長梗米400g
椰奶1罐 ×400ml
雞湯或蔬菜高湯600ml
切碎的新鮮百里香葉1小匙
鹽適量

♥ 將木豆瀝乾,用附蓋、底部厚實的平底鍋來加熱油。

♥ 將洋蔥翻炒約5分鐘,使其稍微軟化並上色。加入切碎的辣椒和大蒜,攪拌混合。

♥ 加入白米攪拌,使其均勻沾裹上油脂,倒入椰奶和蔬菜高湯(或雞高湯),加入瀝乾的木豆。

♥ 加熱到沸騰後,蓋上蓋子,轉成極小火,煮約15分鐘。

♥ 確認白米煮熟,且液體完全被吸收-必要的話,再多煮5分鐘。撒上切碎的百里香葉,想要的話,用鹽調味,用叉子翻鬆。

♥ 在每個人的盤子舀上椰香飯,再驕傲地擺上一隻香辣脆雞。

Make leftovers right 剩菜做得對

如果有剩菜-若有6個人吃晚餐的話,機會可能不大-冷卻後盡快冷藏,在1-2天內,便可剪下一些雞肉加入飯裡,直接重新加熱到完全沸騰。但我更喜歡另一種版本:點綴上一些嫩雞肉的濃郁椰奶湯。在剩下的米飯裡,加入一些椰奶和雞湯,再加入一點薑泥和萊姆汁,加熱到沸騰時,放入切成小條或小塊的雞肉。等到雞肉熱透後再調味,倒入碗裡,撒上切碎的新鮮香菜,心懷感謝地大口吞下吧。

COCONUTTY RICE SOUP
椰香米湯

San Francisco fish stew 舊金山燉魚

身爲歐洲人，燦爛亮麗的新世界似乎充滿誘人的異國風情，但事實上，這道豐盛的燉魚料理卻是源自歐洲。像是兩岸的獻禮，從熱那亞（Genoa）傳到舊金山，然後進一步發揚光大。它的本名是 cioppino －念做邱比諾－這裡的版本比較接近 chop-choppeeno，因爲比較快速。

這道菜可用白酒或紅酒來煮，我用的是後者，一方面爲自己習慣的煮魚方式做點變化（加了番茄也是變化之一），另一方面我也喜歡它產生的厚實飽滿風味。用加州出產的紅酒是很適當的，相信我，要找到一瓶也不難。我希望在我最後的晚餐，能得到一瓶美妙的 Ridge Greyserville* 相伴美食。

不管餐廳的版本如何，當我在家烹調這道晚餐時，總是做成主菜，而非開胃菜，因此有時會送上一碗新馬鈴薯搭配，讓客人用叉子叉起來蘸著燉海鮮吃。如果你喜歡，也可以搭配蒜味烤麵包塊（croutes）：將一根法國長棍麵包斜切成長薄片；在盤子裡加入3大匙橄欖油，磨入1瓣大蒜或切碎後加入，刷在麵包片上，放入炙烤盤，送入預熱200℃ / gas mark6的烤箱，烤約10分鐘。但是其實，在桌上擺上一籃撕成小塊的長棍麵包，或－更符合舊金山的當地風情－一條切片的酸種麵包，就是很好的配菜了。

根源於熱那亞的傳統，這道菜常常會加上羅勒點綴；我接下來會提到，但現在先略過。有時候，我會在每個人的碗裡，最後加上一兩片羅勒葉，但更常覺得不需要。如果你的羅勒香氣不足，就不用麻煩了，替代方式是，用羅勒橄欖油來煎炒第一個步驟的洋蔥。

*Ridge Greyserville 美國瑞脊酒莊所產的酒。

4-6人份

橄欖油或羅勒油1大匙 ×15ml
紅洋蔥1顆，去皮切碎
球莖茴香1顆，切成4等份再斜切成薄片
長的紅辣椒1根，去籽切碎
大蒜2瓣，去皮切碎
切碎的新鮮巴西里3大匙 ×15ml
粗海鹽適量
上等紅酒500ml
切碎的番茄罐頭1罐 ×400g
櫻桃番茄150g，切半
淡菜（mussels）500g
蛤蜊500g
大型生蝦8隻（帶殼）共約300g，
若為冷凍要先解凍
去骨魴魚或鮟鱇魚或其他美味的魚肉，
切塊375g
羅勒葉少許（可省略）

♥ 用底部厚實附蓋的平底鍋將油加熱，將切碎的洋蔥和球莖茴香翻炒5分鐘。加入辣椒、大蒜、切碎的巴西里，撒一點鹽，續炒5分鐘。

♥ 加入紅酒、切碎的番茄罐頭和切半的櫻桃番茄。加熱到沸騰後，蓋上蓋子，慢煮10分鐘。

♥ 將水槽裝滿水，倒入淡菜和蛤蜊浸泡並清洗，將淡菜的足鬚拔出來。若有破損或浸泡後仍未閉合者－將開啓的貝類在水槽邊輕敲，若仍保持開啓者，一律丟棄。

♥ 在鍋裡加入整隻生蝦和魚塊，蓋上蓋子，加熱到慢滾，續煮5分鐘。

♥ 將淡菜和蛤蜊瀝乾，加入鍋裡，快速攪拌一下，蓋上蓋子，以中－大火續煮5分鐘，直到貝類開啓。

♥ 靜置一會兒，使貝類裡流出的砂礫有時間沉入鍋底，再將這道海鮮燉菜舀入溫熱過的碗裡，想要的話，撒上一些羅勒葉，搭配大蒜烤麵包塊（croutes）或酸種麵包片上桌。在烹煮過程中，若有未開啓或破損的貝類，請勿食用－它們都應直接丟棄。

THE SOLACE OF STIRRING
攪拌的慰藉

聲稱義大利燉飯一定是終極的撫慰食物，當然不是甚麼創新的言論，但或許正因爲如此，更形貼切：全世界低聲的贊同，是最適當的回應。我們也都知道，讓這種食物特別感覺撫慰的是：碳水化合物的親吻，來自米飯裡的澱粉質，以及伴隨夢幻般的寧靜，這是我們在日常生活裡常常缺乏的。除此之外，它的另一項特質是，你現在吃的這一口和上一口與下一口，毫無分別。有時候，就是這種缺乏挑戰，甚至帶來睡意、重複性如餵食嬰兒的動作，將食物從盤子一匙接一匙舀入嘴裡，不需思考，格外令人感到平靜。你不用花任何心思，這只是單純的進食。

但是，似乎沒有人提到或想過，製作義大利燉飯的步驟，正是解壓的第一步。廚房是適合消除壓力的地方，但我發現，製作燉飯是安靜心神的最佳方式。在瑜珈裡，我們內心的噪音叫做 monkey-brain（雜念，直譯爲猴腦）：如果你曾爲此所苦，一定可以瞭解，相信我，對我來說，煮上一鍋燉飯，就是最能夠治癒我猴腦症候群的良方。

我認爲任何一種料理動作，都具有平靜身心的效果，但製作燉飯（如同烘焙）需要一再重複簡單的動作。但和烘焙不同的是，成果快速多了。將米粒倒入鍋裡後的20分鐘內，你不旦紓壓了，晚飯也上桌了。但是，其中不用腦筋的料理動作依然有效，甚至更強大。當你做燉飯時，不只是需要攪拌而已，而是必須什麼都不做地專心攪拌。你不能走開，分心去做別的事，而必須要一直站在那裡，攪拌、攪拌、攪拌。這種持續、專心一意的攪拌動作，似乎有一種催眠般的效果，使我彷彿能夠理解，佛教所說物我合一的境界。不用多久，我似乎已經被自己催眠了，一邊攪拌，一邊盯著鍋子，看米粒緩緩吸收著高湯，再加一點高湯，同時繼續看著它也逐漸被吸收。過了一會兒，我的腦子裡別無它物，只剩下攪拌的意念而已。這是我最接近打坐冥想的經驗。

當然，我知道我已大大簡化了工作項目：要是每次做燉飯都要自己先煮高湯，那還得等上好幾天才能動手。我對於經過品質控管的緊急程序很有信心。我從超市的冷藏區，買來好幾盒有機高湯，同時也隨時備有一點家常肉湯或是濃縮高湯或湯塊。我從不覺得讓生活輕鬆一點有什麼不對，你也應該如此。

這眞的就是一切的重點：義大利燉飯不只是撫慰人心的食物，更重要的是，料理本身更是如此。

Stress Reduction
Bang
Head
Here
Directions:
1. Place on FIRM surface.
2. Follow directions in circle.
3. Repeat step 2 as necessary, or until unconscious.
4. If unconscious, cease stress reduction activity.
TURKEY PILAFF WITH POMEGRANATE

Saffron risotto 番紅花燉飯

這是我製作正式米蘭燉飯的版本，和我年輕時住在義大利所學的做法相去不遠。遺憾的是，我捨棄了最先應該加入的豐潤 midollo（骨髓），但是我請求你，如果你想繼續進行下去，要求一個好心的肉販給你一點骨髓，和奶油在烹調最初時一起加入（可以減少奶油份量）。

再加入葡萄酒時，道地的米蘭人會加入紅酒；但我常使用不甜的白酒或苦艾酒，這裡我則用了不甜的馬沙拉酒。我愛極了它入喉的濃郁感，而且這種含蓄的橡木桶味，似乎和金黃色的燉飯更搭配。

2人份，*做爲主食，或4人份的前菜或配菜*

雞高湯或蔬菜高湯1公升（現成、濃縮或高湯塊皆可），最好是有機的
番紅花（saffron）1包0.4g（約1小匙）
奶油50g，外加1大匙（15g）
一般橄欖油1大匙 ×15ml
紅蔥頭50g，切碎，或使用 ½ 顆切碎的洋蔥
義大利燉飯專用米（risotto rice）250g
不甜的馬沙拉酒（dry marsala）125ml
磨碎的帕瑪善起司4大匙 ×15ml（約25g），外加上菜用的量
鹽和胡椒適量

♥ 用平底深鍋加熱高湯，加入番紅花，以最小火保溫即可。

♥ 用寬口而淺、底部厚實的平底深鍋，以小－中火來融化50g奶油和1大匙油，加入切碎的紅蔥頭（或洋蔥），用木匙翻炒幾分鐘，直到變軟。

♥ 加入燉飯米翻炒1分鐘左右，轉成大火，加入馬沙拉酒－此時會令人興奮地滾煮著－一邊攪拌直到液體被完全吸收。

♥ 用大湯勺舀入高湯，每加入一杓，邊攪拌邊使液體吸收後再加入下一杓。

♥ 按照這樣的步驟，直到米飯煮熟，但仍有口感－約18分鐘或更短－這時，你的高湯大概已經用完了。

♥ 如果發現米飯已煮到想要的熟度，但高湯尚未用完，也沒關係，就將多餘的高湯剩下。

♥ 離火，一邊攪拌，一邊加入剩下的1大匙奶油和帕瑪善起司，再加以調味。將這柔軟濕潤、振奮士氣的燉飯，舀入溫熱的淺碗或盤子，在桌上準備磨碎的帕瑪善起司，立即上菜。

雖然我很喜歡西西里炸飯球（arancini）－我覺得就是蘇格蘭蛋 Scotch egg 的義大利版本，將剩下的燉飯揉成球狀，塞入莫札里拉起司或火腿，或兩者都加，或其他自選材料，再裹上麵包粉油炸－但我還是不會想要做來吃，就像我不做蘇格蘭蛋一樣。是有點想試試看，但理性的部分適時地阻止了我這個瘋狂的嘗試。我用剩下的燉飯做成的番紅花米餅佐培根，大概更好吃－做法絕對更簡單，也比較好消化。但請注意，煮好的燉飯在冷卻後一定要盡快冷藏（在1小時之內），並且在二天內使用。

SAFFRON RICE CAKES WITH BACON 番紅花米餅佐培根

以下的做法，是根據你有約200g（美式量杯1杯）的剩餘燉飯來準備的。加熱一個底部厚實的平底鍋，將4片美式培根（條狀培根薄片）煎到酥脆，移到一片鋁箔紙上，包起來保溫。用湯匙將燉飯舀入鍋裡，做成直徑約6公分的肉餅形狀（應可得出4個小肉餅），用培根煎出的脂肪來煎，每面煎2分鐘，直到完全熱透，移到盤子裡，在這黃金色的煎米餅上各加一片培根。

你知道創作出這個食譜是很理所當然的。

Risotto bolognese 波隆那燉飯

我不否認，這道食譜的步驟有些瑣碎，但料理的過程其實很能帶來平靜，爐火和烤箱裡傳來的味道如此溫暖芳香，嚐起來如此美味，整個工作給人極大的成就感，所以雖然有些辛苦也是值得的。如果你不認同的話，那你也不值得品嘗這人間美味。

其實這就是一種肉醬燉飯，但這樣說聽起來太隨便，無法表達出它的特別。這可不是一般的肉醬，不只是因爲裡面有小牛骨高湯（veal stock）。我家裡有好幾罐備用的上等小牛骨高湯，因爲我知道如果我需要特地去採買的話，就缺乏動機常常做。如果還要我自己動手做，那做這道菜的機率更低了。用烤箱來做肉醬似乎很不傳統，是的，我承認。你可以直接忽略，用火爐來煮，但是，把肉醬鍋送入烤箱，也不是甚麼大工程。此外，這種烹調方式比較好：食材的味道更濃烈，口感更軟爛滑嫩。如果有時間，這一定是我料理方式的選擇。

這裡的肉醬（ragù 但我們都稱爲波隆那肉醬）比一般用來拌義大利麵的，水份更多，這是有道理的：米飯需要多一點的水份，才能膨脹煮熟成終極美味。

最後一件事：我在鯷魚旁寫上可省略，因爲我知道有些人對鯷魚很敏感。一般來說，我鼓勵你忘掉這些自我設限的麻煩，不只是因爲上等鯷魚會直接融化在醬汁裡，只留下濃郁的鹹味。但是，如果這是要做給不吃魚的小朋友吃的，他們的嘴巴裡像是有雷射探測儀一樣，直接放棄吧。事實上，小孩子的味蕾數目眞的比大人多，所以他們吃進口裡食物的味道，眞的比較強烈；當他們說，他們眞的就是不能吃花椰菜（幸好這是我家小孩唯一願意吃的蔬菜），那是因爲這種甘藍菜類的味道，在他們未經汙染的小嘴巴裡，已經被放大了好幾倍。當老人說，食物嚐起來沒有以前好吃，大概也是因爲他們的味蕾退化，而不是食物的關係－當然有時候，是兩者都有。

6-8人份

洋蔥1顆，去皮切成4等分
胡蘿蔔1根，去皮切半
西洋芹1根，切半
大蒜1小瓣，去皮
新鮮巴西里1小把
去外皮的條狀培根75g
鯷魚片（anchovy fillets）4片（可省略）
無鹽奶油50g，外加1大匙（15g）
一般橄欖油½小匙
牛絞肉250g，最好是有機的
馬沙拉酒80ml
切碎的番茄罐頭1罐×400g
濃縮番茄泥（tomato purée）1大匙×15ml
全脂鮮奶2大匙×15ml
小牛肉高湯（veal stock）2公升（500ml再加1.5公升），最好是有機的
月桂葉2片
義大利燉飯專用米500g
磨碎的帕瑪善起司6大匙×15ml，外加上菜的量
鹽和胡椒適量

♥ 將烤箱預熱到150℃/gas mark2。將洋蔥、胡蘿蔔、西洋芹、大蒜、巴西里、培根和鯷魚，放入食物處理機內，攪打成泥狀。

♥ 用深口厚重附蓋的耐熱燉鍋（casserole），加熱50g奶油和½小匙油。倒入食物處理機內的蔬菜泥，炒5分鐘到變軟。

♥ 加入絞肉，一邊將肉分開並炒到稍微變色，加入馬沙拉酒。將番茄用食物處理機攪打到質地滑順，也加入鍋裡。

♥ 將濃縮番茄泥和牛奶攪拌混合，倒入鍋裡，加入500ml的小牛肉高湯和月桂葉。

♥ 加熱到沸騰後，蓋上蓋子，移入烤箱烤1小時。

♥ 從烤箱取出後，撈出月桂葉。另取一個平底深鍋，加熱剩下的1.5公升小牛肉高湯，以極小火保溫。在旁邊的爐子上，也用小火加熱烤箱取出的絞肉鍋。

♥ 將燉飯米加入絞肉鍋裡，加入一大杓的熱高湯。一邊攪拌，直到米和醬汁變濃稠後再加入下一杓高湯。

♥ 繼續以這樣的步驟加入需要的高湯，一次只加一小杓，並不斷攪拌。過了18分鐘後，檢查米飯的熟度－也許此時高湯尚未用完。

♥ 米飯煮好後離火，加入起司和額外的1大匙奶油，用木匙攪拌後調味，舀入溫熱過的淺碗裡。想要的話，搭配額外的帕瑪善起司上菜。

事先準備

肉醬可在二天前先做好，移到非金屬碗裡冷卻後，盡快覆蓋冷藏。移入鑄鐵鍋內小火重新加熱，不時攪拌直到徹底熱透，再依照食譜加入燉飯米繼續進行。

冷凍須知

冷卻的肉醬可放入密閉容器內，冷凍保存三個月。放入冰箱隔夜解凍，再依照上方說明重新加熱。

Make leftovers right 剩菜做得對

BOLOGNESE PATTIES
波隆那肉餅

我可以一直吃這道義大利肉醬燉飯－都虧了我驚人的意志力，才能喊停，將剩飯做成這些美味的燉飯漢堡（請注意剩下的燉飯在冷卻後要盡快冷藏－在1小時之內，並在二天內使用）。事實上，它們就是燉飯肉餅再加上一片融化的起司，但我的孩子第一次看到的時候，就稱呼它們為燉飯漢堡，現在他們都已是青少年了，所以我格外珍惜這遙遠的甜蜜幼時回憶。

以下是根據你擁有1½ 早餐杯（約300g）的燉飯，可做出3個巴掌大的肉餅，直徑約為8公分。放入冰箱冷藏1小時，同時將烤箱預熱到200℃ /gas mark6。

1小時過後，取出鑄鐵鍋（或其他耐熱平底鍋），將一點油加熱，將肉餅煎5分鐘，用2個鏟子將肉餅翻面，再煎3分鐘。如果破掉一點也不用擔心，你可以再將它們推回原形。

將肉餅和鍋子移入烤箱，烤10分鐘，過了5分鐘後，放上自選的起司薄片，上菜前確認完全熱透，也可搭配一些豌豆。

Squink risotto 墨汁燉飯

我發現我才剛說過，自己通常用白酒或白苦艾酒來做義大利燉飯，但這道食譜馬上將之推翻。我的理由是：這道燉飯的特色就是，它由烏賊墨汁渲染出的黑色（見標題），所以我並不想用白酒來減低其效果。當然不只是顏色的考量而已：烏賊的墨汁風味濃郁強烈，只有同樣濃郁的紅酒可與之抗衡。

當我說這一道異國風情濃烈的菜餚，也是一道櫥櫃常備材料的料理，似乎很奇怪。但是其中的米飯、高湯和墨汁（小包裝，可從優質魚販、義大利食品店或網路商店購得）都可輕易的儲存。我將頂端的烏賊圈標示爲可省略，但是它們也可在冷凍庫保存數個月。

雖然如果只有墨黑的燉飯，我就會很開心了，但表面點綴上三色亮麗的烏賊圈、紅辣椒和巴西里，更使人心情振奮。這是一道美麗而充實的佳餚，最適合黑哥德（Goths）信徒。

2人份當作主菜，或4人份的開胃菜

小烏賊250g（清洗後重量）（可省略）
蔬菜高湯1公升（現成、濃縮或湯塊皆可），最好是有機的
一般橄欖油2大匙×15ml，外加2小匙
青蔥6根，切蔥花
大蒜1瓣，去皮
燉飯用米（risotto rice）250g
紅酒125ml
烏賊墨汁2包
新鮮紅辣椒1根，去籽切碎
新鮮巴西里1小把，切碎（約2大匙×15ml）
胡椒，適量

❤ 使用的話，先將烏賊切成小圓圈形，備用，開始製作燉飯。

❤ 將高湯加熱，或用濃縮液/湯塊和滾水調製出高湯，用最小火保溫。

❤ 將2大匙油倒入大型、底部厚實的平底深鍋內加熱，以小火翻炒蔥花，使其變軟，不要燒焦。

❤ 磨入大蒜，轉成大火。加入米翻炒，使其均勻沾裹上閃亮的油脂。

❤ 倒入紅酒，加熱到沸騰冒泡。

❤ 戴上CSI手套（可拋式的乙烯基手套），剪開墨汁包，擠入高湯鍋內，將擠完的包裝小心地泡入高湯內，將最後一點的墨汁都泡出來。

❤ 接著持續地將高湯用大湯勺舀入燉飯裡，等到一湯杓的高湯完全被米粒吸收後，再加入下一杓，同時，不斷攪拌米飯。

❤ 當米飯加熱15分鐘後，可以暫停攪拌，開始烹調烏賊圈（如果用的話）。

❤ 在平底鍋裡，加熱剩下的2大匙橄欖油和辣椒，直到香味逸出，加入烏賊圈翻炒約3分鐘，稍微搖晃一下鍋子，用現磨胡椒適量調味。

❤ 此時，黑燉飯應已完成，分盛到溫熱的淺碗或盤子裡，放上辣椒和烏賊圈（要用的話），撒上巴西里。

THE BONE COLLECTION 食髓知味

在十四世紀時，約翰・特雷維薩（John Trevisa）翻譯了巴爾多祿茂（Bartholomew）的On the properties of Things，裡面有一句話說：The nerer the boon the swetter is the flesshe 越靠近骨頭的肉越鮮美。換成比較好聽的現代語言（你知道，特雷維薩一定有很濃的康瓦耳 Cornish 口音）就是：the nearer the bone, the sweeter the meat，這是歷久彌新的眞理。我蠻喜歡那個舊的語言版本，因爲現代語的那段似乎是爲了戰爭或物質缺乏而假裝出來。無論如何，這段話仍是眞理：如果你問任何一個肉販或積極的食肉者。沒有肥油的去骨瘦肉，也許比較受歡迎（所以價格較高），但若要追求鮮美的肉味，並且呼應俗話所說：入口即化的效果，你就必須抓緊帶骨部位的肉塊，便宜而帶肥油。

我是很殘忍，喜歡豬腳蹄膀等超市不常見，帶有軟骨的部位。不是出自市井小民粗俗的優越主義；我只是喜歡骨頭邊的肉，那股特別香甜紮實的滋味，以及油花帶來的滑順口感。但不只是這樣：如此能夠避免浪費，更令我開心。義大利人堅持說他們吃一整隻豬的所有部分，除了慘叫聲以外。我們是比較脆弱、神經質的民族，只要看到任何一個可以聯想到那隻動物部位的肉，都會變得臉色慘白。這麼挑剔也不是罪，但如果你屬於這種人，這一章裡的大多數食譜都不會適合你。但先別走開，即使是那些（當然，素食主義者除外）無法接受咀嚼豬腳或小腿骨肉，或吸出骨髓享用的人，也可能會享受羊肩肉、羊小腿、滋味深沉的鴨腿與一同爐烤的金黃馬鈴薯塊、一大盤甜膩發亮的烤排骨與一整塊帶骨牛肉。

在烹調裡有兩項主要的決定性因素－除了食材以外－其中之一是時間；另一項就是花費。如果你在其中一項省下開支，通常在另一項就相對地不能縮減。雖然並非絕對，但這是很有用的大原則。因此，以下食譜裡所使用的肉，通常屬於便宜的部位，但就必須仰賴廚房裡的慢火細燉方式。如果你覺得，這些食譜就絕對不屬於快速食譜之列，倒也未必如此。當你需要一道快速料理時，蹄膀（ham hock）也許不是首選，但很少有其他的食譜比它更簡單省事了。需要長時間烹調的菜色，未必代表其中的程序複雜。以下的食譜，正能讓你在廚房裡輕鬆寫意。

Patara lamb shanks 帕他拉羊腿咖哩

羊腿一直是美食小酒館（gastro-pub）和當季流行的常備菜單之一，其來有自。我自己曾經做過北非風味的燉羊腿和蜂蜜燉，也試過一兩道原味的烤羊腿版本，但這裡的帕他拉羊腿咖哩食譜，來自我家附近泰國餐廳，眞的令我大開眼界。如果你要自己製作帕他拉咖哩醬，可能有點複雜，但那裡的主廚向我保證，就算用市售現成的也不會丟臉，還特別推薦Mae Poly這個品牌。我樂於從命，現在家裡的冰箱裡也常備有這個帕拿咖哩醬（我發現它的英文拼法有Panagng, panaeng, penang等，但畢竟是拼音轉換，所以有變化也是正常的）。爲了表達對這家餐廳的謝意，我將這道食譜的名稱改成餐廳名。不過，我仍必須懷著謙卑的敬意說明，我將原本的食譜（出自懶散的個性和主婦不願浪費的心意）做了一點輕微的更動。

如同一般的泰式咖哩，這款醬汁的質感水分較多比較有流動感，正好適合用來拌著大量的蒸白飯吃。

如果你夠幸運，可以在超市找到這個牌子的咖哩醬，如果沒有，一般的亞洲超市應該會有。如果你買不到泰國九層塔（可能需要特殊供應商），可用新鮮香菜代替。

6人份

蔬菜油1大匙 ×15ml
羊腿（lamb shanks）6隻
鹽和胡椒
椰奶3罐 ×400ml
清水1公升
帕拿咖哩醬（panang curry paste）4大匙 ×15ml
魚露（fish sauce）3大匙 ×15ml
淡黑糖1½ 大匙 ×15ml
萊姆汁少許，外加切塊的整顆萊姆
泰國九層塔1小把或新鮮香菜
白飯，上菜用

PLOY™

♥ 將烤箱預熱到170℃ /gas mark3。用大型寬口燉鍋（casserole）或耐熱平底鍋將油加熱，先將羊腿用鹽和胡椒調味後，再煎到上色。可能需要分批進行，煎好後移到大碗裡。

♥ 小心地將油丟棄，再將羊腿放回鍋裡，加入椰奶和1公升清水，應該剛好到淹沒羊腿的高度。將蓋子蓋緊，或用鋁箔包好，送入烤箱烤2-2½ 小時，直到十分軟爛。

♥ 從烤箱取出後，將羊腿移到烤盤裡，加入原本1公升的椰奶高湯。用鋁箔包好，再送回烤箱，轉成150℃ /gas mark2。剩下的高湯仍留在鑄鐵鍋內。

♥ 將帕拿咖哩醬、魚露、糖和萊姆汁倒入碗裡，加入鑄鐵鍋裡1大杓的椰奶高湯，攪拌混合，再全部倒回鍋裡。將烤盤取出，將羊腿放入鍋裡，你可能要準備處理這烤盤裡的1公升椰奶高湯，當然你可以待其冷卻後，撈除羊肉脂肪，冷凍保存等下一次製作咖哩時使用，不過我發現我最後都還是把它丟掉）。

♥ 將泰國九層塔（或香菜）切碎，將其中一些加入鍋裡，其他的留著最後上菜前再撒。將鍋子以中火加熱，慢煮（simmer）5分鐘，確保食物熱透。

♥ 用寬口淺碗裝盛羊腿，搭配泰國香米，每個人都有一隻羊腿和1大杓醬汁。再撒上一些泰國九層塔或香菜，搭配萊姆角上菜。

事先準備

將羊腿煮1¾ 小時後，移到非金屬的碗裡，冷卻後覆蓋冷藏。可保存二天。要用時，將羊腿和醬汁放回鑄鐵鍋裡，用爐子加熱到沸騰，再用烤箱烤45分鐘到1小時，直到羊肉熱透。依照食譜繼續進行。

冷凍須知

依照上方說明烹調冷卻後，放入密閉容器，可冷凍保存三個月。放入冰箱隔夜解凍，依照上方說明重新加熱完成。

Ham hocks in cider
with leeks in white sauce 蘋果酒煮蹄膀佐白醬韭蔥

我嘗試過各種不同的液體，來搭配蹄膀烹煮－可樂、櫻桃可樂 cherry coke、薑汁汽水 ginger ale 和其他特殊而簡單易做的版本都很不錯－但我最常做的一種老式風格，像從我母親的廚房裡飄散出來的味道，是利用蘋果酒。略帶酸味的蘋果汁風味，能夠完美平衡火腿的鹹味，同時蘊含一絲香甜。我喜歡用不甜的上等蘋果酒；但我也能夠瞭解爲什麼有人用甜蘋果酒（或直接用蘋果汁）－我唯一的顧慮是，這樣煮出來的湯汁很甜，通常不能做成甚麼有用的剩菜，因此犧牲了一大鍋好喝的蘋果酒豌豆湯 Cidery Pea Soup（**見374頁**），似乎很可惜。我在食譜裡指定用煙燻火腿，只是誠實地表達出個人的偏好；如果你要用生火腿，請自便；這些影響因素只是個人口味而已。

我的胡蘿蔔是不削皮的，因爲我通常用有機的，沒有噴藥的問題，如果你覺得去皮比較安全，儘管自便。洋蔥是直接用來煮高湯的，所以我也覺得沒必要去皮。

火腿的配菜，對我來說，一定得是我母親的白醬韭蔥，和一碗清蒸或水煮馬鈴薯。事實上，我最喜歡的做法是，在煮火腿的鍋子的上方，利用最後的1小時或45分鐘（依尺寸而定）清蒸馬鈴薯。

6人份，*搭配下一頁的白醬韭蔥*

煙燻蹄膀（smoked ham hocks/knuckles）2隻（各約1.5kg）
蘋果酒（cider）1公升，最好是不甜的
西洋芹2根，切半
胡蘿蔔2根，各切成2-3等分
小型洋蔥4顆，切半
平葉巴西里的莖1大把，或超市買的巴西里1小把
黑胡椒粒1大匙×15ml
茴香籽（fennel seeds）1大匙×15ml
丁香3顆
深色黑糖（dark muscovado sugar）1大匙×15ml

♥ 將蹄膀浸在冷水裡，置於陰涼處一整晚，以去除鹽分。或者，在準備料理的1小時前，將蹄膀放入鍋裡，加滿冷水淹沒，加熱到沸騰後瀝乾，再繼續進行下一個步驟。

♥ 瀝乾的蹄膀放入大深鍋中，加入其他所有材料，倒入冷水到可淹過蹄膀的高度，煮滾。

♥ 將蹄膀慢煮（simmer）約2小時，蓋子蓋一半，直到肉變軟爛幾乎和骨頭分開。將蹄膀移到砧板上，冷卻一下，再切片或切塊，切除脂肪、外皮、軟骨和骨頭（雖然我承認我也會吃一點這些雜碎，不管旁人如何驚訝）。同時，讓鍋中高湯靜置冷卻。

♥ 食用完後，將鍋中高湯過濾－當溫度降低後比較容易－供下次使用（**見372頁**）。

事先準備
蹄膀可在上菜前1小時做好。將鍋子移到陰涼處，蓋上蓋子，可保存1小時。重新加熱時，將鍋子放回爐子上，加熱到微滾，再將火腿移到砧板上。

冷凍須知
冷卻的高湯應移到密閉容器內，可冷藏保存1-2天或冷凍保存三個月。

備註
想要的話，蹄膀也可和高湯放入烤盤，用鋁箔紙搭個帳篷，放入烤箱來燉。在爐子上加熱到沸騰後，送入170℃ /gas mark3的烤箱烤2小時。吃不完的肉片或肉塊，可用鋁箔包好放入冰箱冷藏保存三天。亦可冷凍保存二個月。

Leeks in white sauce 白醬韭蔥

這道菜是童年的滋味，因此要轉換一道傳統的食譜，特別困難；多年來我做這道菜，從來沒有秤重或衡量過，因此要我擺脫這種自動駕駛模式來做，格外有些不自在（似乎一旦強迫自己專心，反而甚麼都不記得了）。幸好，我有Hettie Potter做我廚房裡《約翰遜傳》的包斯威爾（Boswell）*，眾人合作的結果，產生了相對可靠的基本藍圖。

除此之外，對於食材和烹調方法，我還有一些絮語補充：

有時候，我會將韭蔥切成長段，也就是將一大根韭蔥切成3-4等份；但我更常將它們相對的切細，因此做出充滿蔬菜的醬汁，而非沾裹上醬汁的蔬菜。這兩種方法都可行，但後者比較有令人滿足的感覺，也較快煮熟。

我常做這個來搭配烤雞、烤豬肉和烤香腸，這時我會在韭蔥水裡加入一點苦艾酒或白酒；如果是搭配蹄膀，若不加上煮蹄膀的蘋果酒湯汁，就太可惜了。

雖然我提供了適當的指示，請你先融化奶油，再加入麵粉，做成油糊（roux），但我必須承認，我常常像我媽一樣，很沒耐心地同時將奶油、麵粉和高湯（請見下方說明）一起丟入鍋子裡，一邊融化，一邊攪拌混合。

我媽總是在白醬裡，加入半塊捏碎的高湯塊，我當然依樣畫葫蘆，只不過我用的是最近發明的濃縮高湯。如果剛好遇到一時不察，家裡沒有濃縮高湯的時候，我發現一點英式芥末醬，也能同樣地為白醬調味。基本原則是一邊調味，一邊慢慢添加，如果覺得需要再多一點高湯或芥末醬，或兩者都要時，就儘管添加。

*包斯威爾James Boswell是蘇格蘭作家，為詩人作家山繆·約翰遜Samuel Johnson寫下《約翰遜傳》。

6人份，*份量十足*

修切過的韭蔥4根，切成3公分小塊

苦艾酒60ml（或煮蹄膀的蘋果酒高湯60ml，見368頁）

粗海鹽2小匙或罐裝鹽1小匙（若使用蹄膀的蘋果酒高湯，將鹽量減半）

白醬材料：

軟化的無鹽奶油75g

麵粉75g

英式芥末粉 ¼ 小匙，或 ½ 小匙英式芥末醬，或1小匙濃縮雞高湯

全脂鮮奶250ml

煮韭蔥的水（leek water）250ml，外加濃縮鮮奶油60ml（可省略）

現磨白胡椒粉適量

♥ 將切塊韭蔥放入鍋裡，加入苦艾酒（或煮蹄膀的蘋果酒高湯），再加入足量的水到剛好淹沒的高度。加入鹽（如果使用高湯而非苦艾酒，將鹽的份量減半），加熱到沸騰，滾煮10分鐘，不蓋蓋子。

♥ 同時，用底部厚實的鍋子融化奶油，加入麵粉和芥末醬或濃縮高湯，攪拌混合，即成調味好的油糊（roux），煮幾分鐘，同時不斷攪拌，直到形成冒泡的黃色膏狀。

♥ 在量杯上方瀝乾韭蔥，保留瀝出的液體備用。

♥ 一次加入一點牛奶到油糊裡，並不斷攪拌，直到醬汁的邊緣幾乎快和鍋子分離。現在加入250ml韭蔥湯汁攪拌，換成木匙，在慢煮的10分鐘裡持續攪拌。

♥ 嚐味道，用鹽將醬汁調味，想要的話，再加入一點濃縮雞高湯。

♥ 將韭蔥加入醬汁裡，用木匙輕輕地攪拌，再加入60ml（適量增減）的韭蔥湯汁攪拌。

♥ 再嚐一次味道，想要的話，加入1大匙的鮮奶油（cream），倒入溫熱的碗裡，磨上一些白胡椒粉，上菜。

事先準備

韭蔥可在二天前做好。將煮好的韭蔥和醬汁移到碗裡。在表面壓上一張保鮮膜或不沾烘焙紙，防止薄膜形成，待其冷卻。隨後覆蓋冷藏。以平底深鍋用小火重新加熱，常常攪拌，以免醬汁燒焦。如果醬汁太濃稠，可加入一點鮮奶。重新加熱的白醬韭蔥，不建議用來做成下一頁的派和糕點。

CIDERY HAM STOCK 蘋果酒火腿高湯

你要做的第一件事－在火腿（蹄膀）煮好之後不久－就是嚐嚐看火腿和蘋果酒湯汁，或蘋果酒火腿高湯（看你如何定義），決定它的生命是否值得延續。嚴格一點：我曾經說服自己留下太鹹或太甜的湯汁（即使用水稀釋後依然如此），結果只是浪費時間煮出大家都不想喝的湯。現在讓我們假設你的湯汁，雖然並不澄清，通過值得重新利用的標準；如果你遵照我的食譜以蘋果酒煮蹄膀（Ham Hocks in Cider，見**第367頁**），結果應該是合乎標準的，不過儘管依照個人口味再加以稀釋。

如果你覺得在這一兩天內，不會有機會用完－也許你不想馬上又吃同樣口味的食物－（等到冷卻後）將高湯過濾，分成250ml的小包裝冷凍起來。否則，你大概會像我一樣，將高湯裝入量杯裡，放入冰箱，過了幾天後不得不丟掉，眞是太浪費了（我是我父母親的小孩，而他們在第二次世界大戰時期都還是孩子，所以一想到要浪費食物，還是會不自禁地發起抖來，覺得這簡直是項滔天大罪）。總之，這個高湯放入冷凍庫後，就代表你隨時有美味的湯汁，可加入肉醬（meat sauce）－即使是用牛絞肉做成的－或是味道**更有深度的貝夏美醬（béchamel）**裡。你還可以用這個高湯來**燙煮雞肉（poach chicken）**、用來代替水做成幾乎任何一種燉菜（但請注意，食用這些雞肉或燉菜的人，必須也要能夠食用豬肉），或是加入**義大利燉飯**裡－不管這是多麼地非義大利正統－或做成美味至極的**濃湯**。我常常將「如何吃 How to Eat」裡的鷹嘴豆和義大利麵湯 Chick pea and Pasta Soup 做一點變化，加入一點火腿高湯（在這裡要特別注意高湯的鹹度，以免鷹嘴豆在烹煮中變硬，所以我不會只用火腿高湯來代替所有水份），它也可以成爲地瓜和奶油南瓜湯的美味基底。

然而，我最常做的湯，大概還是蘋果酒豌豆湯（Cidery Pea Soup，見**第374頁**）。眞的，每次周末吃火腿時，我就知道接下來的一周，很快就有這道湯作爲孩子（和我）的晚餐。而且，他們會一邊大口喝湯，一邊發出滿足的聲音，殘忍的是，作爲一個母親，這是我難得聽到的。要加足份量而我又懶惰的時候，就送上一個簡單但仍有誠意的三明治，裡面塞了剩下的火腿肉，如果火腿都吃光了，就搭上烤起司三明治。

HAM AND LEEK PIES 火腿和韭蔥派

如果火腿（蹄膀）和白醬韭蔥還有剩下的，又想做一點寵溺自己的點心，我會做成下一頁的簡單火腿和韭蔥派點。只要把火腿肉撕下，加入白醬韭蔥裡混合，移入碗或烤盅裡（視剩菜的份量而定），在邊緣蘸上一點冷水，蓋上已擀好並切割好的圓形全奶油製的派皮（puff pastry）。你也可以（但不是一定要）切下一條派皮，黏在容器的邊緣，使蓋上的圓形派皮更牢固。不管你用那一種方法，最後將派皮的邊緣壓下做出皺褶或其他的裝飾－也許你會比我們更有美感－或甚麼都不做也行。接著刷上一點蛋汁，送入220℃／gas mark7的烤箱烤15-20分鐘，使內部的火腿和韭蔥熱透，表面的派皮膨脹成誘人的金黃色。如果你擔心內部尙未完全熱透，可用鋒利的刀子或金屬籤刺穿派皮，直達內餡，取出感覺（請小心！）金屬籤是否熱透，如果是的話，你的派點也是如此。

我同意以下的食譜，需要多一點的工作內容（但仍不算困難），但是如果你想做一些方便拿取、可大口咬下的派點－食譜裡的蘋果酒，似乎就吸引人做出這樣的決定－那麼就將烤箱預熱到200℃／gas mark6，然後製作麵團：混合250g麵粉、1½泡打粉、和½小匙小蘇打粉、與125g冰冷、切成小丁的豬脂，再加入足夠的冰水（和一點檸檬汁）使麵團成形（如果你擔心熱量，不一定要用豬脂，你可用酥油（shortening）代替，但別以爲這樣的小心翼翼是正當的－所有天然形成的脂肪，都比加工過，使其在室溫下維持固態的脂肪來得健康。

麵團做好後－足夠做出4份派點，每份可容納1個早餐杯容量的混合火腿塊與韭蔥白醬－分成4份圓厚片，在抹上手粉的工作台上擀成圓形。只要大概接近圓形：我自己的成品和幾何學家所說的圓形毫無相似之處；晚餐時間匆忙之中做出的圓形麵皮，比較接近澳洲地圖。

當你面前出現這4片圓形麵皮後，在其中的半圓形表面放上各¼的火腿韭蔥內餡，在邊緣刷上蛋汁後折疊起來，形成鼓脹的半圓形派。將圓形麵皮的邊緣捲折，然後用手指壓捏，用相同的方式處理全部的派。放到鋪了烘焙紙的烤盤上，刷上蛋汁，送入預熱好的烤箱，烘烤20分鐘。可單獨食用，或搭配下一頁的蘋果酒豌豆濃湯。這道派點無法事先製作，但麵團可事先做好。將麵團分出4個厚片用保鮮膜包好，放入冰箱冷藏即可。在擀開前，要早點從冰箱取出，回復室溫。

也許把以上這兩道食譜，只當作豌豆湯之前的序曲，很不公平。火腿韭蔥派自然不需要額外添加其他的東西，不過在火腿韭蔥白醬裡，加入煮好的豌豆，再蓋上派皮烘焙，會更加美味。真的，只有這道威爾斯派點，是我在心目中通常和濃湯用括弧自動連接在一起，當然你可以把括弧拿掉，又是另外單獨的一餐。

CIDERY PEA SOUP
蘋果酒豌豆湯

無論如何，這道蘋果酒豌豆湯是輕鬆可即的完美佳餚。取出1.5公升剩下過濾好的高湯，加熱到沸騰，加入1包900g的冷凍豌豆和1顆萊姆汁（約30ml或2大匙 ×15ml），再度沸騰後，煮7分鐘，直到豌豆變軟，易於打碎。最好使其冷卻一下，再分次打碎，同時嚐一下味道，看是否需要添加一點萊姆汁或其他調味。如果這是事先製作（然後放入冰箱或冷凍庫保存），在重新加熱時，可能需要再加一點高湯或水。這裡的份量足夠4個人，當作正式的晚餐，當作開胃菜或輕食時，可當成6人份。

Pies 派

事先準備
派點可在一天前先組合好，用保鮮膜包緊後冷藏。依照食譜刷上蛋汁後進行烘焙。

冷凍須知
組合好的派點可用保鮮膜包緊後，冷凍保存一個月。放入冰箱隔夜解凍，再依照食譜刷上蛋汁並進行烘焙。

Pastries 派點

事先準備
派點可在二天前先做好。用保鮮膜包好後冷藏。

冷凍須知
糕點可在做好後，用保鮮膜包緊，冷凍保存一個月。放入冰箱隔夜解凍後再使用。

Soup 湯

事先準備
湯可在做好後打碎，移到可密封的容器內冷卻後盡快冷藏。可保存一天。以平底深鍋小火重新加熱到完全熱透。

冷凍須知
冷卻的湯可冷凍保存二個月，但高湯必須是未經冷凍的。放入冰箱隔夜解凍，再依照上述說明重新加熱。

HAM HOCK AND SOYA BEAN（OR BROAD BEAN）SALAD
火腿和毛豆沙拉

這道沙拉裡有許多可喜的元素：如貓舌般粉紅色的火腿肉和綠色的毛豆與生菜葉，形成色彩上鮮明的對比。生菜葉略帶辛辣，毛豆軟嫩，碎肉塊柔軟而帶著濃郁的甜鹹風味。

餐廳的主廚從新鮮的食材開始烹調，而家庭主婦/夫則從剩菜開始。這是我年輕時就被教育的箴言，時至今日，不但未曾遺忘，仍是每日溫故知新的廚房守則。我不反對時常或順道採買新鮮食材－正好相反－但當我不得不在冰箱裡東摸西摸變出食物時，更加令我充滿大顯身手的興奮感。這樣說似乎有些做作誇張，但我是眞心的。利用剩下的食物做出美食，是一種喜悅，如果同時又有一點害怕做不出好東西，反而更加深了成功時的成就感。

這並不代表，這道菜需要多高的創意或廚藝：加了巴西里的火腿肉和蠶豆沙拉，本來就是傳統的法國菜色，尤其受到我母親的喜愛。我這樣說是要向讀者保證它的美味：我們做菜時，基本上應避免新奇古怪的搭配。如果有些材料的組合從來沒有人嘗試過－在人類進入文明的這麼長時間裡－大概背後有個合理的解釋。

我做的唯一變化，不是爲了追求時髦，而是呼應當時家裡冰箱的內容，就是加了毛豆－當時剛好可以買到－用來取代蠶豆。如果產季剛開始，可以買到新鮮採下的，當然你應該用蠶豆。如果像我一樣常仰賴冷凍庫，用哪一種都可以，但我發現按照冷凍包裝說明烹煮時，毛豆的皮會比較柔軟；如果使用冷凍蠶豆，我通常會先解凍，然後將腎臟形的綠色豆子，從佈滿纖維的外皮擠出，再水煮汆燙就好。如果你要更費工，儘管學習日本人料理毛豆的方式，將第二層外皮也去除，只取裡面亮綠色而鮮嫩的豆子。

我在以下食譜裡標出重量，而非容量－和某些剩菜再利用的食譜不同－因爲我做這個是根據重量的比例，也就是使用比火腿重兩倍的毛豆。這樣，你只要先量出剩下火腿肉的重量，便可進行。你應該知道的是，一隻蹄膀去除肥厚外皮和其他風化物後，約有400g的火腿肉。我每次一定煮2隻以上－它們很便宜，肉又極美味－希望剩下的肉足夠做成這道沙拉，就算只是爲自己料理的減半份量。這眞的很好吃，值得特地用一兩隻蹄膀來做，在忙碌時，當作極好的開胃菜，或多道餐點的一部分。

2人份

冷凍毛豆（或蠶豆，冷凍新鮮皆可）250g
撕碎的冷火腿肉125g
水菜（mizuna）或野生芝麻菜1小把
巴西里1小把，切碎
英式芥末醬（玻璃罐裝）½ 小匙
白酒醋或麝香葡萄醋2小匙
冷壓芥花油或特級初榨橄欖油2大匙×15ml（見第16頁廚房機密檔案）
鹽少許或適量

♥ 根據包裝說明，用一鍋加了鹽的滾水烹煮毛豆（或冷凍蠶豆）。或用加了鹽的水來煮新鮮的毛豆直到變軟。瀝乾後用冷水沖洗，避免繼續加熱，再用一碗冷水浸泡使其快速冷卻。

♥ 將撕碎的火腿肉放入碗裡，加入瀝乾的冷卻熟毛豆。加入水菜或芝麻菜，用雙手（或沙拉叉）拌勻，加入一半的切碎巴西里，再拌勻。

♥ 將芥末醬、醋、油和鹽攪拌混合，或倒入小玻璃罐搖晃混合。（或利用只剩下一點的玻璃芥末罐，加入其他的材料後，蓋上蓋子後搖晃混合。）澆上做好的調味汁拌勻，檢查調味，舀在盤子上，或想要的話，留在原來的碗哩，撒上剩下的巴西里後上菜。

事先準備
毛豆可在一天前先準備，瀝乾後移到非金屬碗裡，用稍微沾濕的廚房紙巾覆蓋，再用保鮮膜包好後冷藏。

Beer-braised pork knuckles with caraway, garlic, apples and potatoes
啤酒慢燉蹄膀佐葛縷籽、大蒜、蘋果以及馬鈴薯

我曾經上過德國的一個電視談話秀，記得似乎是在巴登 - 巴登錄的影，攝影棚佈置得像超現實的德國酒館（Bierstube）。因爲各種原因，我是十分興奮的。但一開始就不順利。開場時，和我對談的主持人，以自信的姿態開玩笑說：難道我不知道，英國菜其實沒有很好的國際聲譽嗎？圍坐在喬治・葛羅茲（George Grosz）* 布景四周的現場觀衆，笑得多開心啊。喔，我多希望我也笑得出來。但是，我毫無氣度地回答，就其他國家來說，德國菜也並非廣受推崇。當時有一段短暫的沉默，我應該感到羞愧的，但卻沒有。我的行爲是不可原諒的，不只是因爲身爲來賓，我卻似青少年般粗魯地挖苦別人，也因爲事實上（比誠實更重要），我一直認爲北歐的菜系一直被低估了，不只是對英國人而已。我希望當時我能這樣說，但我沒有，所以我希望現在有機會能彌補懺悔。

重點是，我對德國菜一向愛好，事實上，是比愛好更多的鍾愛，完完全全。德國菜不只是香腸和酸白菜而已，雖然這兩者都很美味。你可能知道－或大概不知道－有種蛋糕叫做 Bienenstich（蜂螫），簡直就是獻給天神的甜點。另外，光是他們的麵包，就值得我特地造訪。然後還有馬鈴薯 ... 我願意承認，以全世界來說，熱狗和漢堡並非不受到大家喜愛，但是就當代美食潮流來說，重碳水化合物的食物並不受歡迎。他們的損失。

接下來的食譜，是受了德國豬腳（Schweinhaxe）的啓發，數年前最後一次拜訪德國所享用的美食。我不只喜歡那道豬腳，還包括所有的德國經驗，以及它的德文名字。我覺得，德文－作爲世界最詩意、最好聽、最帶來解脫的語言之一－的美妙，不只在於它的發音，還有字詞的組合結構，尤其在形成單字時，需要結合無上的創意與文學性的頭腦，非常吸引人。我常大膽地創造出不是很優雅的複合字，以及不必要地使用逗點的習慣，恐怕和年幼時多年研讀德國散文有關！

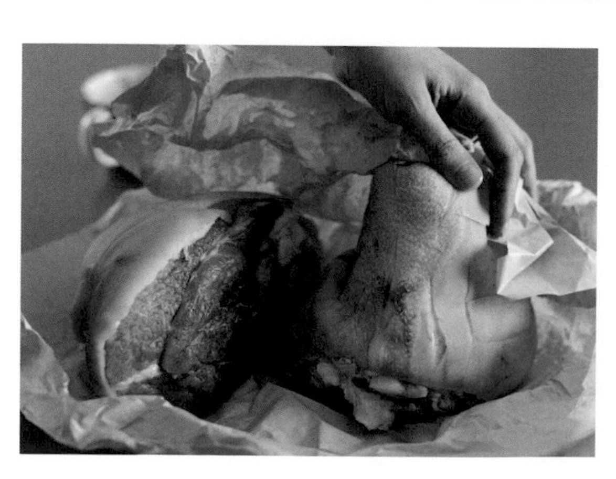

* George Grosz 喬治・葛羅茲，德國表現主義畫家。

德國豬腳的傳統名稱之一是冰骨（Eisbein），很能喚起聯想，據說是因爲以前豬腳（稱爲knuckle或hock都行）的肉吃完後，骨頭在清洗後都會被回收再利用，像溜冰鞋的冰刀一樣，如果你自己試著清洗骨頭，就會發現它們外表的相似！

我希望你不會因此退縮，但我也明白，軟弱的人是無法接受啃食動物腳踝這回事的。我們這些堅強的人種，不用在意這些小細節。說到這裡，讓我想起了，就連我這種在餐桌上毫無顧忌大吃大喝的人，看到巴伐利亞號稱一人份的豬腳，也嚇了一大跳；我提供的豬腳食譜（見**第367頁**），一隻豬腳約爲2-3人份，加上旁邊的馬鈴薯和蘋果，以及表面金黃色的肥厚酥皮，我想可以輕易地當作6人份，而不會有人吃不飽。上菜時不妨全部端上桌，吃不完的可以下次重新加熱。

這裡的重點是，抹上大蒜和葛縷籽調味的豬腳，是未經煙燻的（也就是不能稱爲火腿ham），你可以請肉販幫你在外皮上劃切，烘烤時要用啤酒澆浸。我正好喜歡蘋果切片後，和豬肉滴出的油脂，一起烘烤出焦糖般的甜香，而馬鈴薯也因此變得酥脆濃郁，當然你也可以搭配其他的食材。譬如，用德國酸白菜（加入磨碎或切塊的蘋果，或不加）搭配豬腳一起上菜，增添一股刺激的酸味，或是用粗磨的豌豆泥，帶來一絲香甜。這兩者都是傳統的配菜，甚至你可以直接端上一大碗水煮馬鈴薯。最後，雖然當我準備其他菜餚時，會毫不猶豫地用Colman's芥末醬來搭配，在這裡，一定要用的是最普通的德國芥末（Tafelsenf），那種用迷你啤酒杯包裝的，才會完美。

6人份，或健康胃口的4人份

粗海鹽2小匙或罐裝鹽1小匙
葛縷籽（caraway seeds）1小匙
大蒜2瓣
蹄膀2隻，外皮劃切數道刀痕
洋蔥2顆
食用蘋果2顆，去核，切4等份
烘焙用馬鈴薯4顆或其他馬鈴薯約1kg，縱切成4等份
上等啤酒（琥珀amber或黑啤酒dark beer。司陶特啤酒stout不適合）1瓶50cl（500ml）
滾水500ml

♥ 將烤箱預熱到220℃/gas mark7。將鹽和葛縷籽放入碗裡，加入切碎或磨碎的大蒜，充分混合後，抹在蹄膀上，盡量抹入劃切的部分。

♥ 洋蔥去皮後切成圈狀，均勻鋪在烤盤的底部。放上蹄膀，烤半小時。

♥ 將烤盤取出後，快速地將蘋果和馬鈴薯擺在蹄膀的周圍，小心地在蹄膀上淋入一半的啤酒（250ml）。送回烤箱，轉成170℃/gas mark3，烤2小時。

♥ 將溫度再轉成220℃/gas mark7，在蹄膀上淋入剩下的啤酒，以這樣的高溫烘烤30分鐘。

♥ 將烤盤取出，將蘋果和馬鈴薯移到溫熱過的盤子上。將蹄膀移到砧板上，洋蔥和肉汁仍留在烤盤裡。

♥ 將烤盤放到爐子上，以中火加熱，加入500ml的滾水，一邊攪拌溶出鍋底精華做出肉汁（gravy）。

♥ 將蹄膀酥脆的外皮（crackling）取下撕成小塊，將肉撕碎或切塊後搭配蘋果、馬鈴薯、肉汁和一些德國芥末醬上菜。

事先準備
蹄膀和洋蔥可在一天前放入烤盤，以保鮮膜覆蓋冷藏。烘烤前，抹上鹽、葛縷籽和大蒜，再依照食譜進行。

Make leftovers right 剩菜做得對

*剩下的蹄膀肉可用鋁箔包緊後，冷藏保存三天。可直接冷食，或和肉汁一起放入平底深鍋內，以小火重新加熱到完全熱透。肉汁應另外用密閉容器盛裝，可冷藏保存1-2天。剩下的蹄膀肉可用鋁箔包緊後，冷凍保存二個月，放入冰箱隔夜解凍。就算份量很小，不能單獨食用（很常發生），也可裝入標示清楚的冷凍袋，冷凍保存到下次做成櫥櫃常備料之西班牙海鮮飯Pantry Paella（**見196頁**）。*

Asian briased shin of beef
with hot amd sour shredded salad
亞洲風味燉牛肉佐酸辣絲沙拉

燉菜的重點，不用說，就是口味勝於外表。所以，雖然口感爽脆的胡蘿蔔、蔥和甜椒絲沙拉，的確為這色彩黯淡的菜色提供了亮麗色彩，它的口感和亞洲調味也完美搭配了這香氣十足而濃郁的柔軟燉肉。

烹調帶骨豬腳，給我一種原始的愉悅，而且肉質更是入口即化，不過，如果你能買到已切丁的豬腳肉（或其他部位的燉肉，如果你堅持的話），重量就要減少（見材料清單）。

除了燉肉和爽口的酸辣絲沙拉以外，我還準備了薑味防風草薯泥（**見386頁**），薑味能夠含蓄地呼應這整道菜餚的南亞風味。雖然一碗簡單的白飯也很好，但這芳香的薯泥還可以在隔天做成美味香辣的薯餅（**見387頁**）。

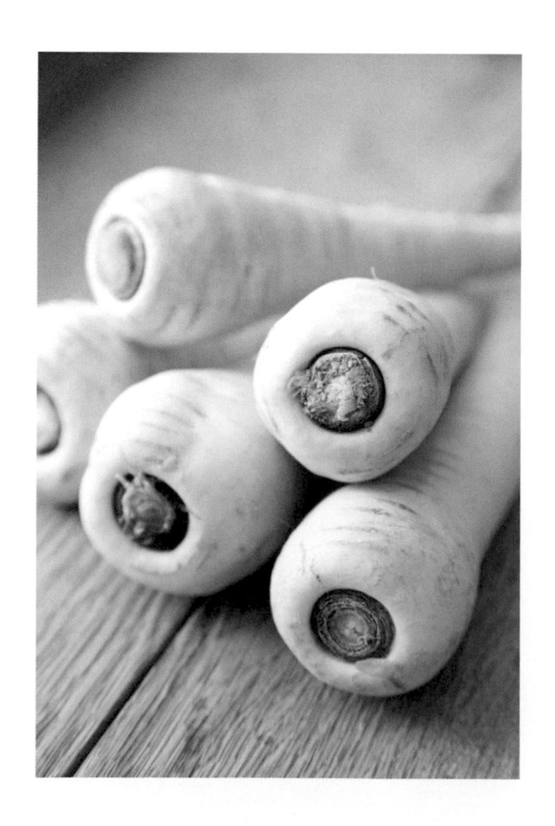

6人份

洋蔥2顆
生薑1塊 ×5公分
大蒜4瓣
磨碎的香菜籽2小匙
蔬菜油3大匙 ×15ml
紹興酒（或不甜的雪莉酒）250ml
醬油4大匙 ×15ml
深色黑糖4大匙 ×15ml
牛高湯2公升，最好是有機的
蠔油2大匙 ×15ml
米酒醋4大匙 ×15ml
肉桂棒2根
八角2顆
牛腿腱肉3.5kg，請肉販切成厚片
（或切丁的豬腳肉或其他燉肉塊1kg）

♥ 將烤箱預熱到150℃/gas mark2。將洋蔥切成4等份、去皮，將薑去皮切片，大蒜去皮，全部和香菜籽放入食物處理機內。

♥ 打碎後，將油用大型燉鍋（casserole）加熱，用小火炒到變軟；約需中火翻炒10分鐘。

♥ 倒入紹興酒（或雪莉酒），加熱到沸騰。加入醬油、黑糖、高湯、蠔油和醋。沸騰後，加入肉桂棒和八角。

♥ 加入牛肉，再度沸騰後，蓋上蓋子，送入烤箱烤2小時（一般的燉肉塊可能費時更久）。

♥ 小心地將鑄鐵鍋取出，用溝槽鍋匙將牛肉移到耐熱烤皿內，蓋上鋁箔，放入烤箱保溫，同時將鑄鐵鍋放在爐子上，不蓋蓋子，將肉汁加熱到沸騰，煮到份量減半。

♥ 將牛肉擺放在上菜的大盤子上，澆上濃縮醬汁，擺上下一頁的酸辣絲沙拉。如果你用的是肉塊而非肉片，最好用深一點的盤子裝。

事先準備
將牛肉煮1小時45分鐘後，移到碗裡冷卻。覆蓋冷藏可保存二天。要用時，將牛肉移到鑄鐵鍋內，小火加熱到醬汁沸騰。蓋上蓋子，送入烤箱烤30分鐘，直到牛肉熱透。將牛肉移到耐熱皿裡，再依照食譜繼續完成醬汁。

冷凍須知
依照上方說明烹調冷卻後，可移到密閉容器內，冷凍保存三個月。放入冰箱隔夜解凍，再依照上方說明重新加熱完成。

Hot and sour shredded salad 酸辣絲沙拉

如果這道沙拉有剩菜剩下的話，我當然會直接從冰箱取用。但是，我仍然建議你，一但上一道食譜，亞洲風味燉牛肉的醬汁做好，準備裝盤時，就應該馬上來製作這道沙拉。將其中的一半份量，盛在每人的燉牛肉上，剩下的一半可端上餐桌，供大家自行增添。

6人份，*搭配亞洲風味燉牛肉*

胡蘿蔔3根
青蔥4根
長紅辣椒1根
綠辣椒1根
香菜1小把（20g）

調味汁材料：
萊姆汁1顆
泰國魚露4大匙 ×15ml
細砂糖1小匙

♥ 胡蘿蔔削皮、切成長薄片再切絲（或切成火柴般的絲）。

♥ 將青蔥修切後切半、再切絲。

♥ 將辣椒去籽切絲，香菜切碎。

♥ 將所有蔬菜絲和香菜放入碗裡混合。在另一個碗裡，混合萊姆汁、魚露和細砂糖，和沙拉拌勻後，放在亞洲風味燉牛肉上。

Tangy parsnip and potato mash 薑味防風草和馬鈴薯泥

搭配亞洲風味燉牛肉和用來做成治宿醉的薯餅

我已經提過生薑（見之前的食譜），但象徵傳統家庭美式料理的白脫鮮奶，在這裡是必要的。一個原因是，我覺得它們的涵義使人感到安慰；另一個原因是，其中的一絲酸味，能夠平衡香甜厚實、帶辛辣薑味的薯泥。

6-8人份

馬鈴薯1.25kg
防風草根650g
生薑1塊150g，縱切對半
粗海鹽4小匙或罐裝鹽2小匙
香麻油2小匙
冷壓芥花油 或一般橄欖油2大匙 ×15ml
（見第16頁的廚房機密檔案）
白脫鮮奶80ml

♥ 將蔬菜去皮，馬鈴薯切成4等分，防風草根切成3等分。防風草根的核心若太粗糙，可以切除。防風草根切塊應比馬鈴薯大，因為它比較快煮熟。

♥ 將馬鈴薯放入平底深鍋內，再放上防風草根，注入冷水，加入鹽。加入薑後，加熱到沸騰，轉成小火慢煮約20分鐘，直到馬鈴薯和防風草根變軟熟透。瀝乾，並丟棄薑塊。

♥ 將馬鈴薯和防風草根放回鍋裡，壓碎成泥狀，加入麻油、芥花油和白脫鮮奶，再壓碎，然後用木匙用力攪拌。檢查調味，需要的話再加點鹽。

事先準備

防風草薯泥可在1小時前先做好。加一點鮮奶以免變乾，再蓋上蓋子。重新以小火加熱，同時不斷攪拌。

FIERY POTATO CAKES WITH FRIED EGGS
香辣薯餅和煎荷包蛋

我的缺點是做菜的份量很大，雖然我說是缺點，倒也不以此爲恥；事實上，如果沒有剩菜的時候，我還有些不知所措。在這裡，薯泥的份量大一點倒是好事。一大碗香氣濃郁的薯泥（如果你在收拾碗筷的時候，能忍耐不將它吃完的話），可以在之後做成足夠份量的薯餅。裡面有蔥、辣椒和額外的薑，這種刺激風味，就是絕佳的治宿醉早餐，或是放上一個荷包蛋，就是提振精神的美味晚餐。

以下的薯餅是由小份量的薯泥變化而來的－如果倒入量杯，約是到達500ml刻度，或是剛好滿滿1個早餐杯的份量。

6或7人份，*依薯餅大小而定*

剩下的薯泥約400g或2杯
蛋1顆，打散
蔥2根，切蔥花
紅辣椒1根，去籽切碎
薑泥1小匙
麵粉1大匙×15ml，撒粉用
大蒜油1小匙
雞蛋1人1顆，做成荷包蛋

♥ 將薯泥和打散的1顆雞蛋、蔥花、辣椒、和薑泥混合。

♥ 接著，將50-60ml或¼杯的度量容器沾濕，舀出薯泥，或直接用蘸濕的雙手，將薯泥塑型成薯餅，稍微撒上麵粉。

♥ 用平底鍋加熱大蒜油，將薯餅一面煎約3-4分鐘。需要的話，鋪上一片煎好的荷包蛋，或舀上一匙辣醬。

Roast duck legs and potatoes 爐烤鴨腿和馬鈴薯

像下一頁的羊排食譜一樣，這也屬於那種放著不管就會好吃的菜色。對所有歸類爲快速簡易的食物來說，在我們感覺累到不想做菜的時候，只要把東西送入烤箱，等1-2個小時，眞的太吸引人了。是，它是需要耐心，因此恐怕比忙碌的工作日，更適合當作慵懶周末的晚餐。也不需要甚麼配菜，也許一盤用少許柳橙和萊姆汁調味的球莖茴香沙拉，或是帶點苦味的葉菜沙拉即可。

當你趕時間的時候，一塊鴨胸肉似乎比較容易料理，但是鴨腿，不但更便宜，風味也更濃郁，對懂吃的人來說，更是高上一級的美味。當然，它的脂肪比所謂的鴨胸肉更多，但這也是它美味的來源。然後，請你不要再抱怨甚麼健康的考量了。我的意思是，肥胖這種流行病，又不是因爲大家過度消耗鴨腿而造成的！更何況，如同已過世的知名美國美食作家詹姆斯・比爾德（James Beard）所說，美食者－說的是他自己，不是我，我只是貪吃而已－如果計較卡路里，就像妓女還不斷看錶計較時間一樣。

2人份

鴨腿2隻
烘焙用馬鈴薯2顆或
其他常用品種馬鈴薯500g
新鮮百里香數根
粗海鹽和胡椒

♥ 將烤箱預熱到200℃ /gas mark6。在火爐上，加熱一個小烤盤（我用的是比一般尺寸略大的圓形深烤盤 tarte tatin dish），用中火將鴨腿煎到上色並釋出油分，帶皮部分朝下。

♥ 將鴨腿翻面，離火，同時將馬鈴薯切成直徑2公分的厚片，再各切成4等分。將馬鈴薯擺放在鴨腿周圍，再均勻撒上幾根百里香，以鹽和胡椒調味後，送入烤箱。

♥ 烘烤2小時，中間不時將馬鈴薯翻面會更好，鴨腿軟嫩而馬鈴薯酥脆，烤過1½ 小時後即可食用。

Make leftovers right 剩菜做得對

*就算只剩下小份量的肉，也可放入冷凍袋封好並標示清楚，可冷凍保存二個月，以待日後做成綜合肉類香料飯（**見198頁**）。放入冰箱隔夜解凍。*

Greek lamb chops with lemon and potatoes
希臘羊排佐檸檬與馬鈴薯

不管是魚、雞鴨、或牛豬肉等，只要撒上一些乾燥薄荷、乾辣椒片、檸檬汁和油，再用低溫烤箱烘烤，幾乎都會變成極度美味的料理。這道羊排和馬鈴薯食譜的美味在於，羊肉的油脂爲食物帶來額外的深度與近焦糖化的酥脆，檸檬汁賦予了一絲那鮮美的酸甜。

我喜歡那種只要一個鍋子就可搞定的午餐，而且食物在烹調過程中，就會自動變美味。我以前都是用一般的羊排來做這道菜，但最近在我家附近超市發現一種切成方形的羊肩排，也開始用它來試做。不管是那一種羊排，我使用的烘烤時間都比你預期得長。如果你的電子烤箱很夠力，可以在1小時後就檢查馬鈴薯熟度（最好在烤箱底部放個烤盤，盛接噴濺出來的油汁等），但是用比較低溫的烤箱烤久一點，效果更好。長時間的烘焙，使得羊肉、檸檬、馬鈴薯、清涼薄荷和辛辣辣椒的風味，醞釀結合在一起。從這所有食材緩慢滴出的油脂精華，形成香黏鹹郁的棕色糖漿，正適合將你的盤底抹淨，或偷偷地抹上烤盤裡的湯汁，也許是一塊撕下的長棍麵包，或厚片酸種麵包，或坦白說，任何一種麵包都會極其美味。

6-8人份

羊肩排12片（共約1.25kg）或羊里脊排（lamb loin chops）或羊排（cutlets）12片
烘焙用馬鈴薯3顆或其他種類馬鈴薯650g
大蒜油3大匙 ×15ml
乾燥薄荷2小匙
乾燥辣椒片1小匙
粗海鹽2小匙或罐裝鹽1小匙
檸檬2顆
切碎的巴西里1小把或足量的蒔蘿葉，或兩者混合（可省略）

♥ 將烤箱預熱到200℃ /gas mark6。將羊排放入淺烤盤裡。

♥ 馬鈴薯沖洗乾淨但不去皮，切成2.5公分小塊，擺放在羊排周圍。

♥ 在羊排和馬鈴薯上澆油，撒上乾燥薄荷、辣椒片和鹽。

♥ 磨上1顆檸檬的黃色果皮（zest），澆上2顆檸檬原汁。

♥ 送入烤箱烤1小時，中間不用費事地翻面，如果羊排看起來沒有變焦的危險，儘管烤上1.5小時更好。

♥ 撒上巴西里或蒔蘿後上菜－增添希臘風味－想要的話，可同時搭配一盤生菜或番茄沙拉，但請你注意，麵包是一定要的。

事先準備
馬鈴薯可在一天前先切好。用一碗冷水浸泡並冷藏。瀝水擦乾後再使用。

Conker-shiny spare ribs with pineapple and molasses
閃閃發亮烤排骨佐鳳梨與糖蜜

我確定我的牙醫不希望我這樣做，但是看到一盤排骨上桌，我就不得不啃下去。坦白說，我不僅甘於把肉和筋啃完，連骨頭我也吃。當我們去中國餐廳聚餐時，我的特技表演就是點上一盤排骨，然後他們來收菜的時候，會愕然發現這個盤子上連一根骨頭都沒剩下；我可以對一盤烤沙丁魚表演同樣的特技。不過，對這項絕活自吹自擂，和啃骨頭的行爲一樣地欠優雅。再說，在這道食譜裡，那黏膩軟嫩豬肉下的骨頭，也沒有烤到入口即化的地步。如果我膽敢在這裡告訴你，儘管盡情地咬、啃、吸，把骨頭都吃得一乾二淨的話，英國的健康安全單位就要來敲我家的門了。

4-6人份，*依客人的食慾和桌上的配菜而定*

排骨（pork spare ribs）16根

醃汁材料：

磨碎的萊姆果皮和果汁1顆

醬油3大匙 ×15ml

紅辣椒3根，去籽切碎

生薑1塊5公分長，去皮切薄片

花生油2大匙 ×15ml

糖蜜（molass）2大匙 ×15ml，
外加做醬汁的2大匙 ×15ml

八角2顆

肉桂棒1根，弄碎或使用肉桂粉1小匙

洋蔥1顆，去皮切成八等份

鳳梨汁125ml，市售紙盒包裝

❤ 將排骨放入大塑膠袋裡；將所有醃汁材料放入量杯裡混合，倒入塑膠袋中。

❤ 將塑膠袋打個結，用力搖晃混合，放入冰箱醃一整晚，或置於廚房的陰涼處數小時入味。

❤ 將烤箱預熱到200℃/gas mark6。醃排骨回復室溫後，將整個塑膠袋裡的內容，全部倒入烤盤裡。烘烤1小時，烤到一半時，將排骨翻面。

❤ 將排骨從烤箱取出，小心地將盤裡的液體，全部倒入一個中型平底深鍋內，將烤盤裡剩下的排骨再度送入烤箱。

❤ 在平底深鍋裡，加入剩下的2大匙糖蜜，攪拌混合，加熱到沸騰。慢煮8-10分鐘，直到開始冒泡呈糖漿狀。全程注意，不要走開。

❤ 將排骨從烤箱取出，將深色的黏膩醬汁倒入烤盤裡，將排骨翻面使其均匀沾裹上醬汁，移到平坦的大盤子上－或直接用烤盤上菜－開動吧。

事先準備
排骨可在一天前和醃汁混合，冷藏保存。

冷凍須知
未烘烤的排骨，可在醃汁內冷凍保存一個月。放入冰箱隔夜解凍，用碗或盤子墊著以防漏溢，再依照食譜進行。

1500
1000

Shoulder of lamb with garlic, thyme , black olives and rose wine 烤羊肩佐大蒜、百里香、黑橄欖以及粉紅酒

小時候，烤羊肩是我爺爺奶奶家每月例行的周日午餐。那時候羊肉還不流行吃半生的－雖然我母親的蒜味羊腿的確帶有波西米亞般的粉紅色調－而且用的是現在已不流行的多脂肉塊，脂肪在長時間烘烤中融化、將羊肉浸淫出看似乏味的濃郁色澤。

我現在仍然常做羊肩肉，而且和我的祖母、外婆一樣開心，學她們在烤盤裡加一點大蒜，搭配紅醋栗和薄荷醬上桌。而且，依照我母親的習慣，洋蔥醬通常也少不了。也許，我是想彌補童年時不懂得珍惜的食物；或許只是因爲它的風味絕佳，爲心理上帶來的安慰和安全感，只是次要的。的確，雖然光是想到－或說是，重新做出記憶中的味道，這常常是我的烹飪方式－這是一頓傳統的英式爐烤，就讓我感到溫暖，但我同時也喜歡向他人的傳統烹飪儀式取經。就算不是完全遵照我奶奶製作烤羊肩的方式，我也一樣享受。我很樂意採取法式風格，將羊肩肉放在馬鈴薯薄片或青綠色的白腰豆（haricot beans）上，長時間爐烤。

我喜歡把這道羊肉，想成是「如何吃 How to Eat」裡濃郁的紅酒和鯷魚燉牛肉的春夏版本。羊肉爐烤時，散發出百里香和大蒜的香味，以及令人振奮的粉紅色葡萄酒色調，都充滿著不落俗套的普羅旺斯氣氛。

坐在烤盤裡的帶生羊肉，散發著如同火星天空般的紅色，像我奶奶的版本，但一旦烤熟，那粉紅色的美麗便失去了。不過，這只是表面而已，這是你在享用之後，便會完全說服你、讓你停不下來，證明其風味價值的食物。

依天氣、時節、心情與接下來的甜點而定，我會搭配檸檬調味、幾乎算復古的捲葉沙拉和一兩根長棍麵包；或一碗溫熱的奶油四季豆，切成斜薄片，與清蒸的新馬鈴薯。

4-6人份

帶骨羊肩（shoulder of lamb）1隻約2公斤
鹽和胡椒
大蒜1顆，最好是法國粉紅大蒜，分瓣
鯷魚14片
去核的乾燥黑橄欖1罐110g
上等粉紅酒500ml
新鮮百里香1小把

♥ 將烤箱預熱到150℃ /gas mark2。將烤盤放在爐子上加熱，將羊肉煎上色，帶皮部分朝下，露出的部分用少許鹽和大量現磨黑胡椒調味。將羊肉翻面，再煎1分鐘封住肉汁，同時也將已上色的那面調味。

♥ 將羊肉移到砧板上，將大蒜丟入烤盤裡，均勻撒入鯷魚和橄欖，並充分攪拌混合。

♥ 將酒倒入烤盤裡，撕下幾乎一半的百里香，加熱到沸騰。將羊肉放回烤盤裡，帶皮部分朝下，將砧板上的肉汁也全部倒回烤盤裡，一旦等到再度沸騰後，加入大部分剩下的百里香（留一小部分做最後裝飾）。離火，蓋上鋁箔。

♥ 送入烤箱，烤2½ 小時。等到羊肉準備好後，將羊肉移到砧板上，切片再放回烤盤裡，和鍋裡鮮美的醬汁混合。

如果你夠幸運，還有一些香甜的肉汁剩下，來加熱吃不完的冷肉，便可如此進行。但通常的情況是，最後一滴肉汁都已經被吃乾抹淨了。那麼，將冷肉放入裝了一點葡萄酒和水（相同比例）與酸豆的鍋裡，用小火重新加熱到完全熱透。取出羊肉，在鍋裡加入一小匙第戎芥末醬攪拌混合，倒一點在盤裡的羊肉上。幸運的話，也許還有剩下的新馬鈴薯可重新加熱配著吃。我的忠告是，在第一次帶小羊出場時，便把全部的東西吃光光（剩下的羊肉可用鋁箔包緊，放入冰箱保存三天。剩下的肉汁另外放入密閉容器內，可在冰箱保存1-2天。用鋁箔包緊的羊肉，亦可冷凍保存二個月）。

Minetta marrow bones 米內塔餐廳的小牛骨髓

我說過，爲了得到一道食譜，我會不斷的騷擾對方。但是要從知名餐廳的廚房得到食譜，並不是容易的事，因此我要格外隆重地感謝凱斯．麥納利（Keith McNally），我在他擁有的 Minetta Tavern（米內塔餐廳）裡，第一次嚐到這些骨髓，同時也要感謝主廚理德．納斯（Riad Nasr），把這道食譜 email 給我。

我並不是說，我眞的是第一次才在紐約的餐廳裡吃到骨髓；而是 Minetta 餐廳和我以往的經驗不同，他們把小腿骨頭－肉販稱爲 shaft －縱切而非橫切，這樣更容易挖取骨髓食用，似乎是很簡單的辦法，我奇怪爲什麼以前沒有人這樣做。

但接著我就不完全聽他們的話了，因爲米內塔餐廳的主廚們建議，先將牛骨用鹽水泡 36 小時，每 8 小時換一次水（和鹽）... 你知道，人的耐性是有限度的。坦白說，我是有照樣試過，我知道白晰的骨頭在餐廳裡賣相較好，但是自己在家裡吃嘛，我寧願口味原始濃郁一些，骨頭沒有漂白過又如何。

我心目中天堂般美味的一餐，就是和一桌同樣貪吃的好友，共享一大盤骨頭和酸種麵包。眞的，其他什麼都不需要。米內塔餐廳建議一人份是兩根剖半的骨頭（也就是一根完整的骨頭），這是他們當作開胃菜的份量，我可以輕易地吃下兩倍。

因此，把以下的份量當作 2 人份，但接下來應該還要搭配其他的食物，或者當作你一人獨享骨頭大餐的盛宴。

1-2人份，*視場合而定*

小牛腿骨（veal shin bones）2根，
請肉販縱切成4個半根，露出其中的骨髓
酸種麵包
粗海鹽或鹽之花（fleur de sel）
現磨黑胡椒
大蒜1瓣，去皮縱切成半
切碎的新鮮巴西里2大匙 ×15ml
切碎的百里香葉2大匙 ×15ml

♥ 將烤箱預熱到220℃ /gas mark7。將骨頭切面朝上，放在淺烤盤裡，撒上足量的鹽和胡椒。

♥ 烤15-20分鐘，直到骨髓稍微膨脹變熱、完全熟透。

♥ 將麵包切片後，用烤麵包機烤或用橫紋鍋（griddle pan）炙烤（grill）。用大蒜的切面，均匀塗抹在麵包的一面。

♥ 將骨頭從烤箱取出，移到上菜或一人份的盤子上，再撒上一點海鹽、切碎的巴西里和百里香，搭配蒜味麵包上菜。用湯匙挖出骨髓抹在蒜味麵包上，大口咬下吧！

Roast rib of beef
with wild mushrooms and Red Leicester mash
爐烤牛肋排佐野菇與紅萊斯特起司薯泥

我本來不想在這裡加入一道牛排食譜，不只是因爲我在另一本即將出版的聖誕食譜裡，已經收納了一道豪華牛排佐波特酒和史提頓起司肉汁。同時，這塊部位雖然帶骨但價格不斐，和這一章裡其他強調傳統節儉美德的肉類，似乎不太搭配。但是每個人都値得偶爾享受大餐，不是嗎？遇到値得慶祝的場合，就爲難得的好機會和幸運開心吧，而不需要自以爲正義地嚴肅苛責自己。

這裡的骨頭：眞的需要，否則風味不會那麼美妙甜嫩。但是，爲了易於分切，你可以請肉販在骨肉相連處先切一刀，再組合成原形後綁緊。

我規定的烘烤時間爲2小時，正好能做成我喜歡的熟度－鮮粉紅色的微熟－如果你要更熟，自然需要延長時間。不論如何，牛肉要先回復室溫再送入烤箱。不論想要的熟度爲何，一律先爐烤15分鐘，然後基本烘烤時間的原則是：每公斤需33分鐘（或每磅15分鐘）爲三分熟 rare，44分鐘爲五分熟 medium，66分鐘爲全熟 welldone。但是每個人的烤箱表現不盡相同，也許投資一個烤肉溫度計是不錯的想法：如此可確保肉烤到你喜歡的熟度。一般的原則是，溫度計插入肉塊的中央部位，顯示60度時爲三分熟 rare，71度時爲五分熟 medium，82度時－我認爲－就會像嚼不爛的鞋皮一樣。如果這你是你喜歡的熟度，就盡情享受吧，希望你的客人也會喜歡。記得，如果烤好後要讓肉塊休息靜置20-30分鐘，最好將以上溫度再降低3-5度，因爲休息靜置過程中，肉會繼續煮熟。

松露油的森林氣息，是搭配這奢侈肉塊的優質選擇，同時也能很好地搭配當令的秋季綜合蘑菇，完全不需要粗俗的肉汁了。（如果你想要的話，可以省略松露油，增加大蒜油的份量，混合乾燥牛肝蕈粉末－買得到的話－抹在肉塊上）。檢查牛肝蕈蒂是否太粗韌，可以切除但不要丟掉，將牛肉送入烤箱前，順手放入烤盤。

紅萊斯特起司薯泥是我們全家的最愛－也就是說，我家小孩特別喜歡這款起司－你可以自由地替換成其他種類的起司。加了起司的薯泥也許不夠時髦（還好是這樣！），但我喜歡這樣的配菜：爲這裡的牛肉帶來滿意的周日午餐氣氛（縱使裡面有優雅含蓄的菇蕈）。也許，視在座的某些大人和小孩而定，你可以考慮將菇蕈替換成豌豆和肉汁（見**第454頁**），對我們其他人來說，這道牛肉搭上薯泥就夠美味了。

8-10人份

含4根肋骨的牛排1大塊（scotch 或 black welsh 品種）	**松露油1小匙**
英式芥末粉3小匙	**大蒜油1小匙**
粗海鹽1小匙或罐裝鹽 ½ 小匙	**韭蔥1根**
	馬沙拉酒（marsala）4小匙

♥ 在料理前及時將牛肉從冰箱取出，回復室溫－依這裡的大份量約需1小時－將包裝全部取下。將烤箱預熱到220℃ /gas mark7。

♥ 將英式芥末粉、鹽、松露油和大蒜油放入小杯子或小碗裡，均勻混合成抹醬，塗在牛肉上。

♥ 將韭蔥縱切對半，再橫切對半，將綠色部分丟入一個大烤盤中央，倒入馬沙拉酒，放上牛肉。將手邊有的菇蕈蒂（見下一頁）也一起加入。

♥ 送入烤箱烘烤2小時，可使肉達到三分熟 rare，可烤久一點達到自己喜歡的熟度（見**第402頁**有更詳細說明）。將烤盤從烤箱取出後，將牛肉移到砧板上，用鋁箔搭一個帳篷靜置保溫半小時（遠離冷風）。

♥ 讓烤盤靜置備用，因為接著要將裡面的肉汁（只要沒有吃素者共桌）倒入菇蕈內（見下一頁食譜）再上菜。砧板上的肉汁也一樣有用。

Wild mushrooms with leek and marsala
野菇佐韭蔥以及馬沙拉酒肉汁

8-10人份，*作爲搭配牛肉的醬汁*

野菇1kg（包括牛肝蕈、雞油蕈、秀珍菇等當季食材）
韭蔥1根，清洗修切過
軟化的無鹽奶油100g
大蒜油2小匙
乾燥百里香2小匙
馬沙拉酒250ml
白松露油數滴（可省略）
鹽和胡椒
切碎的巴西里1小把，上菜用

❤ 準備菇蕈類。不要用水洗（菇蕈絕對不應用水清洗）。用一小張廚房紙巾，將上面的髒污擦淨即可。去除粗韌蒂部，但不要丟棄：留著放入烤盤和牛肉一起烘烤（見上一頁）。菇蕈也不用切，體型大者用手撕成小塊即可。

❤ 將韭蔥縱切成4等份，再細細切片成綠色的碎紙般。

❤ 將⅓的奶油和大蒜油，放入大型、底部厚實的平底鍋，用小火加熱到融化。轉成中火，翻炒韭蔥。要有耐心將韭蔥炒熟，所以大概需要10-15分鐘，才會變軟。

❤ 加入剩下的奶油和乾燥百里香，攪拌一下幫助融化，倒入準備好的菇蕈類，輕柔地翻炒－再度發揮耐心－確保所有菇蕈類均勻受熱。蓋上蓋子，加熱5分鐘。

❤ 打開蓋子，攪拌一下，再蓋上蓋子續煮5分鐘。

❤ 再度打開蓋子，加入鹽和胡椒，與一半的馬沙拉酒。翻炒30秒，蓋回蓋子，續煮5分鐘。

❤ 再度打開蓋子，加入剩下的馬沙拉酒，煮數分鐘，不時攪拌一下，直到菇蕈類變熱，大部分的液體被吸收。這時，便可加入從烤盤和砧板收集的肉汁。調味，需要的話，加少許松露油，倒入溫熱過的上菜大盤子，撒上切碎的巴西里，放上牛肉上菜。

事先準備
菇蕈類可在一天前進行到上述的第6個步驟。冷確後移入密閉容器後冷藏。倒入平底深鍋，以小火重新加熱，再繼續依照上述步驟進行。

Red Leicester mash 紅萊斯特起司薯泥

8-10人份，*搭配牛肉*

粉質馬鈴薯2kg
全脂鮮奶250ml
紅萊斯特起司（Red Leicester） 250g，磨碎
鹽和胡椒適量

❤ 將馬鈴薯去皮（除非你像我一樣，有壓泥器，就不需要），切半，丟入一大鍋冷水裡。

❤ 以充滿喜感的方式，邁步到爐子邊，以大火加熱馬鈴薯到沸騰，加入鹽，轉成中火，慢煮40分鐘，直到馬鈴薯用叉子測試夠軟，能夠搗成薯泥。

❤ 小心地將馬鈴薯瀝乾，將牛奶倒入現在變空但仍熱的鍋子裡溫熱，必要的話，開小火加熱。

❤ 熄火，在鍋子上方用壓泥器將馬鈴薯壓成泥，加入鍋子和牛奶混合－不時用刀尖將壓泥器裡的薯皮取出（或者你也可以將去皮煮好的馬鈴薯，直接加入鍋內，和牛奶一起用手搗成薯泥）。

❤ 當全部的馬鈴薯搗成薯泥後，將鍋子以小－中火加熱，同時用木匙攪拌，使薯泥變熱。

❤ 分2次將磨碎的起司加入，同時用木匙攪拌混合均勻。

❤ 調味，趁熱上菜。

事先準備
薯泥可在一天前做好。倒入一點鮮奶避免變乾，蓋上蓋子。以小火重新加熱，同時不斷攪拌。

我的孩子不希望我爲薯泥做任何變化，只要重新加熱就好，所以我將薯泥和一點牛奶放入平底深鍋內，一邊攪拌，一邊重新加熱，或放入非金屬碗裡，用微波爐加熱。

至於菇蕈（通常不會有剩下的），加入一點馬沙拉酒，再用小火重新加熱就很令人滿足了，但是牛肉 ... 値得星級的待遇。也就是，保持原貌。冷食最好，切片夾入三明治裡，或是搭配一顆烘烤馬鈴薯、少許芥末醬和醃菜，當作一餐。辣根醬（horseradish）也是很好的搭配佐料，但並不適合搭配熱牛肉和薯泥。

我還有另一種方法，可以將剩下的半熟冷牛肉（我過世的妹妹 Thomasina 曾叫它做 beeth 而非 beef）重新裝扮，就是搭配下一道食譜泰式番茄沙拉。這裡的牛肉嚐起來又是截然不同的刺激美味，我很喜歡，因爲原來的肉塊份量頗大，所以這樣處理也是物盡其用。正因爲一道爐烤牛排，雖然奢華昂貴，但又可以做出這麼多好吃的剩菜，足以讓我覺得自己並不是太浪費，（剩下的切片牛肉，可用鋁箔包緊，放入密閉容器內冷藏，保存三天，或冷凍保存二個月）。

THAI TOMATO SALAD 泰式番茄沙拉

我以前住的地方，附近剛好有一家很棒的泰國餐廳，他們的外帶菜單也很美味。不管我點甚麼，總是附贈 som tam 沙拉，裡面是酸辣的青木瓜和切半的櫻桃番茄沙拉。青木瓜不容易買，但是櫻桃番茄可不？這是我並不完全道地的改編版本，因爲裡面並沒有青木瓜。但是它的精神仍在，也就是由辣椒、大蒜、萊姆和魚露所提供的泰式香辣風味；也有原味碎花生，不但平衡酸味，也增添大地氣息和口感；我也抵抗不了加入一點美麗的乾蝦米，它們也和青木瓜一樣不容易買，但至少方便保存。每次當我抵擋不了誘惑，採買新奇的亞洲食材時，都會順手帶上一包這些小小的珊瑚色動物。這不是一定要加；我知道有些人對這些奇怪、彷彿來自異星的乾燥海鮮感到害怕。上次我採買時，順手又帶了一包美麗得令人難以抗拒的乾燥鯷魚，但是我的家人打開冰箱看到它們，都不禁尖叫。

因爲我做這道沙拉時，講求快速組合，所以沒有加入任何需要烹調的食材。如果你要讓它更豐盛，可加入修切過的長四季豆－水煮瀝乾後，用冷水沖洗再瀝乾，可保持鮮綠色彩和口感－用一點青蔥點綴，就很時髦美味。如果你更喜歡生洋蔥的辛辣口味，可用切碎的紅蔥頭或半月型的紅洋蔥，來代替口味溫和的青蔥。

2人份

櫻桃番茄500g
原味花生3大匙 ×15ml（約40g）
泰國綠辣椒1根，去籽切碎
乾燥蝦米2大匙 ×15ml（15g）（可省略）
大蒜1瓣，切碎
萊姆汁4大匙 ×15ml（2-3顆）
淡黑糖（muscovado）或棕櫚糖（palm sugar）1大匙 ×15ml
泰式魚露3大匙 ×15ml
青蔥3根
切碎的香菜3大匙 ×15ml

♥ 將番茄切半，放入上菜的大碗裡。

♥ 將花生放入冷凍袋內，用擀麵棍敲打成碎粒。

♥ 在另一個小碗裡，混合碎花生、切碎的辣椒、蝦米（使用的話）和大蒜。加入萊姆汁、糖和魚露。攪拌混合。

♥ 將混合好的調味汁，倒在番茄上並拌勻。

♥ 將青蔥橫切成3等份，小心地用剪刀（不要剪到自己！）剪成細長條狀，將這些迷你火柴棒撒在調味好的番茄上。最後撒上切碎的香菜，搭配冷牛肉片或其他屬意的食物上菜。

事先準備
調味汁（不含花生）可在一天前準備好，放入果醬玻璃瓶內冷藏保存。使用前加入花生並搖晃均勻。

KITCHEN PICKINGS 廚房手指小點心

雖然我喜歡做菜，但並不表示每次有人來作客時，我都想正式地做一頓飯。並不是想偷懶，正好相反：我想在廚房餐桌上堆滿食物，讓大家自行嚐一口這個，拿一口那個－一頓自由的大餐。

我喜歡在室內野餐，有時候最輕鬆的宴客方式就是，把高跟鞋一踢什麼都不管。讓客人自行享受，其間只需幫客人倒酒或準備幾杯雞尾酒即可。

餐桌上看似隨意的宴會小點，並不代表不需要在廚房裡費心地準備。但是別緊張：這一章裡的食譜，不會像製作法式開胃菜小點心（canapé）那麼複雜。說到100個小泡芙或需要超人技巧的，我寧願讓專業的外燴服務負責就行了。事實是，一般家庭裡的下廚者，只需要端出一盤飽滿光亮的小雞尾酒香腸，就無愧待客之道了。不過，不需要額外的準備，並不代表你不想多費一點心。看到一桌滿滿的美食，眞的讓我從心底高興起來，我替大家做菜的時候，也是出於自私的動機，我自己會開心極了。同時，我也一直提醒自己要保持平衡：我還記得，當我兒子才三歲多時，客人抵達前，我看著一桌滿滿豐盛的食物，自得意滿地說：還有甚麼比一滿桌美食更美的嗎？他竟然語帶責備地說：有呀，一滿桌的人。

這是我們大家在準備宴客時都應記住的－即使只是家常便飯－如果你緊盯不捨地要客人不斷進飯菜，便會將歡迎的本意，轉變成一種絕望的請求。這可不是辦聚會的精神。

這一章裡的食譜有綜合餐（mezzestyle）、混搭餐（mix-and match）、單獨或成雙出現的餐前佐酒小點，讓你在最後一刻去廚房攪拌一下時，大家有事做、或是飲料宴會裡的小吃食，不管它的型態爲何，重點是，它們不需要太多的力氣準備，因此不會讓你在客人出現前就疲憊不堪。

通常，在等待客人抵達的同時，我可以自在地將這些食物準備好，但是有時候，我知道要同時爲客人開門、端上飲料和食物，就算招待的都是至交好友，還是可能會讓我有點喘不過氣來。因此，在某些食譜裡，我特別註明可以事先準備的方式，就算只是提早一點點。

作爲一個貪吃的人，我可以證實，心情影響食欲。但這一章可以教導你，如同八O年代流行經典歌曲－” why you'll always find me in the kitchen at parties 爲何宴會裡你總會發現我躲在廚房”*。

* 1978年發行 Jona Lewie 主唱。

Home-made pork scratchings *with apple and mustard sauce* 自製脆豬皮和蘋果芥末醬

我非常愛吃脆皮（cracklings）；我喜歡脆豬皮（scratchings），甚至是那種垃圾食物包裝並且過鹹的版本；這裡的食譜大概結合了以上這兩種的優點。事實上，一想到它們，就會讓我心裡充滿貪婪的愉悅，這時候我似乎能夠明白，爲什麼有些人將貪吃視爲一種宗教上的罪孽。但是我將它視爲一種祝福。生命中偶然出現的喜悅，應該以感恩的心來接受，而不需要心懷罪惡。

還是有個小提醒－純粹是實務上的，和精神修養無關。我猜，如果你對脂肪和鹽分的攝取有顧忌的話，大概就不會考慮這道食譜了；但是，就像我買的豬皮包裝上的警語所說，這僅建議擁有健康強壯牙齒的人食用。去年聖誕節我竟然咬不動一點太妃糖，讓我對於具有潛在危險的飲食習慣收斂一點。還好目前還沒有發生甚麼讓我無法享受這些美食的不幸，也許因爲我總是啃咬雞骨頭上的軟骨，而且（先前提過）在餐廳點一盤烤排骨和沙丁魚後，能夠將盤子全部清空，所以我的牙齒保持得像狗一樣銳利。

豬皮要向肉販購買，因此不如順便請他劃切一下，烘烤時會更加酥脆。你對豬皮唯一的任務，就是盡保存義務。用任何一種保鮮膜包裹，都會使其潮濕，所以最好保存在肉販提供的紙包裡，放入冰箱底層。用防油紙或烘焙紙稍微包裹，或打開來，放在烤盤上，再放入冰箱底層，不要接觸到其他食物。

雖然只要搭配一杯冰啤酒或葡萄酒，單獨享用就很美味了，但我並不反對配上**第414頁**的蘋果芥末醬。如果你和我想的一樣，現在就可以翻到下一頁，因爲開始準備這道脆豬皮前，醬汁需要先做好冷卻。

可做出25個*脆豬皮*

豬皮500g，共2塊劃切好的豬皮　　**粗海鹽適量**

♥ 將烤箱預熱到220℃ /gas mark7。用鋒利的廚房剪刀，將豬皮剪成25塊（每塊約爲2×4公分）。

♥ 將豬皮放在淺烤盤或平底横紋鍋上，肥皮朝上。送入烤箱的上層，烤25分鐘，在最後的5分鐘前將豬皮翻面。

♥ 從烤箱取出後，撒上足量的粗海鹽，小心地移入鋪了廚房紙巾的盤子，讓它們瀝乾冷卻一下，再盛入數個盤子裡，搭配蘋果芥末醬或單獨享用。

事先準備

豬皮可在一天前先切塊。按照上一頁說明保存。可在上菜前1小時開始烘烤，應在烤好的2小時內食用。烤好後放在陰涼處，上菜前送入熱烤箱，重新加熱5分鐘。

Apple and mustard sauce 蘋果芥末醬

熱脆豬皮的酥脆，和冷蘋果醬的細粒口感，是我喜歡的對比。如果你不想動手烹飪－這裡的食譜其實並不複雜－也可以直接使用市售的辣根（horseradish）醬。但是，對我而言，蘋果那微酸的香甜口味，正是讓豬皮美味到難以住口的原因。我通常就是將一片脆豬皮浸入蘋果醬裡－注意，請勿重複蘸取－然後一口咬下！

芥末醬不但爲蘋果醬增添一絲刺激風味，也帶來金黃色澤。這款醬汁也可搭配爐烤豬肉或原味炙烤香腸。

烹飪用蘋果（Granny Smith 品種）3大顆，共約500g
英式芥末粉4小匙，外加喜歡的分量
楓糖4大匙 ×15ml
粗海鹽 ½ 小匙或罐裝鹽 ¼ 小匙
檸檬汁 ½ 顆
青蔥1根，修切過保持整根

♥ 將蘋果去皮去核，稍微切塊。

♥ 將蘋果放入平底深鍋內，加入芥末粉、楓糖、鹽、檸檬汁和蔥（保持整根狀態，用來增添風味）。

♥ 蓋上蓋子，加熱到沸騰，轉成小火，慢煮（simmer）10-15分鐘，直到蘋果變軟，中間翻動1-2次。

♥ 將蔥撈出丟棄，必要的話，用湯匙背面將鍋裡的材料壓碎成醬。

♥ 檢查調味，若想要更辣，可再加點芥末，但最好是等到冷卻後再檢查最後調味。

♥ 冷卻後（非冰箱的冰冷）搭配上一道的脆豬皮肉享用。

事先準備
醬汁可在二天前先做好。移到非金屬的碗裡冷卻後，盡快覆蓋冷藏。上菜前半小時至1小時，從冰箱取出，冷食上菜。

冷凍須知
冷卻的醬汁可放入密閉容器內，冷凍保存三個月。放入冰箱隔夜解凍，再依照上述方式上菜。

Dragon chicken 龍雞

每次我寫一道雞翅膀食譜，似乎味道就變得更辣一點，而這一道－如其名所示－簡直辣得噴出火來。如果你想減輕辣度，就減少辣椒的份量，但我保證，雖然這道菜的確有些辣度，但你不必是在印度餐廳裡點最辣咖哩的人，才能喜歡吃。

我也很愛在第二天食用，能夠減輕宿醉，當然也適合在夜晚小酌搭配。

可做出20隻雞翅，8-10人份

長紅辣椒5根，去籽切半
紅椒1顆，去籽去芯
生薑2塊各8公分（共約90g），
去皮切成小塊
粗海鹽2大匙 ×15ml 或罐裝鹽1大匙
米酒醋2小匙
大蒜油80ml
蔬菜油80ml
雞翅膀20隻，整隻
切碎的香菜約3大匙 ×15ml，上菜用

♥ 將烤箱預熱到220℃ /gas mark7。將辣椒、紅椒、薑、鹽、醋、大蒜油和蔬菜油倒入食物處理機內，攪打到質地滑順。

♥ 這時，你可將雞翅放入冷凍袋內，混合這個辣椒醃醬，醃24小時或二天（不加鹽的情況下，等到最後再加）。或者，直接將雞翅放入鋪了鋁箔的淺烤盤裡（不要用深烤盤，否則雞翅會變得用燉的而不是烤），倒上辣椒醃醬。

♥ 確認所有的雞翅都均勻沾裹上醃醬後，烘烤40分鐘。

♥ 將雞翅移到上菜的大盤子上，撒上一些香菜。

事先準備
雞翅可用冷凍袋冷藏醃製一天－將冷凍袋放在碗裡或盤子上，以防溢漏。如果不加鹽，你可將醃製時間拉長到二天，烘烤前再撒上鹽。依照食譜說明進行。

冷凍須知
雞翅可和醃醬放入冷凍袋（不加鹽），冷凍保存三個月。放入冰箱隔夜解凍－放在碗裡或盤子上以防溢漏。烘烤前撒上鹽，再依照食譜進行。

Wholegrain mustard and ginger cocktail sausages
芥末籽醬和薑味小香腸

我從來無法抵擋小雞尾酒香腸，如同我先前說過的，也無法想像一個缺少了它們的宴會。我也同樣喜歡糖漬薑（ginger jam or conserve），喜歡它濃郁幾乎刺鼻的辛辣，伴隨著更刺激的芥末細粒，像是一條包圍著香腸的芳香毯子。

當我說這些香腸只要和一些牙籤送上桌，就很足夠了，我是眞心的。我不知道在拍攝當時發生了什麼事，讓我突然想將一塊麵包做成容納香腸的容器。這根本不是我的作風，卻無法抵擋這樣做的誘惑：就像是突然被一個八O年代的農家少女附身一樣。不過，也沒理由拒絕，因爲等到客人離開後，將那空空如也的麵包一塊塊撕下來，是一種莫大的喜悅（你可以把麵包塊冷凍起來，下次做成麵包粉）。

如果你找不到糖漬薑，你可以用細切柑橘果醬（thin-cut marmalade）混合1小匙的薑粉和2小匙薑泥代替。

可做出50個

糖漬薑（ginger preserve）100g
芥末籽醬100g
大蒜油1大匙 ×15ml
醬油1大匙 ×15ml
小香腸50根
圓形硬殼酸種或黑麥麵包（直徑約爲23公分）1個，上菜用（可省略）

❤ 將烤箱預熱到180℃ /gas mark4。在碗裡攪拌混合糖漬薑、芥末醬、大蒜油和醬油。

❤ 將香腸沾裹上這個醃醬後，擺放在一個淺的大烤盤或2個小烤盤裡。烤盤的深度，會影響香腸上色與烤熟的時間。

❤ 如果你要用深烤盤，烘烤時間約爲40分鐘；淺烤盤約爲30分鐘。請你鋪上鋁箔或使用拋棄式鋁箔盒，否則事後的清洗可是大工程。

❤ 若使用麵包上菜，先在麵包頂端切下一個圓形，當作蓋子。將這個蓋子放置一旁，用雙手挖出裡面的麵包塊，外殼保持原狀，形成一個碗狀容器。

♥ 塞入香腸（到塞不下爲止）－可能最後還需要再增添幾個－然後將蓋子蓋回去，自選能達到最大視覺效果的角度，以娛樂賓客。搭配一小份牙籤來戳香腸，若你省略用麵包上菜，確認香腸要冷卻一下再上桌。

事先準備
香腸可和醃醬以冷凍袋混合，冷藏保存二天－用碗或盤子盛裝，以防溢漏。依照食譜進行烹調。

冷凍須知
香腸可和醃醬放入冷凍袋，冷凍保存三個月。放入冰箱隔夜解凍，用碗或盤子盛裝，以防溢漏。再依照食譜進行烹調。

Spicy sausage patties with lettuce wraps
辣味香腸肉餅包生菜

在某個周日夜晚，當我正安詳寧靜地將這些小肉餅塑形成香腸鹹布丁（a toad in the hole 蟾蜍在洞，見**第453頁**）時，突然想到，如果把它們撒上香料裝扮起來，不就是可口的下酒菜嗎？眞的是。你當然可以直接把它們單獨送入口中，但我喜歡用一片生菜包起來，像多汁香脆的小包裹。這樣也將它們變裝成晚餐宴會的精緻開胃菜。如果你想增加飽足感，做成一餐，可以用墨西哥薄餅（tortilla）或更薄的麵餅（pliable lavash）包起來；**第434頁**的花生醬鷹嘴豆泥可以當作它們之間的黏劑，我會－在餅皮上先舖上一層鷹嘴豆泥－再放上一片生菜和肉餅再包起來。也可以考慮北京烤鴨的吃法，在這膨脹的餅皮裡再加入蔥絲和黃瓜絲。

可做出16個肉餅

上等香腸或香腸肉400g（6根）
薑泥1小匙
綠辣椒1根，去籽切碎
紅辣椒1根，去籽切碎
英式芥末醬2小匙
大蒜1瓣，去皮磨碎
磨碎的檸檬果皮1顆
青蔥1大根或2小根，切蔥花
切碎的香菜2小匙
蔬菜油1大匙×15ml

上菜用：
生菜葉（萵苣1顆或小萵苣2顆），
用來包裹香腸肉餅
皮塔（pita）餅或其他扁平麵包，溫熱過
萊姆2-3顆，切成角狀

♥ 在香腸皮劃一小刀，將絞肉擠到碗裡，或直接將香腸絞肉放入碗裡，加入薑、辣椒、芥末醬、大蒜、檸檬果皮、蔥和香菜。

♥ 充分攪拌混合，塑型成肥厚小肉餅，每份肉餅爲1大匙×15ml，或直接目測憑感覺，約爲核桃般大小（或少一點）的量。

♥ 用平底鍋將油加熱，以中火將肉餅每面煎3分鐘。注意不要過焦，表面的焦褐色很誘人，但要確保內部完全煮熟。

♥ 移到上菜的大盤子上，在另一個盤子擺上用來包裹的生菜葉和麵皮。順手擺上一些萊姆角，和其他你想要搭配的材料。

事先準備

未烹煮的肉餅可在一天前先做好。覆蓋冷藏，到要用時再取出，依照食譜說明烹調。

冷凍須知

未烹煮的肉餅可冷凍保存三個月。將肉餅放在鋪了保鮮膜或烘焙紙的烤盤上，再蓋上一層保鮮膜。冷凍到定型後，移入冷凍袋。解凍時，將肉餅放到鋪了保鮮膜的烤盤上，蓋上保鮮膜，放入冰箱，隔夜解凍。依照食譜說明烹煮，如果表面太潮濕，可撒上一點麵粉。

Pigs in blankets
with mustard dipping sauce 包毯子的小豬和芥末蘸醬

我的經紀人與好友艾德・維克多 Ed Victor 和他的妻子卡蘿・萊恩 Carol Ryan 在漢普敦開了一個慶祝國慶日的宴會，我在那個場合嚐到這些玩意兒後，就完全失態了－如果我還有羞恥心的話。我差點就把當時端這道菜的侍者拘禁在我身邊。整場宴會，我一直不斷地繼續吃它，等到客人都走了，我就坐在沙發上，把剩下的都吃完。

回到家以後，再也沒得吃了，是多麼痛苦！所以我不斷騷擾那家外燴公司，於是產生了這道食譜。我知道，把法蘭克福香腸用派皮（puff pastry）包起來，似乎不是很吸引人，但這些包毯子的小豬（pigs in blankets，在我家稱爲毯子裡的法蘭克 franks in blanks），配上風味刺激的蘸醬，的確是充滿驚嘆的味覺經驗。我對這些小可愛的食慾，如同我對瓊・麥肯思 Jean Mackenzie 和她的四季 Four Seasons 外燴公司的感恩一樣，滔滔不絕。

不同牌子的派皮，可擀成不同尺寸，所以你必須明白，每根香腸需要剛好可完全包裹的派皮。每根香腸可做出 4 隻小豬。

可做出 72 個

現成擀好的派皮（puff pastry sheets）
1 包約 425g（可做出各 28×21 公分的 2 張），若爲冷凍應先解凍
雞蛋 1 顆
法蘭克福香腸 2 包各 350g
（共 20 根，但只需 16 根）

芥末蘸醬材料：
芥末籽醬 100g
第戎芥末醬 100g
酸奶油 2 大匙 ×15ml

❤ 將烤箱預熱到 220℃ /gas mark7。將其中一張長方形的派皮擀一下，使其稍微薄一點，沿著長的那一邊擀（使其更長一些）。裁成 4 等份，各爲長方形，再縱切對半，形成 8 個長條狀派皮。（別晃神呀！）

❤ 在小碗裡將蛋打散，在每片派皮上刷蛋汁，將 1 根香腸水平擺放在派皮上，捲起來直到包緊。用同樣的方式完成剩下的 7 小張派皮。

♥ 將每根捲好的香腸切成4等份，如果派皮鬆開就再包好。放在舖了烘焙紙的烤盤裡，封口朝下以免打開。

♥ 刷上蛋汁，烤15-20分鐘。派皮應稍微膨脹並轉成金黃色。在等待的同時，可以繼續以同樣的方式，來處裡另一張派皮和剩下的香腸。

♥ 混合芥末和酸奶油，放入數個小碗裡。

♥ 將烤好的派皮香腸放在盤子上，趁熱搭配小碗裡的蘸醬（方便食用）上菜。

事先準備

派皮包香腸可在一天前組合好。將分切好的派皮香腸放在舖了烘焙紙的烤盤上，不要刷蛋汁。用保鮮膜蓋好，冷藏保存，要用時再取出。蛋汁分別用密閉容器冷藏保存。依照食譜說明刷上蛋汁後進行烘焙。

冷凍須知

如果使用超市冷藏區買來的派皮可進行冷凍，不要再度冷凍已解凍的派皮。組合好但尚未刷蛋汁的派皮香腸，可冷凍保存2個月。將組合好的派皮香腸放在舖了烘焙紙的烤盤上，用保鮮膜蓋好。冷凍定型後，移入冷凍袋裡。取出後，刷上新鮮蛋汁，依照食譜說明直接進行烘焙，但烘焙時間要延長4-5分鐘。上菜前確保全部煮熟熱透。

Coconutty crab cakes 椰香蟹餅

對食物狂熱也有好處，像我總是不斷在思考，家裡的各種食材要怎麼運用。我常在蟹肉餅裡加麵包粉，但有一天我突然想到，脫水椰子絲可能也能達到相同的效果，吸收水分，協助定型。眞的是這樣，而且比麵包粉更好：我喜歡那一絲內斂的熱帶風情，像對加勒比海藍天的回憶，而肉餅的質感也變得比較柔軟輕盈。

你可以搭配萊姆角上菜，擠在蟹餅上吃，賣相也漂亮，但我個人喜歡用更刺激一點的米醋，平衡椰子（雖然沒加糖）的淡淡香甜味。

可做出14個，*足夠6-8人份*

白蟹肉200g
麵粉3大匙 ×15ml
脫水椰子絲3大匙 ×15ml
切碎的墨西哥紅辣椒（jalapeño chilli peppers，從玻璃罐裡瀝乾）1大匙 ×15ml
切碎的香菜1大匙 ×15ml
米醋2小匙，外加上菜的量
油，煎蟹餅用

♥ 將蟹肉放入碗裡，檢查是否有殘餘的硬殼要挑掉。將蟹肉、麵粉和脫水椰子在碗裡混合。

♥ 加入辣椒、香菜和2小匙的米醋，混合均勻，盡量往下壓平，使碗的底部形成質地密實的一層混合蟹肉。

♥ 覆蓋冷藏1小時，使其定型。

♥ 在平底鍋裡加入足量的油（形成一點深度）加熱。

♥ 將蟹肉從冰箱取出，用廚房專用大圓匙（15ml），舀出一匙匙的蟹肉並壓實，再小心將這一圓球般的蟹肉放入油鍋裡。

♥ 一次只能放4-5個，因爲不管你的鍋子有多大，等到你放入第4或第5個，第一個蟹餅就準備要翻面了。記得蟹餅本身已經熟了，只是要讓表面煎得酥脆金黃，內部熱透，一面煎1分鐘，差不多就夠了。

♥ 蟹餅一起鍋，便移到鋪了雙層廚房紙巾的砧板、烤盤或盤子上。要將起鍋的蟹餅保溫，就小心地將蟹餅放到冷卻網架上，再將網架放在烤盤上，一起放入預熱125℃ /gas mark½ 的烤箱裡，不超過20分鐘。

♥ 澆上一點米醋搭配食用。

事先準備
未煎的蟹餅餡可在一天前製作。覆蓋好冷藏，要用時再取出，按照食譜指示烹調。

冷凍須知
蟹餅可冷凍保存1個月，但蟹肉必須是未經冷凍的（如果不確定，請和魚販或超市確認）。經過冷凍的蟹肉，不可再度冷凍。將蟹肉用湯匙，舀在鋪了保鮮膜的烤盤上，稍微壓扁。蓋上另一層保鮮膜，冷凍到定型，移入密閉容器內。可直接取出，用1公分高度的油與中火油煎，每面的烹調時間增加1-2分鐘。如果蟹餅太快變黑，將火轉小，檢查內部完全熱透再取出。用廚房紙巾瀝油後，移到冷卻網架上，依照食譜指示保溫。

Sherry-glazed chorizo 雪莉酒西班牙臘腸

用紅酒烹煮的西班牙臘腸，是西班牙的典型小菜（tapas），雖然我用雪莉酒來取代紅酒，但也不至於太過冒犯，畢竟它和西班牙臘腸來自同一個家鄉。任何種類的上等雪莉酒都可使用，但我家裡常備的是一瓶阿蒙蒂亞雪莉酒（Amontillado），可以澆在湯和快炒裡（也用來喝），不過混調的甜雪莉酒（cream cherry）也可以。

這是一道完美的下酒小菜，尤其是你沒太多時間準備的時候。你可以單獨端上這道臘腸，或搭配一些西班牙杏仁（marcona almonds）、各式橄欖、和一些分成小塊的曼切哥起司（Manchego，或其他風味刺激的硬質起司），便能快速湊出一桌輕鬆隨意的西班牙小菜。

單獨食用的 2 人份，*或搭配其他的配菜成 4 人份*

西班牙臘腸300g，切成1公分厚度錢幣狀
雪莉酒（amontillado 或 crem cherry）3大匙 ×15ml
西班牙杏仁、橄欖、曼切哥起司，上菜用（可省略）

- 將平底鍋加熱後，乾煎臘腸約1分鐘，直到臘腸片均勻地上一點焦色，橘色油脂流出。
- 倒入雪莉酒，滾煮1分鐘左右，同時不斷攪拌，直到臘腸裹上閃亮的油汁。移到溫熱過的盤子上，上菜。

Thai rost scallops 泰式爐烤扇貝

帶殼的扇貝，看起來就是那麼美麗。在超市不容易買到，但是魚販有賣，可以快速地幫你去殼清洗，馬上可以帶走。扇貝基本上不需其他配料，但是用烤箱上色後端上桌，會讓每個人都感覺到盛宴的氣氛。而它們眞的也不負衆望。上等扇貝是潛水夫下海撈捕的，所以價格昂貴。但它們眞的能搭配佳釀，帶來慶祝的氣氛。

我在其他地方實驗過泰式風味的扇貝（見**第72頁**），喜歡那香甜飽滿貝肉，和伴隨咖哩醬辛辣刺激味的對比。如果你只能買到看起來沒那麼奢華的扇貝（不含橘色卵巢或不帶殼的），你仍然可以使用這道食譜：將數量加倍（因爲體型看起來很小），丟入以下的醃料裡混合後，讓它們近乎赤裸地，單獨放在鋪了鋁箔紙的烤盤上爐烤。

4-6人份

泰式紅咖哩醬1大匙 ×15ml
萊姆汁3大匙 ×15ml
魚露1大匙 ×15ml

扇貝帶卵巢帶殼12顆，或小型無殼或無卵巢24顆，最好是潛水撈捕的

♥ 將烤箱預熱到220℃ /gas mark7。

♥ 將泰式咖哩醬、萊姆汁和魚露攪拌混合，倒入一個寬淺盤內。

♥ 放入扇貝肉（留著橘紅色部位），使它們均勻沾裹上這個紅色醃醬，醃5分鐘。

♥ 將扇貝殼（如果你有的話）舖在烤盤上，將貝肉放回殼裡－如果沒有殼，直接將扇貝肉舖在烤盤上－確保扇貝肉仍裹上厚厚的一層醃醬。當所有扇貝排好後，再淋上盤內剩下的醃醬。

♥ 將扇貝烘烤15分鐘，直到剛轉熟，帶殼上菜。如果扇貝無殼，只需10分鐘。轉熟時，扇貝的中央部分應剛轉成不透明。

Avocado quesadillas 酪梨墨西哥摺餅

雖然我並不想當現點現做的下廚者，我還蠻喜歡舒服地站在爐邊，一邊烤著墨西哥摺餅（quesadillas），同時將剛烤好溢出融化起司的熱騰騰墨西哥餅，一個一個送上。因爲我用的是市售墨西哥餅而非自己製作（雖然我打算以後試試看），所以做起來就像煎個三明治（其實它們就是呀）一樣省事。

如果你想要印出清楚的煎烤痕跡，最好在加熱時用力往下壓；我以前用許多的罐頭來壓，但來我家施工的建築工人肯（Ken），應我的要求，很好心地送給我一塊包上鋁箔的磚頭，這就解決了我的難題。但是，我現在好像把它搞丟了，又不好意思再要一個，所以現在採取自由作風，乾脆不加任何重物。

可做出24片／三角形塊狀

墨西哥薄餅（tortillas，麵粉或玉米粉製皆可）4片

曼切哥起司（Manchego）100g，切片或其他適合融化的任選起司

酪梨1顆，去核去皮切塊

墨西哥紅辣椒（瀝乾）50g或玻璃罐裝的紅辣椒圈約16個（或更多）

♥ 取出一片墨西哥餅攤開。在其中一半鋪上25g的起司片－不要太靠近邊緣，以免起司在加熱時溢出。

♥ 在起司上放 ¼ 酪梨和約4片的紅辣椒圈或更多。將墨西哥餅折疊起來，形成膨脹的半圓形。

♥ 加熱橫紋鍋（griddle pan），如果沒有，可直接加熱平底鍋，滑入準備烹調的半圓形墨西哥三明治。壓上重物，或直接用煎魚鏟等暫時壓一下，煎1分鐘，翻面，再煎1分鐘。

♥ 將熱墨西哥餅滑入砧板上，將每個半圓形三明治切成6等份，立即上菜。以同樣的方式處理剩下的3片墨西哥餅。

Peanut butter hummus 花生醬鷹嘴豆泥

花生醬鷹嘴豆泥聽起來一點也不優雅，但這道食譜就是很優雅。我寧願用花生醬來代替tahini（也就是芝麻醬）。大聲說，我比較喜歡花生醬，是不是很糟糕？它很有飽足感，又沒有芝麻醬的一絲黏膩。我是說，看心情而定，有時候我也很愛芝麻醬那黏土般的口感，但一點點就很夠了。我的版本帶有一點呂宋紙色澤，時髦優雅，所以很適合宴客時上菜搭配飲料，但我更喜歡在冰箱裡收藏一些，可供我抹在斯佩特小麥脆餅或黑麥烤麵包上，視心情而定。

足夠供應10人份宴會

鷹嘴豆罐頭2罐 ×400g
大蒜1瓣，去皮
一般橄欖油3-5大匙 ×15ml
質地滑順的花生醬6大匙 ×15ml（共90g）
檸檬汁3大匙 ×15ml（或更多）
粗海鹽2小匙或罐裝鹽1小匙，或適量
小茴香粉（cumin）2小匙
希臘優格4-6大匙 ×15ml
花生2大匙 ×15ml，切碎，上菜用（可省略）
煙燻紅椒粉1小匙，上菜用（可省略）
麵包棒、皮塔餅、餅乾、玉米餅等上菜用（可省略）

♥ 將鷹嘴豆瀝乾洗淨。將大蒜、鷹嘴豆、3大匙油、花生醬、檸檬汁、鹽和小茴香粉放入食物處理機內，打成帶粗粒泥狀。

♥ 加入4大匙希臘優格再攪打一下，如果豆泥太濃稠，再加入1-2大匙優格及等量的油（不同種類的鷹嘴豆會達到不同的濃稠度）。

♥ 檢查調味，適量地根據自己的喜好再加檸檬汁和鹽。

♥ 上菜時，想要的話，將碎花生和紅椒粉混合後撒上，搭配著你選擇的麵包棒等，可蘸著吃或其他你喜歡的方式。

事先準備
鷹嘴豆泥可在1-2天前先做好。移到非金屬容器裡，覆蓋冷藏，要吃時再取出。應在二天內食用完畢。

Churros
with chocolate dipping sauce 吉拿棒與巧克力蘸醬

我一直在不斷地尋找一道滿意的吉拿棒食譜，經過漫長的搜尋和許多嘗試後－雖然說吃下過多的糖衣西班牙甜甜圈並不算甚麼磨難－我終於在一本書找到了我的理想，這是湯瑪西娜・邁爾斯（Thomasina Miers）的Mexican Food Made Simple，這本書迷人極了，並擁有那不可或缺的要素：能夠吸引人，並獎勵我們貪婪的好奇心。我的食譜做了一點變化，因爲，當我們動手時，難免會自己嘗試一下。

很遺憾，我從未造訪過墨西哥，但我在西班牙嚐過吉拿棒，早晨或深夜經過麵包店時，順手就可帶上一些，配上一杯如醬汁般濃郁的熱巧克力。在家裡，它們是快速的下午點心、一款耽溺的周末晚早餐，或一餐西班牙小菜後令人心滿意足的甜點。用來蘸取這沾裹上肉桂糖粉甜甜圈的巧克力醬，香醇濃郁，乍看之下似乎份量太多，但別忘了，這是讓每個人都有自己的一份蘸醬。

好了，現在要說到油炸的部分：我用的是小型平底深鍋，不只是因爲每批只油炸3-4個，是正確的決定，還因爲用這種煮一顆蛋的鍋子來油炸，比起在你面前的爐子上，煮沸一大油鍋，比較不可怕（事實上是一點都不可怕）。

在西班牙，以及在邁爾斯小姐的這本書裡，吉拿棒像長條狀的麵糊毛毛蟲，我的版本比較粗短，像甜甜圈，更適合用來蘸取醬汁。

可做出16個吉拿棒，*應該足夠餵食4-6人，但是…*

吉拿棒材料：

細砂糖50g

肉桂粉2小匙

麵粉125g

泡打粉1小匙

橄欖油1大匙 ×15ml

剛煮滾的熱水250ml

玉米油或蔬菜油約500ml，油炸用

濃稠巧克力蘸醬材料：

上等黑巧克力100g

牛奶巧克力25g

金黃糖漿1大匙

濃縮鮮奶油150ml

♥ 在寬口淺盤裡，混合糖和肉桂粉，準備沾裹吉拿棒。

♥ 在底部厚實的平底深鍋裡，以小火融化所有的巧克力醬材料。一旦巧克力開始融化，攪拌一下，離火，置於溫暖處。

♥ 現在來製作吉拿棒麵糊，將麵粉放入碗裡，加入泡打粉攪拌，再加入橄欖油和250ml剛煮滾的熱水攪拌。持續攪拌，直到形成溫熱沾黏的麵糊，靜置約10分鐘，或等待玉米油（或蔬菜油）變得夠熱可以油炸為止。

♥ 在小型平底深鍋內，加熱準備油炸的油，高度約為鍋深的三分之一。等到你覺得油夠熱了，丟入一小碎塊麵包，若發出嘶嘶聲且在30秒內變褐色，就代表油夠熱了。如果你用的是插電的油炸鍋，或你有其他測溫度的工具，油溫應為170℃。隨時注意油鍋，不要走開。

♥ 準備好後，將附有星型花嘴（8公釐）的擠花袋，裝滿麵糊。擠出短麵糊（約4-5公分）到油鍋裡，用剪刀剪斷。我很喜歡這種感覺。

♥ 一次炸3-4條，等到變成深褐色時，便用溝槽匙或鑷子或廚房鉗取出，放在鋪了廚房紙巾的烤盤上瀝油，然後移到鋪了烘焙紙的烤盤上，送入烤箱底層保溫（100℃ /gas mark¼），同時繼續油炸剩下的吉拿棒。如果你不用烤箱保溫，仍然需要5-10分鐘的靜置時間，使內部凝固，才能食用。

♥ 上菜前，將所有熱吉拿棒，沾裹上糖和肉桂粉，並甩掉多餘的部分。

♥ 當所有的吉拿棒炸好後，將巧克力醬盛入個人份小杯中（以避免重複蘸取的難題），蘸著吃。

AND TO WASH IT ALL DOWN... 一飲而盡

注意：1小烈酒杯（1 Shot）是25ml，但我常用2大匙×15ml代替，多多益善。

雖然在我的內心，總是抑制不住端著雞尾酒四處走動，但是說到喝酒，通常寧願幫人倒酒，勝過調酒。當我在廚房一邊做菜，一邊和朋友聊天時，不管心理多想，就是很難像酒保一樣，還一邊調酒。不過也有例外：如果客人數目不多，或只有一個好友，我也不介意，但一般來說，我比較喜歡供應那種，可以直接倒入玻璃杯或大量杯裡混合的酒精飲料。

我以前曾經聊過我的酒精櫃收藏，都不是高級品；如果有人無法抵擋最通俗的調酒（通常是受到品牌吸引，而非酒的本身風味），那就是我。但是話又說回來了，如果你是臨時打算開的宴會，或不想大費周章，當然你的酒精選擇就會受限；供應各式雞尾酒，需要完整的酒單，根本不切實際。

BLACK VELVET 黑絲絨

說到調酒，我的起點，可想而知，就是廚房常備的料理幫手。這是很有道理的，至少對我來說是如此。所以，我有一些司陶特啤酒 stout，可以烘烤出健力士薑味麵包（見**第305頁**），或一批歡迎客人的愛爾蘭燕麥麵包（見**第86頁**），我知道我有可以在周末早午餐調出一些**黑絲絨**的材料。我很喜歡這款飲料，很多人都誤解它了。我的意思是，每個人都因爲它極富誘惑力的名字來嘗試，但你嚐一口就知道，根本很難入口。讓我告訴你爲什麼。這款調酒發明的時候（據說在1861年，由一位 Brooks's Club 的經理創造出來，以紀念阿爾伯特親王逝世），甜香檳是很流行的。但是現在，大家認爲甜香檳是過時的玩意兒，所以黑絲絨 Black Velvet 是用等比例的不甜（dry）香檳和司陶特啤酒混合而成，結果如你想像的一樣苦澀。你應該用一瓶750ml的氣泡白酒（我毫不羞愧地用 Asti Spumante），配上750ml的健力士或其他黑司陶特啤酒，如此產生的飲料（a）比用香檳調配的還便宜（b）味道宜人好喝，共可配出6-8杯。而且，這一大壺深色迷人的飲料，還可配上含有同樣美味苦澀原料的燕麥麵包，與一盤上等煙燻鮭魚。如果還想再豐富一點，可以考慮山羊奶凝乳（goat's curd）或奶油起司－一般的費城 Philly 品牌－抹在呂宋紙色調的麵包上，再放上鮭魚片。最後可放上一小捲醃紅包心菜（pickled red cabbage），與一點新鮮蒔蘿葉（這就是我通常在聖誕節端上的手指開胃菜 canapé），作爲裝飾並增添一絲刺激風味。

BABY GUINNESS 迷你健力士

接下來就必須說到**迷你健力士**了，這款飲料和同名的啤酒一點關係都沒有，它是一種餐後酒，只是調配出來的外觀和健力士一模一樣。拿一隻小烈酒杯（Shot glass）（我剛好有那種迷你啤酒杯），倒入咖啡利口酒，到幾乎裝滿。我會傾向用 Kahlua 勝過 Tia Maria，因爲比較有黏性，所以符合這裡的目標，或是用 Illy Espresso 利口酒，因爲比較不那麼甜，是我喜歡的。無論如何，在這杯幾乎全滿的深色咖啡利口酒上方，拿著一隻翻轉過來的小湯匙，倒上一點貝禮詩奶油酒（以免濺出），這樣表面的白色泡沫，像極了一杯司陶特啤酒 stout。當作餐後酒來喝固然很好，你也可以直接給每個人端上一杯當**甜點**，倒在一小碗香草冰淇淋上。或者，你也可以將相同份量的咖啡利口酒，和榛果利口酒（Frangelico）調配（如果你做過**第164頁**的提拉米蘇，應該會有剩下的）。

榛果利口酒（Frangelico），也非常適合加在咖啡或**熱巧克力**裡：要做出最上等的熱巧克力，可將100g切碎的優質黑巧克力，混合500ml的全脂鮮奶和少許榛果利口酒後，用中火融化。倒入數個馬克杯裡，想要的話，再加上鮮奶油和烘烤過的榛果碎粒。我也常做**榛果鮮奶油（Frangelico Cream）**，將濃縮鮮奶油混合少許榛果利口酒後，稍微打發。250ml的鮮奶油，可配上1-3大匙 ×15ml的榛果利口酒（Frangelico）或適量。是適合任何種類巧克力蛋糕的華麗搭配，將平凡的餐後甜點，轉變成不同凡響的宴會招待。

這就像我用來搭配無麵粉巧克力萊姆蛋糕（見**第281頁**）的瑪格莉特鮮奶油一樣，我用這些材料製作出我最瘋狂，引以自豪的飲料。

LAGARITA
拉格麗塔

它的靈感來自夜深人靜時：也算是補償失眠的一種安慰。各位，讓我爲您獻上**拉格麗塔**，一種止渴的拉格啤酒 lager，但混合了瑪格麗特的元素，與一些，或一種，重新改造過的萊姆啤酒 lager'n'lime。好，現在取出1瓶330ml冷藏的墨西哥啤酒，加入30ml或2大匙 ×15ml或1烈酒杯（隨你方便）的龍舌蘭 tequila、柳橙利口酒（triple sec或君度 Cointreau）以及萊姆汁 Rose's lime juice cornial，再擠入適量的新鮮萊姆汁。拉格啤酒 lager 不一定要來自墨西哥的，但一定要冰涼到會痛的地步（這是我的原則）。這種飲料，就是你享用墨西哥起司三明治（見**第433頁**），或一盤辛辣的龍雞（見**第415頁**），以及其他多種佳餚的完美搭配。

BLOODY MARIA
血腥瑪麗亞

接下來就要說到另一個適合搭配墨西哥三明治（讓人想到早午餐，我也不會反對順便端上**第427頁**的椰子蟹餅）的候選人，也就是**血腥瑪麗亞**。我對我的朋友瑪麗亞說（見左邊圖片），這是我爲她創作出來的飲料，但這當然是個漫天大謊。血腥瑪麗亞，在調酒來說，就是將血腥瑪麗裡的伏特加，用龍舌蘭代替。我的食譜是：在1公升的番茄汁裡，加入250ml的龍舌蘭、2大匙 ×15ml的雪莉酒 amontillado sherry、1大匙 ×15ml的新鮮萊姆汁（或更多，上菜時也可爲每個人準備1個萊姆角），外加1小匙（或適量）的墨西哥辣椒水（Tabasco）。我也加入足量的鹽，每撒一點就嚐一次味道。

PROSECCO SPORCO 骯髒氣泡酒

上述爲夠份量的酒精飲料，但另一方面，我也覺得應該供應那種，可以毫不猶豫仰頭就喝的輕度酒精飲料。我猜我大概說過－因爲它提振心情的效果－ chez moi（在我家）prosecco 被稱爲 prozacco。不意外，它成爲我酒精助興的基本班底。我最喜愛的一種，是由安娜戴康堤 Anna Del Conte* 介紹給我的，叫做骯髒氣泡酒 Prosecco Sporco。也就是倒出一杯義大利氣泡酒 Prosecco，再加入一點金巴利 Campari。**Prosecco Sporco** 字意上就是骯髒的 prosecco，但是我覺得叫做 Filthy Fizz 比較好聽。我覺得它十分優雅時髦，又非常好喝。金巴利 Campari 的苦味，不是每個人都喜歡（我個人覺得越苦越好），如果你想讓它變甜一點，我建議你可以加上一點香博樹莓力嬌酒 Chambord black raspberry liqueur 代替，如果你的酒櫃裡有的話。

* 極富盛名義裔飲食作家與食譜作者。

AMERICANO 美國佬

說到金巴利 Campari，金巴利和蘇打水，對我來說就是夏天。但是，最偉大的雞尾酒，可能是**美國佬 Amaricano**。要調配這款雞尾酒，你需要一個寬口威士忌酒杯（tumbler），裝滿冰塊後，各注入 2 個小烈酒杯（小烈酒杯或憑感覺抓大概接近的量）金巴利和甜味紅苦艾酒（vermouth）。加入一點氣泡水（另外爲大家準備在桌上，自由添加），用一片柳橙或柳橙皮捲裝飾。它的風味既濃郁又清新，顏色是極鮮豔的紅，就像陶瓦被轉變成彩繪玻璃。如果你不知道，我可以告訴你，在伊恩·佛萊明（Ian Fleming）的第一本龐德小說皇家夜總會（Casino Royale）裡，這是 007 點的飲料，之後他才開始點馬丁尼，要搖的，不要攪拌等花樣。

PINK MARGARITA 粉紅瑪格麗塔

另一個使用金巴利 Campari 的方法，是調成**粉紅瑪格麗塔**。製作方法：將冰塊、1½ 小烈酒杯（Shot）或 3 大匙 ×15ml 龍舌蘭（你的酒櫃裡大概已經有了，見上方說明）、1 小匙金巴利、各 1 大匙 ×15ml（或 ½ 小烈酒杯）的新鮮萊姆汁和糖漿，一起搖晃混合。（糖漿不難製作，將 250ml 的水和 250g 的糖混合，小心地加熱煮沸到糖融化，然後冷卻－有點麻煩，所以我都是買現成的，常見的是法國牌子，標籤寫 gomme。

我突然想到，如果你用了香博樹（Chambord）來做骯髒氣泡酒 Filthy Fizz，那也可以用它來代替粉紅瑪格麗特裡的金巴利，也許份量可以加多一點，並省略糖漿。

FRENCH MARTINI
法式馬丁尼

我不喜歡甜膩的酒精飲料，但對香博樹（Chambord）是例外。一個很大的原因，可能是它的瓶身設計太漂亮了，像薇薇安・魏斯伍德（Vivien Westwood）爲法國瑪麗皇后設計的一樣；眞的看起來像應該放進衣櫃、而非酒櫃裡（尤其是那種小瓶裝的）。但是撇開設計美學不談，它濃烈的深色醋栗風味仍十分吸引人。除了和氣泡酒混合、如上方食譜所說加入龍舌蘭裡以外，你還可以做出一種經典的雞尾酒，同時也是九O年代最受歡迎的酒精飲料之一：**法式馬丁尼**。將一些冰塊、1½ 小烈酒杯（3大匙 ×15ml）伏特加、½ 小烈酒杯（1大匙 ×15ml 香博樹、和1½ 小烈酒杯（3大匙 ×15ml）鳳梨汁，搖晃混合（或用比較普通的攪拌方式）。當你在製作**第392頁**的排骨時，可考慮這款飲料，因爲你反正會用到鳳梨汁。

RASPBERRY COOLER
覆盆子庫樂

香博樹（Chambord）還有最後一種用法，就是做成**覆盆子庫樂**。這是我的另一個發明：在高玻璃杯裡，注入各1小烈酒杯的覆盆子伏特加和香博樹，塞滿冰塊，倒入一些萊姆氣泡水（San Pellegrino limonata）。恐怕這已經接近現成調酒（alcopops）的領域了，因爲它嚐起來不像伏特加或利口酒，沒有甚麼酒精味，但它十分美味清新。如同現在酒瓶上和廣告常說的，請負責任地享受…

PETUNIA
潘突妮雅

如果你從我提到拉格麗塔 Largarita 一路看下來，還能記得所有材料，那你就知道我們還有柳橙利口酒（triple sec 或君度 Cointreau）… 它可以加入一瓶義大利氣泡酒（prosecco）裡，再混上一些粉紅葡萄柚汁，就成了很棒的宴會酒精飲料潘突妮雅（Petunia），是我發明的稱呼，因爲它就像我聖誕節喜歡的飲料波希妮亞（Poinsettia）* 的夏季版本。要做出8-9個玻璃杯，將1瓶750ml 不甜的氣泡白酒，倒入大冷水壺裡，加入125ml 柳橙利口酒（triple sec 或君度 Cointreau），和500ml 粉紅葡萄柚汁－因爲這項材料，你也可把這款雞尾酒叫做**佛羅里達氣泡酒（Florida Fizz）**。已故的工黨 Red Queen一芭芭拉・卡素爾（Barbara Castle），曾被人詢問，想要別人稱呼她爲 Chairman, Chairwoman 或 Chair，她回答說，我不在乎你們叫我甚麼，只要我是老大就行。同樣地，我不在乎你叫它甚麼，只要你試試看就行。

* 波希妮亞（Poinsettia）也是一款聖誕紅的品種。

GRASSHOPPER
蚱蜢

至於薄荷利口酒（crèmes de menthe）和可可利口酒（crèmes de cacao）：我知道就算是一般齊全的家庭酒櫃，也不見得會有這兩樣東西。但是我已經用**第182頁**的蚱蜢派讓你考慮採購這兩者，所以就讓我們來看看吧。我知道，不樂觀，雖然我很喜歡這個派，但對**蚱蜢雞尾酒**並不熱衷。不過既然我們都說到這了，酒也開了，就不如嘗試看看吧，也許你會比我更喜歡。無論如何，將各1小烈酒杯的綠色薄荷利口酒、白色可可利口酒、濃縮鮮奶油和全脂鮮奶，和冰塊一起搖晃混合，再過濾倒入馬丁尼酒杯裡。其實擁有這兩種酒，我會更喜歡做成**八點過後 After Eight**，請你用各 ½ 小烈酒杯的伏特加、綠色薄荷利口酒、白色可可利口酒，和冰塊搖晃混合後，再倒入冰涼的小烈酒杯裡。

AFTER EIGHT
八點過後

CHOCOLATE MARTINI
巧克力馬丁尼

不過，更聰明的做法可能是將這兩樣酒拆開來：2 杯小烈酒杯的伏特加、各1杯小烈酒杯的白色可可利口酒（crème de cacao）和不甜的苦艾酒，與冰塊一起搖晃混合，就是巧克力馬丁尼，如果你想要切換成華麗的酒保模式，可將一杯馬丁尼酒杯口浸入一些可可利口酒裡，再蘸上一些過篩的可可粉，使酒杯邊緣染上一層咖啡色。不過一般來說，我建議你可以依照對榛果利口酒（Frangelico）的用法，來使用可可利口酒：加入熱巧克力、熱牛奶或咖啡裡，增添一點甜味與濃郁，或適當時，用來代替蘭姆酒做料理－如**第142頁**的巧克力豆麵包布丁。

不過讓我再度提一下薄荷利口酒（crème de menthe）：最佳的飲用方式（我自己覺得它的復古風味十分迷人），是直接倒在碎冰上，如**半凍薄荷酒 crème de menthe frappe**。這是我大約15歲時，最喜愛的飲料（我應該感到羞愧吧，但我並不），它也令我想起哈里・格雷厄姆（Harry Graham）的*冷血之家的無情打油詩*（*Ruthless Rhymes for Heartless Homes*）：*當寶寶的哭聲大到無法忍受 / 只好藏到冰箱裡罷。早知道會把他凍得這麼僵 / 我也不敢這麼來辦 / 妻子說：喬治，我悶極了！ / 我們的寶貝現在完全夠冰了！*

GIDDY GEISHA
微醺的藝妓

該回到現實世界了，我在廚房裡不能沒有日本清酒，覺得應該也用它來變出一種好喝的飲料，我在廚房用的清酒，不是昂貴上等的種類，不適合用來單獨品飲。不過我用它做成一種叫做**微醺藝妓**的調酒，你也可以叫它做**清酒和湯尼可 Sake and Tonic**，如果這樣你比較高興的話。依照製作 G&T（Gin and Tonic 琴酒和通寧水）的方式，但用清酒來代替琴酒，最後再加上一點接骨木花露（elderflower cordial）。如果想要裝飾一下，可加上一片小黃瓜片。極度清新，絕佳的周五下午提神劑（我特別喜歡最近發現的一種低糖、無添加阿斯巴甜 aspartame 的通寧水）。我猜，薑汁啤酒 ginger beer 或薑汁艾爾啤酒 ginger ale 和日本清酒也會很搭，如果你要試試看，可以省略接骨木花露。

ELDER-FLOWER SPRITZER
接骨木花氣泡飲

我個人完全不能缺少接骨木花露（elderflower）。我常備著它，來做醋栗和接骨木花酥頂（見**第251頁**），也常在料理時，用它來爲蘋果增加甜味。這裡的**接骨木花氣泡飲**是充滿香氣的非酒精飲料，就算你不打算拿來做菜，放一瓶在家裡也很好，可以當作待客的飲料供應。將這款接骨木花露和氣泡水，用1：4或1：5的比例稀釋（有的版本濃縮度較高，記得確認標籤說明），在玻璃杯裡放上一根薄荷裝飾更美。

ELDER-FLOWER GIMLET
接骨木花檸檬琴酒

最後我要以接骨木花結尾，因爲用它可以調配出我最愛的飲料之一，尤其在我需要清新一下、需要支持或荷蘭式勇氣（Dutch courage）* 時。我稱它爲**接骨木花琴酒**，但這只是我小孩所說的隨興命名，畢竟檸檬琴酒（gimlet）裡面有琴酒和萊姆汁 Rose's lime juice cordial，而我調的這個酒，裡面是伏特加和接骨木花露。無論如何，我知道它是什麼意思。我不耐煩用調酒杯什麼的，就只是在小馬丁尼酒杯裡放些冰塊，然後加入各 1½-2 杯小烈酒杯的上等伏特加和接骨木花露。最近我做了一個夢，我發明了一款極爲美麗的透明雞尾酒，叫做**小丑的眼淚**（不要問我爲什麼），我記得最後，我加了一小滴米醋。如果你有勇氣，不妨試試看。我個人對上述配方的接骨木花檸檬琴酒已經很滿意了。乾杯！

* 荷蘭式勇氣（Dutch courage）意指藉酒壯膽。

THE COOK'S CURE FOR SUNDAY-NIGHT-ITIS
爲周日夜晚準備的廚房解答

這一切眞的都很簡單：我做的飯菜順應我的生活方式；而我用它們當作寫作題材。我的生活離不開恆常的廚房 Kitchen Constant（現在想來很有道理，在物理學裡，恆常的符號是 K），多年來，我的煮飯風格也沒甚麼改變。但是生活總是在一點一點地前進變化，食譜也是一樣。我們做飯和吃飯的方式，從我們的生活演變而來。

在我的新生活裡，出現了一項全新的飲食項目：周日晚餐。當我的孩子還小時，我突然瞭解到有這麼一個東西叫周末午餐。不，不只是午餐而已，所以讓我重說一次，當我的孩子還小的時候，我突然瞭解到，一餐飯吃完以後的清理工作，只是準備下一餐飯的開始。現在我的孩子是青少年而非幼兒了，他們對廚房工作的要求也不一樣了。首先，他們在周末的起床時間，晚到不用認眞考慮早餐的問題。而起床以後，他們又急著去一個神祕的地方，叫做「外面」。

當周日午餐已經例行性地缺席後，我現在專注在周日晚餐上。我是最不會說教的母親了，但連我都可以說出一大篇道理來，說服大家周日夜晚是家庭聚會時間。我知道在晚上吃大餐，不是節食者熱衷的活動，但我覺得這是大家都需要補充精神的時間。雖然沒有必要，但大家都難免感覺到，忙碌的一周即將開始的那種恐懼：我母親常說的（她大概從來沒擺脫對學校的恐懼），叫作 Sunday-night-itis。

當然，不能爲了要充滿精神迎接新的一周，就把周末毀了。但是在廚房走動一下，對我來說有很重要的意義，像是在這個忙碌快速的世界裡，找到一個安定熟悉的位置。我眞是說走動一下，雖然這一章的食譜，通常需要在烤箱待上很長的時間，但正因此而省事－在烹調中，你可以騰出雙手來做別的事。這些是舒適溫暖的食物，吃的人開心，做菜的人輕鬆。

我不認爲我是唯一一個這麼想的，一定也有別人從這種延續當中得到安慰。我對過去的依戀，完全建立在廚房的背景之上，對我意義重大。除了懷舊的因素之外（畢竟是我的胃口而非靈魂在發言），我全心愛惜這種一代傳一代的簡單滋味，不花俏卻經得起時代考驗，幫助你度過艱辛的日子。這是我最珍惜的遺產。雖然如此，仍然阻止不了我做一些小小的變化，畢竟我們是在做菜，不是保存古物。這就是飲食的變遷：一道食譜要繼續保存下來，就要禁得起變化。好了，以下的這些食譜，讓我從我的廚房送到你的廚房裡：溫暖能夠撫慰人心的食物，讓你不再懷有周日夜晚消沉的心情，不論是一周的哪一天。

Soup made with garlic and love
and pumpkin scones 大蒜愛心濃湯和南瓜司康

這一章裡的食譜，大多來自我自己或他人童年的記憶，並且成爲我孩子童年的一部分。然而，以下的這道食譜，有截然不同的來源與背景：當我在「鄉愁小館的晚餐 Dinner at the Homesick restaurant」* 裡唸到，以斯拉 Ezra 對餐廳的希望，他理想中用大蒜和愛做出來的湯，我當下就決定一定要嚐嚐看。當然，意思就是，我得先發明出一道食譜製作出來才行。我並不是要按照主角心裡的想法，如法泡製出他的食譜，我也做不到；但一點都沒關係，當時我的心裡就已經浮現了自己的想法（我省略了雞胗 gizzards－這是他的夢想，不是我的－因爲絕對不可能被家人允許帶進家門的）。換了別的作家，這道料理的標題只會顯得俗氣或多愁善感，但在安妮泰勒 Anne Tyler 的小說裡，絕對不會有這樣的危險。（她是怎麼做到的？）每一頁，都是對靈魂的鞭笞。我不認爲有其他的作家，具有如此的穿透力，具有力量，同時又極度悲觀。

她寫的句子，沒有一句我不愛，看了她的作品以後，我就需要像這樣子的湯。我添加了南瓜司康，因爲它和這道湯眞的很搭配，而且我喜歡在等湯煮好時有事做。你也可以用**第86頁**的愛爾蘭燕麥麵包來搭配，或直接買你喜歡的現成麵包。

這種不花俏的鄉村式濃湯－我就直說了－是有點像洗碗水，但這是很美味的洗碗水。而且，這正是那種屬於廚房、我喜歡並且需要的，家庭式料理。

* 鄉愁小館的晚餐 Dinner at the Homesick restaurant 小說，安妮泰勒 Anne Tyler 著。

4人份

大蒜1顆
韭蔥1根，清洗過並修切
一般橄欖油3大匙 ×15ml
切碎的新鮮百里香1大滿匙
烘焙用馬鈴薯2顆，共約400g
雞高湯1.5公升，最好是有機的
鹽和胡椒適量
切碎的新鮮巴西里數大匙，上菜用

♥ 將大蒜分瓣後去皮，切薄片，越薄越好。

♥ 將韭蔥切半，也切薄片。用底部厚實、附蓋的平底鍋將油加熱，用小火翻炒韭蔥約5分鐘，直到變軟。

♥ 加入百里香葉和蒜片，續煮5分鐘。

♥ 將馬鈴薯切小丁（帶皮），加入鍋裡，用木匙攪拌混合。

♥ 加入高湯，加熱到沸騰。半蓋蓋子，慢煮20分鐘，用鹽和胡椒調味。離火，靜置數分鐘後再上菜，舀入碗裡後撒上巴西里。

事先準備
湯可在二天前先做好。移到非金屬的碗裡冷卻後，盡快覆蓋冷藏。用平底深鍋小火重新加熱，直到完全熱透，中間不時攪拌。

冷凍須知
冷卻的湯可放入密閉容器內，冷凍保存三個月。放入冰箱隔夜解凍，再依照上述方式重新加熱。

Pumpkin scones 南瓜司康

容我馬上坦承，這道司康裡的主要材料南瓜，是從罐頭裡來的。我用了大約半罐的量，並且建議你，將剩下的一半，放入冷凍袋或密閉容器內冷凍起來（可保存三個月），留到下次你要用這些美麗的司康宴客時再取出。或者，你也可以直接放入冰箱（要從罐頭取出，可保存三天），用來增加食物的甜味，像是加入搭配肉類的醬汁、蔬菜湯或當時正好在煮的燉菜。我有時候會加入帕他拉羊腿（見**第364頁**）裡烹煮。

我真的很喜歡這些司康：帕瑪善起司的鹹味，和辣椒油的辛辣，完美牽制了南瓜的甜味。我覺得最好的吃法，就是抹上大量的奶油，使中央部位形成一池融化的奶油，但是我也必須要說，如果抹上一點維吉麥 Vegimite，我也覺得令人上癮的好吃：不要多到使司康變色，但足夠滲入融化的奶油裡。奇怪的是，搭配大蒜濃湯（見上一頁）時，我也喜歡抹上厚厚的奶油起司（cream cheese），充滿周日夜晚的氣氛。

製作過程也很令人陶醉：南瓜使司康的質地飽滿有彈性，也增添美妙色澤：就像玩金黃色的黏土一樣。

可做出12個司康

罐頭南瓜泥175g
磨碎的帕瑪善起司50g
雞蛋1顆
伍斯特辣醬1小匙
粗海鹽1小匙或罐裝鹽 ½ 小匙
足量現磨白胡椒粉
辣椒油2小匙

麵粉250g，外加擀麵用
泡打粉2½ 小匙
小蘇打粉 ½ 小匙
鮮奶少許用來塗抹

烤盤1個
直徑5公分的司康 / 餅乾切割器1個

♥ 將烤箱預熱到200℃ /gas mark6。將南瓜泥、帕瑪善起司、雞蛋、伍斯特辣醬、鹽、胡椒和辣椒油放入碗裡，充分攪拌混合。

♥ 在另一個碗裡，量出麵粉、泡打粉和小蘇打粉並混合。倒入麵糊裡，輕柔拌勻（fold in）成麵團。

♥ 在工作台撒上手粉，鋪上麵團，用雙手拍壓成5公分後的長方形。不用揉 。

♥ 用先蘸上麵粉的直徑5公分的圓形波紋切割器（一般切割器亦可），將麵團切割下來。將司康放在烘焙紙上，間隔約3公分。

♥ 將麵團重新塑形，再切出司康，總共應可切出12個。

♥ 在司康表面刷上牛奶，烘烤15分鐘。從烤箱取出後，冷卻一會兒便可直接吃或冷卻食用，但我覺得最好是熱食。想要的時候，當然亦可隨時加熱享用。

事先準備
司康最好是在製作當天食用，但隔天的司康亦可放入預熱150℃ /gas mark2重新加熱5-10分鐘。

冷凍須知
烤好的司康可放入密閉容器或冷凍袋，冷凍保存一個月。以室溫解凍1小時，再依照上述方法重新加熱。未經烘烤的司康，可放在舖了烘焙紙的烤盤上，冷凍到定型。移到冷凍袋裡，冷凍保存三個月。從冷凍庫取出後可直接依照食譜烘焙，但烘焙時間要延長2-3分鐘。（沒有用完的南瓜泥，可放入密閉容器內，冷凍保存三個月。放入冰箱隔夜解凍。可能會產生分離現象，並含有一層濕氣，但仍然可以使用。

Toad in the hole 香腸鹹布丁（蟾蜍在洞）

這道食譜是周日夜晚的理想美食：不費工，不易失敗，提振士氣又帶來安慰。不過，雖然我喜歡這童年般的氣氛，還是修改了一下，首先，我將香腸肉擠出，做成小肉餅，在爐子上煎過，再用麵糊包裹起來，送入高溫烤箱烘烤。不是要製造更多工作－將香腸肉擠出也算不得甚麼大工程（其實有一種奇怪的滿足感）－只是我不喜歡，傳統香腸和麵糊一起加熱後，往往會轉變成可怕的粉紅色。當然你可以先用烤箱封住肉汁，但我發現不總是成功，我現在用的方法，至少不用再度將它們從烤箱取出。只要將肉餅油煎一下，倒上麵糊，送入烤箱就不用管了。

4-6人份

全脂鮮奶350ml
雞蛋4顆
鹽1小撮
麵粉250g
上等豬肉香腸400g(6條)
鵝油(goose fat)、酥油或油1大匙×15ml

新鮮百里香4根，外加上菜用的量(可省略)

直徑約爲28公分的圓形烤盤，或尺寸約爲30×20cm的小長方形烤盤1個

❤ 將烤箱預熱到220℃ /gas mark7。將牛奶、雞蛋和鹽攪拌混合，加入麵粉，攪拌成質地滑順的麵糊。我發現按照這樣的順序，做出的麵糊較輕盈。

❤ 將香腸裡的絞肉擠出(你可能需要用刀子在香腸上劃一刀)，一次擠半條香腸，用雙手塑形成球狀，再壓扁成小肉餅。6條香腸應可做出12個肉餅。

❤ 用底部厚實的耐熱烤盤，在爐子上將鵝油或你自選的油加熱，將肉餅每面加熱約1分鐘，煎上色：除了讓它們呈現出美味的焦褐色外，其他都不用擔心。

❤ 這時趁熱倒入麵糊，快速加入百里香。立即送入烤箱，烘烤40分鐘，直到麵糊邊緣膨脹，轉成金黃色，中央部分的麵糊定型。

❤ 立即上菜，撒上一兩根百里香，或一些百里香葉和肉汁(可以用下方的洋蔥肉汁，或**第458頁**的烤肉肉汁)，如果你覺得一定要搭配大量肉汁才能適當享用約克夏布丁(Yorkshire pudding)*。

*配方中不加肉腸，單純的麵糊烤出的就稱爲約克夏布丁(Yorkshire pudding)。

事先準備
麵糊可在一天前做好。覆蓋冷藏。香腸可在一天前塑形成肉餅。覆蓋冷藏到要用時再取出。

ONION GRAVY 洋蔥肉汁

將2大匙的鵝油或油加熱後，將2顆洋蔥(去皮切半再切成薄片)煎炒到變軟(約需10分鐘)。加入2小匙的糖，續炒洋蔥3分鐘左右，略呈焦糖化。加入4小匙麵粉攪拌，再加入500ml肉類高湯。等到變熱變濃稠後，加入適量的馬沙拉酒調味。

Smoked haddock my mother's way 我母親的煙燻黑線鱈

小時候，母親常做這道菜，但我對它的聯想通常和生病的記憶有關：這是我－或該說是我母親－心目中給病人吃的安慰食物。我母親總是會加入一顆切半的番茄，但是我有一次發現家裡沒有番茄，便從冷凍庫挖出一些豌豆代替，結果很令人滿意。你可以擇一選用（或兩者都用）；但是抹上奶油的新鮮麵包片，則是沒得商量。

我將一片煙燻黑線鱈放入一個耐熱小碗或小烤皿裡，倒入鮮奶，加入番茄或豌豆（或兩個都加），一定會加顆蛋，如果有巴西里嫩莖也一起加進來，然後給每個人端上一碗。所以我給的份量是以碗爲單位，如果要餵飽更多人，你就可自行增加份量。

附註：雞蛋是半熟狀態，所以不可供應給免疫系統虛弱者食用，如孕婦、嬰兒和老人。

1人份

冷凍豌豆3大匙 ×15ml
奶油，塗抹用
煙燻黑線鱈（haddock）1小片
全脂鮮奶250ml
巴西里數根，綁緊
番茄1顆，切半
現磨白胡椒

♥ 將烤箱預熱到200℃ /gas mark6。將冷凍豌豆放入碗裡，倒入剛煮好的滾水。

♥ 將1個小耐熱烤皿抹上奶油，放入醃燻魚片。

♥ 倒入鮮奶，放入百里香、番茄，再打入雞蛋。

♥ 將豌豆瀝乾後加入，磨入足量胡椒粉，送入烤箱。如果所有材料都已回復室溫，烘烤10分鐘，否則約需15-20分鐘。不過請注意，蛋黃不應全熟。

Ed's mother's meatloaf 艾德母親的肉捲

我對於他人的家傳食譜，特別沒有招架之力，這是理所當然的：不只是懷舊之情作祟（我希望根本不是，因爲我一向認爲這種多愁善感，只是代表你欠缺眞實的情緒）。當這道食譜代代相傳之後，又帶著信任的心情交付給我，我怎能不感受到其中的意義呢？想想看，一道食譜能延續至今，必定有他的道理。

除此之外，還有我對美國料理（culinary Americana）的迷戀。只要聽到肉捲 meatloaf 這個字，我就可以感受到自己散發出舊世界、古老歐洲的諷刺和腐敗，像融入一幅湯瑪斯・哈特・本頓 Thomas Hart Benton* 的畫。然後我咬了一口：這個夢消散了，剩下的只是滿嘴質地密實的一塊木屑，以及那偌大的失望。現在你明白，我爲何對這道食譜如此興奮了，因爲它，肉捲嚐起來終於像我夢中的滋味。

雖然這眞的出自艾德 Ed 母親的肉捲食譜，以下所列的版本經過我的改造。我的公公說過一個故事：他問他的母親製作醃菜的方法，他問：我要加多少醋？她說：要加夠。艾德母親的食譜有類似的風格；我添加了一些現代的變化，如提供詳細的份量指示。不過即使如此，做菜不可能永遠精準：譬如說，培根片因爲所切的厚度不同，量起來的重量也不一樣。還有很多其他類似的例子：沒有一本食譜書，厚到可以把一道食譜裡所有的變化因素都加進來。不過你可以放心，這裡的食譜是很可靠的基本原則。

我倒是眞的建議你，可能的話，去肉販那裡買肉。這道食譜我做過很多次了，試過肉販和多家不同超市的絞肉，事實擺在眼前，在肉販那裡現絞的鮮肉，就是讓這道肉捲多汁美味的秘訣（還有洋蔥，但只靠洋蔥是不行的）。超市的絞肉，不只讓肉捲吃起來乾澀，另一個相關的問題是，使得肉捲的質地易碎，因此不易切片。

QUICKBBQ GRAVY 快速烤肉肉汁

至於肉汁（gravy），我覺得肉捲在加熱時滴出的油脂就很好用了，畢竟我做這個肉捲的目的，就是仰賴剩下的部分，可以在接下來的幾天，做成三明治冷食享用（同時你必須瞭解－我的工作就是提醒你－高邊烤盤比淺烤盤產生出更多的肉汁）。如果你要做出大量的肉汁，能夠整個包覆，那麼你可以準備洋蔥肉汁（onion gravy），最後再加入烘烤時流出的肉汁；或在爐子上快速做出烤肉汁（BBQ gravy）：在平底深鍋哩，加入50g的深色黑糖、125ml 牛骨高湯、各4大匙的第戎芥末醬、醬油、濃縮番茄糊或番茄泥和紅醋栗果醬，以及1大匙（或適量）的紅酒醋。溫熱並攪拌混合後，倒入醬汁壺裡上菜。

艾德告訴我，這道菜應該搭配卡莎（kasha），我猜應該是他母親的做法，但我眞的覺得，如果你不是從小吃 kasha 長大的－那是一種蕎麥粉製品－並不容易喜歡上它。要用薯泥來搭配，也沒有道理說不行，但是我並不介意用玉米糕（polenta）做跨文化的搭配；我已經承認，我用的是即食版本（見**第336頁**），但用雞湯來代替包裝指示的清水。但是，如同上方肉汁（gravy）食譜要求的牛骨高湯一樣，你可以用市售現成高湯，不須親自做。

* 瑪斯・哈特・本頓 Thomas Hart Benton，鄉土畫派的美國畫家。

8-10人份，*可以供應數量少一點的客人，留下剩菜*

雞蛋4顆
洋蔥4顆，共約500g
鴨油（duck fat）或奶油5大匙 ×15ml
粗海鹽1小匙或罐裝鹽 ½ 小匙
伍斯特辣醬1小匙
牛絞肉900g，最好是有機的

新鮮麵包粉100g
不帶外皮的培根薄片225g或美式培根275g

大型烤盤1個

♥ 將烤箱預熱到200℃ /gas mark6。將一鍋水加熱到沸騰，將3顆蛋水煮7分鐘，再用冷水浸泡。

♥ 將洋蔥去皮切碎，用底部厚實的平底鍋加熱鵝油或奶油。用小火煎炒洋蔥20-25分鐘，撒上鹽，直到轉成黃褐色。移到碗裡冷卻。

♥ 將伍斯特辣醬和絞肉放入碗裡，當洋蔥不燙手後一起加入，用雙手混合。

♥ 加入剩下的生蛋再度混合，再加入麵包粉。

♥ 分成兩等份，取出一份鋪在烤盤上，塑形成23公分長、下凹可放入蛋的形狀（見右頁圖片）。將3顆水煮蛋剝皮後，放入這個凹洞直線排好。

♥ 將另一份絞肉蓋在水煮蛋上方，塑形成橢圓麵包形狀，均勻地拍壓絞肉，避免產生孔洞，但不要太過用力按壓。

♥ 像製作凍派一樣，鋪上培根，將兩端盡量壓在肉捲底下，以免烘烤中捲曲起來。

♥ 烘烤1小時，直到肉汁不帶血色。肉捲從烤箱取出後，靜置休息15分鐘，有助於切片。切片時，厚度大一點，使每片肉捲裡都有一點蛋。上菜時澆上肉汁，或將肉汁留著自行運用。

事先準備
肉捲可先組合好，覆蓋冷藏保存一天。再依照食譜進行料理。

Make leftovers right 剩菜做得對

MEATLOAF SANDWICH
肉捲三明治

毫無疑問地，肉捲三明治絕對是這個世界上最好吃的東西之一。我不想規定太多，但對我來說，不管你用什麼麵包（我用的是東歐風格黑麥麵包，參雜了香氣濃郁的葛縷籽，見上一頁），肉捲三明治一定要搭配芥末籽醬和美乃滋。

Bacon

THE COOK'S CURE FOR SUNDAY-NIGHT-ITIS | KITCHEN COMFORTS

Pork and apple hotpot 豬肉和蘋果鍋

我的外婆曾經做過一道豬肉和蘋果鍋，但一直過了許多年，我才想到要自己試試看。爲甚麼等了那麼久呢？沒有很多菜能像這道食譜一樣，做起來舒服，吃起來滿足。

做菜程序是有點瑣碎，如果你在周日下午就已經疲累不堪，（像我外婆所說的）癱到不能動了，這道食譜也許並不理想。但我有時候覺得，在廚房裡切切弄弄，這種規律性的工作，反而能使我忙亂的頭腦平靜下來。我的孩子大概不會同意，因爲他們常常看到我在周日夜晚，站在爐子前的崩潰樣子。

如果有人幫忙的話（譬如說，你的小孩），能夠讓過程比較簡單；但話又說回來，一個人獨自在廚房專心工作，也許比較容易安定心神。我發現這種食譜在周末時特別有用，也是因爲它的烹調時間特別長，所以在開始準備到上桌吃飯之間，有足夠的安靜時間。

雖然食譜指定要去骨肉排，我自己倒是很少遵守過。好處是，去骨使食用更簡單；但另一方面，骨頭使滋味更濃郁。任何一種選擇都很好。另外，我也必須向您報告，強烈建議在煮好的燉鍋上面放上一層切片的黑布丁（black pudding），再送回烤箱，轉成220℃ /gas mark7，烤10分鐘最後1分鐘不加蓋。

我猜以下的這道食譜是很傳統的；唯一出軌的就是，我找不到舊式燉肉鍋（hotpot dish），那種圓形棕色釉，扇形頂端，跟我外婆用的一模一樣。我一直到現在都很介意，竟然把它搞丟了，但是我也必須要說，那個鍋子的蓋子有點麻煩，而且鍋裡的東西煮沸後老是會溢出來；現在我被迫要用一個圓形附蓋的鑄鐵鍋，其實更方便。

我本來要建議你，將所有東西都加入這個鍋子裡來煮，但這就表示，你要在滾燙帶油的鍋子裡層層添加，所以也許你寧願安全一點，只是多一點洗碗工作罷了。

4-6人份

油3大匙 ×15ml
洋蔥3顆，去皮切半，切成半月形
五花肉培根250g
麵粉50g
肉桂粉 ½ 小匙
丁香粉 ¼ 小匙
小荳蔻莢裡的種籽4顆，壓碎或 ¼ 小匙小荳蔻粉

鹽和胡椒適量
去骨豬里脊排6片（各約175-225g）
蘋果（Granny Smith 品種）4顆
壓榨蘋果汁1瓶 ×750ml

直徑20公分深13公分的耐熱皿，或直徑24公分附蓋的圓形燉鍋（casserole）1個

♥ 將烤箱預熱到170℃ /gas mark3。將油用寬口底部厚實的平底鍋加熱，翻炒洋蔥10分鐘到變軟，移到碗裡。

♥ 將培根切或剪成小片，放入同一個鍋哩，翻炒數分鐘，移入洋蔥碗內混合。

♥ 將麵粉、辛香料和調味料放入冷凍袋內，加入3片豬排，使它們均勻沾裹上混合麵粉，甩掉多餘的粉。將豬排用鍋子高溫煎到上色、封住肉汁，移到盤子裡。用同樣的方式，將剩下的3片豬排裹上麵粉油煎。

♥ 蘋果去皮去核切半，再切成薄片。將所有材料依以下方式擺放在烤皿裡：一層洋蔥和培根，放上3片豬排，一層蘋果片，再一層洋蔥和培根，再3片豬排，再一層蘋果片，洋蔥和培根，最後一層蘋果片。

♥ 將剩下的混合麵粉倒入同一個油鍋內，攪拌一下，再加入蘋果汁攪拌混合。加熱到沸騰，倒入烤皿裡，緩緩過濾到底部。

♥ 必要的話，用烘焙紙和鋁箔做成小蓋子，先放在烤盤上（因爲可能會漏溢），再送入烤箱。或直接爲鑄鐵鍋蓋上蓋子。烘烤3小時，直到豬肉熟透，蘋果變軟。

事先準備
燉肉可在一天前組合好，但蘋果會變色，煮好後也看不出來。緊密覆蓋後冷藏，要用時再取出。依照食譜進行烹調。

Slow roast bork belly 慢燉五花肉

在我的食譜裡，只有少數幾道可以說，眞的能讓我的小孩感到興奮的（也許他們只是假裝），這就是其中之一。並且一定要搭配 Pies Insides（我女兒對白醬韭蔥的稱呼，見**第370頁**），以及爐烤馬鈴薯（見**第222頁**），才會心滿意足。我通常用鵝油（goose fat）來烘烤馬鈴薯，但我覺得這裡的五花肉（pork belly）應該讓我們（提起勇氣來！）試著用豬脂（lard）來替代。我其實覺得，有這麼酥脆香甜的豬皮，不見得要做烤馬鈴薯，但我喜歡提供讓大家開心的食物。我自己寧願搭配麵條或一碗簡單的巴斯馬蒂糙米飯，也鼓勵你這麼做；在吃的時候，也喜歡在我的豬肉滴上一點米醋。

這是另一道能夠事先製作的食譜，讓你一整個下午都空閒下來，不用擔心晚餐。我在食譜裡建議你醃製一整夜，但如果是當作周日晚餐（我通常的作法），在早上先醃好，用烘焙紙稍微覆蓋，放入冰箱。或是在中午左右醃，置於陰涼處（不放冰箱，也不覆蓋）數小時。

6-8人份

五花肉1.75kg，將外皮劃切	**檸檬汁1顆**
芝麻醬（tahini）4大匙 ×15ml	**萊姆汁1顆**
醬油4大匙 ×15ml	

♥ 取出一個淺烤皿，剛好容納整塊的豬五花。在裡面攪拌混合芝麻醬、醬油、檸檬汁和萊姆汁。

♥ 放入豬五花，帶皮部分朝上。醃汁會浸到豬肉的底部和周圍，但不會碰到朝上的外皮：這就是我們要的。

♥ 將豬肉用鋁箔覆蓋，冷藏一整夜醃入味。送入烤箱前，先取出回復室溫。將烤箱預熱到150℃ /gas mark2。取出一個淺烤盤，鋪上鋁箔紙。

♥ 將豬五花移到烤盤裡，不覆蓋，烤3½ 小時 ，然後轉成250℃ /gas mark9，續烤半小時，使外皮達到完美的酥脆程度。

事先準備

豬肉可在一天前醃製。覆蓋冷藏，要用時再取出。

Make leftovers right 剩菜做得對

*剩菜可用鋁箔包好，冷藏保存三天。如果分量足夠，我建議你切成入口大小後，和醬油、日本清酒爲鄰一起重新加熱，搭配切碎的香菜和綜合種籽，一起拌入白飯裡享用。不過，我常發現剩菜的份量不會太多，如果這樣，你可以放入標示好的冷凍袋（可冷凍保存二個月），需要時再取出，做成櫥櫃常備料之西班牙海鮮飯 Pantry Paella（見**第196頁**）。*

Texas brisket 德州烤牛腩

牛腩是舊時代常做的料理，只要一提起這個名稱，就會讓一些人溼了眼眶：這是我外婆的外婆會做的菜，便宜、好滋味、份量足，需要小火慢燉，也需要大家的賞識。在你的面前端上一盤澆上濃濃醬汁的切片牛腩肉，彷彿投進廚房溫暖與安全的懷抱。只要學會做這道菜，你就可以一無畏懼地向忙亂的一周前進。

最重要的一點是，牛腩一定要買新鮮的：千萬不要買鹽漬過的，雖然一般牛腩都是這樣處理的－結果也不壞。我也建議你牛腩要先去骨（肉販通常會這樣做），最好也要求將多餘的脂肪修切掉，但絕對不要把所有的脂肪都拿掉：脂肪能增添肉的風味，使其滋潤鮮嫩，當然小火慢燉也是關鍵。

我的牛腩是不捲的：只是賣一塊末端較細的形狀（肉販給我的就是這樣，一端較粗），外皮朝上，放在一烤盤的洋蔥片上，澆上液體，再用鋁箔紙蓋好。我知道我給的份量很大，但你不知道它再重新加熱後有多好吃，同時我也預留2人份切片量，和肉汁一起冷凍起來，等到下次懶散勝過精力時非常好用。就算我用的肉份量較少，我也不會調整液體份量或烘焙時間。事實上，最近我用800g捲好的肉塊做這個食譜，唯一調整的只是將肉放在鑄鐵鍋中央，一邊放洋蔥，一邊放縱切對半的一根胡蘿蔔，然後加液體、蓋蓋子，用和煮大塊肉完全相同的下列方法來煮。

用來煮牛肉的液體，看起來雖然很奇怪，但成果的滋味真是妙不可言。我打賭不會有人猜到裡面竟然有咖啡。它的味道太好了，所以我一次都沒有改變配方、省略咖啡，看看味道有甚麼不同。我終於找到一些液體煙（liquid smoke）－聽起來真詩意呀－看到瓶上傳奇性的標籤寫著－我的生命就在這些瓶子裡－但是就算沒有也沒關係。是，那德州烤肉的香氣可能失去，但只要加倍伍斯特辣醬，那刺激的風味仍能再現。

至於配菜，我選擇接近家鄉味。對我個人來說，就是薯泥，**第386頁**的馬鈴薯、防風草根、和白脫鮮奶混合的版本（省略薑），也是很好的選擇。不過，就算只是清蒸的馬鈴薯（先切塊、煮熟後再去皮），既省事，又能達到吸取肉汁的效果。不過，我還是要說，我喜歡用寬口淺盤上這道菜，加上一點清脆的四季豆，和一些麵包來蘸醬汁。最後一點的醬汁，我喜歡用湯匙來舀，像喝湯一樣。

約12人份（*或理想的狀況是人少，就有很多剩菜了*）

中型洋蔥3顆或大型洋蔥2顆
新鮮牛腩（beef brisket）（不加鹽）約2.5公斤
蘋果酒醋4大匙×15ml
醬油4大匙×15ml
液體煙（liquid smoke）4大匙×15ml
伍斯特辣醬4大匙×15ml
牛排醬（如A1或HP）4大匙×15ml
濃烈黑咖啡4大匙×15ml或雙倍濃縮咖啡（double espresso）1份×25ml

♥ 將烤箱預熱到150℃ /gas mark2。取出一個長方形的烤盤，要剛好可容納牛腩。

♥ 將洋蔥切片，順便移除剛好脫下的外皮（帶皮也無妨），放在烤盤的中央部位，做成鋪上牛腩的底座。

♥ 放上牛腩，帶脂肪部位朝上。

♥ 將剩下的材料混合均勻，澆在牛腩上。用鋁箔緊密覆蓋（可用雙層以確保密封），送入烤箱底層烤3½ 小時。

♥ 從烤箱取出，將牛腩移到砧板上。

♥ 將洋蔥放入果汁機內，舀入1-2湯勺烤盤裡的肉汁，攪打到質地滑順，倒回烤盤裡，和剩下的肉汁攪拌混合。

♥ 將牛腩以逆紋的小角度斜切，想要的話，再橫切對半，加入烤盤的洋蔥肉汁裡。我驕傲而快樂地直接用烤盤上菜。

Make leftovers right 剩菜做得對

WARM BRISKET SANDWICH 熱牛腩三明治

這種剩菜怎麼吃都不會出錯，我的唯一工作就只是重新加熱而已，但如果我不提一下熱牛腩三明治，就有失職之嫌。人類至高的享受之一，就是髒兮兮地獨享這款三明治。切好的牛肉片，可在冰箱保存三天：在表面覆蓋上薄薄一層肉汁（gravy），放在盤子上，用保鮮膜包好，或裝入密閉容器內。剩下的肉汁應分別放入冰箱冷藏。（裝入密閉容器，可冷凍保存二個月；放入冰箱隔夜解凍，依照下方說明重新加熱）準備好時，這樣進行：將肉和肉汁一起放入耐熱烤皿，用鋁箔紙包緊，送入預熱180℃ /gas mark4的烤箱，烤20-30分鐘，或放入碗裡，用保鮮膜包好，用微波爐加熱好幾次，每次30秒，直到完全熱透；切出2片厚麵包；將其中一片蘸入肉汁（gravy），放在盤子上，濕的那一面朝上；放上肉，舀上一大杓辣根醬（horseradish sauce）；用剩下的那一片麵包，將肉汁的盤子擦乾，再放在牛肉上，濕的那一面朝下；將三明治抬高一點點，往前傾，讓上半身位於盤子的上方，享用三明治，在它溼答答地破碎成塊之前。

Italian tomato and pasta soup 義式番茄和義大利麵濃湯

把這道食譜想成是義大利美味版的亨式（Heinz）罐頭番茄濃湯，讓吃的人能夠得到喜悅、安慰，確信一切都好。我深深覺得（也許這是一種錯誤的感覺？），在周日夜晚的沉重氣氛下，經歷前一周的錯誤失敗，面對下一周的工作與義務，我們每個人都需要一點撫慰。事實上，我說的更嚴重一點，如果你周日晚上吃了這個再上床睡覺，你會發現周一早上比較容易起床面對。

你可以選擇要不要加義大利麵，或要不要打碎，我個人最喜歡的吃法，是以下的第二種－將番茄和洋蔥，連同煮的湯汁，倒入手動食物研磨器（food mill）磨碎，再用來煮義大利麵。不論哪種料理方式，這道食譜的美妙之處在於：它就像當你消沉、健康不佳時，別人端在托盤上帶來給你的那種撫慰食物，能夠治療你的病痛難題，包括太多的周末狂飲和功課沒做完的焦慮。

4人份

大型成熟鮮美番茄6顆，共約575g
橄欖油3大匙 ×15ml
大蒜2瓣，去皮
大型洋蔥1顆，去皮切碎
清水1.5公升
粗海鹽1小匙或罐裝鹽 ½ 小匙
現磨胡椒少許
細砂糖2小匙
頂針麵、小管麵（ditalini, anelli rigati）或其他煮湯用義大利麵150g
酸奶油（sour cream）適量（可省略）
切碎的新鮮巴西里，上菜用（可省略）

♥ 將番茄放入碗裡，澆上滾水，浸泡一下，同時著手其他工作。

♥ 用底部厚實的平底鍋（附蓋）將油加熱，將大蒜煎到兩面都轉成金黃色，撈出丟棄，加入切碎的洋蔥。翻炒一下，在加熱的同時，回到番茄碗前。

♥ 瀝乾番茄，留在濾鍋裡冷卻一下，再動手剝皮。將番茄切半，去除外皮和種籽，稍微切碎後加入洋蔥鍋內。攪拌混合後，續煮5分鐘左右，直到洋蔥變軟。

♥ 加入清水，加熱到沸騰後，加入鹽、胡椒和糖，轉成小火，蓋上蓋子，慢煮（simmer）**20分鐘**就可以喝到帶塊的濃湯，若要質感滑順一些，煮**40分鐘**。

♥ **第一種選擇：**煮20分鐘後，打開蓋子，加熱到沸騰，加入義大利麵煮到變軟，靜置約10分鐘後再上菜。

♥ **第二種選擇（質地滑順）：**煮40分鐘後，將湯連同番茄與洋蔥以手動食物研磨器（vegetable mill）磨碎，倒回鍋裡，加熱到沸騰，加入義大利麵，煮到變軟，靜置10分鐘再上菜。

♥ 想要的話，撒上切碎的巴西里上菜。若不想加義大利麵，湯會較稀（義大利麵的澱粉質使湯變得較濃稠）但依然美味。上菜前，可在每個人的碗裡加一點復古風情的酸奶油。

事先準備
湯可在二天前做好。移到非金屬的碗裡冷卻，盡快覆蓋冷藏。最好不要加入義大利麵，用平底深鍋重新加熱到沸騰，加入義大利麵，依照食譜繼續烹調。若已加了義大利麵，在重新加熱時，需要再加一點水。

冷凍須知
冷卻的湯可放入密閉容器內，冷凍保存三個月。放入冰箱隔夜解凍，再依照上方說明重新加熱。

ACKNOWLEDGEMENTS 致謝

INDEX 索引

EXPRESS INDEX 快速食譜索引

Acknowledgements 致謝

我凌亂的廚房，不只是我寫作和做飯的場所，也是－極其恰當地－本書的背景。當然，許多讀者能夠從我之前的書裡，認出一些鍋碗瓢盆，和其他的小東西，正當如此。一般的家庭煮婦 / 夫，應該很驕傲地認同這種舒適的熟悉感。但是需要一個廚房，和需要專業的圖片拍攝是兩回事。本書裡的圖片，大大仰賴了以下人物和單位的協助：Ceramica Blue, The Conran Shop, David Mellor, Divertimenti, TheFrenchHouse.net, Few and Far, Heal's, John Lewis Partnership, littala, Lytton & Lily, NOM Living, Rice, Seeds of Italy 以及 Vintage Heaven。我非常感激你們。

我也非常感激那些，讓本書得以依照我的心願成形的人，即使我沒有留給他們太多的時間。Caroline Stearns, Jan Bowmer, Parisa Ebrahimi, Poppy Hampson 和 Alison Samuel，値得比感謝的話語更多的獎賞：如某種榮譽獎牌等。我尤其要感謝 Alison 的耐心、堅毅和細心，簡直達到了極緻優雅的境界（或說是與生俱來）。我也感謝 Random House，派給我一個這麼優質的出版者 Gail Rebuck，眞是天交的好運。

我的好運不只如此：我大大仰賴 Mark Hutchinson 對我慷慨的指引；還有 Ed Victor，他應該知道我對他懷有無止盡的謝意。數年來，我何其有幸能夠持續地和 Caz Hildebrand 合作，我所有的書，尤其是這一本書，都因爲她的投入得以出現。同樣的，這些書也因爲我的攝影師 Lis Parsons 對細節的要求與專業，而受益不少。

不只是那些和我一起爲本書奉獻的工作夥伴，我還要特別感謝那些和我一起待在廚房，看鍋子慢慢燉煮的人。Hattie Potter 和 Zoe Wales 尤其對我在廚房的工作以及我個人出力不少；我要再一次感謝 Rose Murray，她幫我將這本美麗的書誕生到這個世界上。我將所有的感恩之情，獻給以下我所有的廚房密友：Lisa 和 Francesco Grillo, Rose Murray, Hettie Potter, Zoe Wales 和 Anzelle Wasserman。

Index 索引

請參見第486頁的快速食譜索引

African drumsticks 非洲棒棒腿 46
After eight (cocktail) 八點過後(雞尾酒) 443–4
agave nectare 龍舌蘭花蜜 22
almonds 杏仁
Raspberry Bakewell slice 覆盆子貝克威蛋糕 299–300
Strawberry and almond crumble 草莓和杏仁酥頂 131–2
Americano (cocktail) 美國佬(雞尾酒) 442
anchovies 鯷魚 355
Pepper, anchovy and egg salad 甜椒、鯷魚和水煮蛋沙拉 214–15
Quick chick Caesar 快速雞肉凱薩沙拉 230
Slut's spaghetti 蕩婦義大利麵 188–9
apples 蘋果
Apple and cinnamon muffins 蘋果和肉桂馬芬 128–30
Apple and mustard sauce 蘋果芥末醬 414
Apple pandowdy 鍋煎蘋果派 144–5
Pork and apple hotpot 豬肉和蘋果鍋 463–4
arancini 354
Asian braised shin of beef with hot and sour shredded salad 亞洲風味燉牛肉和酸辣絲沙拉 382–5
asparagus 蘆筍
Sweet potato supper 甘藷晚餐 340
avocados 酪梨
Avocado quesadillas 酪梨墨西哥摺餅 433
Avocado salsa 酪梨莎莎 107
Chicken, bacon and avocado salad 雞肉、培根和酪梨沙拉 226–7
Baby Guinness (cocktail) 迷你健力士(雞尾酒) 440–41
bacon 培根
freezing bacon 冷凍培根 15
Chicken, bacon and avocado salad 雞肉、培根和酪梨沙拉 226–7
Egg and bacon salad 雞蛋和培根沙拉 56–9
see also lardons *and* pancetta 請參見五花肉和義式培根
Baked egg custard 烘烤雞蛋卡士達 260–61
bakeware 4
Bakewell slice, Raspberry 覆盆子貝克威蛋糕 299–300
baking 烘焙 14–15,236,238
baking powder 泡打粉 15
baking, silicone liners for 矽膠烘焙墊 14
bananas 香蕉
Banoffee cheesecake 香蕉太妃派 133–4
Chocolate banana muffins 巧克力香蕉馬芬 138
Coconut and cherry banana bread 椰子和櫻桃香蕉麵包 136–7
Banoffee cheesecake 香蕉太妃起司蛋糕 133–4
Barbecued beef mince 燒烤牛絞肉 33–5
Bartholomew (Bartholomeus Anglicus): *On the Properties of Things362*
BBQ gravy 燒烤肉汁 458
beans 豆類 *see* black beans; broad beans; green beans; Rice and peas 請參見黑豆;蠶豆;四季豆;米和豌豆
Beard, James388
Beckett, Samuel9
beef 牛肉
Asian braised shin of beef with hot and sour shredded salad 亞洲風味燉牛肉佐酸辣絲沙拉 382–5
Barbecued beef mince 燒烤牛絞肉 33–5
Beer braised beef casserole 啤酒慢燉牛肉 330–32
Bolognese patties 波隆那肉餅 358
Carbonnade à la flamande330–32
Cheesy chilli 墨西哥起司肉醬 31–2
Date steak 約會牛排 321–2
Ed's mother's meatloaf 艾德母親的肉捲 458–60
Minetta marrow bones (veal) 米內塔餐廳的小牛骨髓 400–1
Risotto Bolognese 波隆那肉醬燉飯 355–8
Roast rib of beef with wild mushrooms and Red Leicester mash 爐烤牛肋排和野蘑菇與紅萊斯特起司薯泥 362,402–7
Texas brisket 德州烤牛腩 467–8
Venetian lasagne 威尼斯千層派 336–8
see also brisket 請參見牛腩
Beer braised beef casserole 啤酒慢燉牛肉 330–32
Beer braised pork knuckles with caraway, garlic, apples and potatoes 啤酒慢燉蹄膀和葛縷籽、大蒜、蘋果以及馬鈴薯 378–80
beetroot17 甜菜根
Halloumi with beetroot and lime 哈魯米起司和甜菜根以及萊姆 212–13
berries, mixed 莓果,各種類
Jumbleberry jam 什錦莓果果醬 285–6
No fuss fruit tart 不忙亂的超簡單水果塔 177–8
bicarbonate of soda 小蘇打粉 15
black beans 黑豆
Mexican lasagne 墨西哥千層派 105–6
blackberries 黑莓
Blackberry vodka 黑莓伏特加 292–4
Drunken fool 喝醉的芙爾 295
Orange and blackberry trifle 柳橙和黑莓崔芙鬆糕 171,271
see also berries, mixed 請參見莓果,綜合
Black velvet (cocktail) 黑天鵝絨(雞尾酒) 440
blenders 打果汁機 6
Blondies 金髮尤物 313–14
Bloody Maria (cocktail) 血腥瑪麗亞(雞尾酒) 441–2
blueberries 藍莓
Blueberry cornmeal muffins 藍莓玉米粉馬芬 243–4
see also berries, mixed; Orange and blackberry trifle 請參見莓果,綜合;柳橙和黑莓崔芙鬆糕
blue cheese 藍紋起司
dressing 調味汁 125
Pappardelle with butternut and blue

cheese 義大利寬麵和奶油南瓜以及藍紋起司 333–5
Bolognese patties 波隆那肉餅 358
Bolognese, Risotto 波隆那肉醬燉飯 355–8
bread 麵包
freezing bread 冷凍麵包 15
Chocolate chip bread pudding 巧克力碎片麵包布丁 142–3
Coconut and cherry banana bread 椰子和櫻桃香蕉麵包 136–7
Irish oaten rolls 愛爾蘭燕麥麵包 86–7
Panzanella 義式麵包丁沙拉 148–50
starch for 澱粉 17
breadcrumbs 麵包粉 15,28,418
brisket 牛腩
Texas brisket 德州烤牛腩 467–8
Warm brisket sandwich 熱牛腩三明治 468–9
broad beans 蠶豆
Ham hock and broad bean salad 蹄膀和蠶豆沙拉 375–6
brownies 布朗尼
Chocolate brownie bowls 巧克力布朗尼小盃 161–2
Everyday brownies 日常布朗尼 216–17
Rice Krispie brownies 脆米香布朗尼 312
see also Blondies 請參見 金髮尤物
brushes, pastry 糕點刷 15
buffet casseroles 自助餐燉鍋 3
bulgar wheat 布格麥
Chorizo and chickpea stew 西班牙臘腸和鷹嘴豆燉菜 202–4
Tabbouleh 塔布蕾沙拉 205
butter, cooking with 奶油，用來料理 20
Buttercream frosting 奶油霜糖霜 275,276
buttermilk 白脫鮮奶（and substitutes）（和替代品）15
Buttermilk scones 白脫鮮奶司康 283–4
butternut squash 奶油南瓜
Butternut, rocket and pine nut salad 奶油南瓜、芝麻菜和松子沙拉 92,94–5
Pappardelle with butternut and blue cheese 義大利寬麵和奶油南瓜以及藍紋起司 333–5
Roast chook with leeks and squash222
Buttery cream cheese frosting 奶油霜－起司糖霜 249

Caesar salad, Quick chick 凱薩沙拉，快速雞肉 230
caffè corretto164

cakes 蛋糕 236,238
Chocolate orange loaf cake 巧克力柳橙蛋糕 308–9
Coconut and cherry banana bread 椰子和櫻桃香蕉蛋糕 136–7
Coffee and walnut layer cake 咖啡和核桃夾層蛋糕 275–6
Devil's food cake 惡魔蛋糕 253–4
Flourless chocolate lime cake with margarita cream 無麵粉巧克力萊姆蛋糕和瑪格麗塔鮮奶油 281–2
Guinness gingerbread 健力士薑味麵包 305–6
Lemon polenta cake 檸檬玉米粉蛋糕 272–4
Maple pecan bundt cake 楓糖胡桃邦特蛋糕 239–42
Marmalade pudding cake 柑橘果醬布丁蛋糕 269–71
Red velvet cupcakes 紅天鵝絨杯子蛋糕 246–8
Seed cake 葛縷籽蛋糕 296–8
Swedish summer cake 瑞典夏日蛋糕 264–8
Venetian carrot cake 威尼斯胡蘿蔔蛋糕 278–9
see also cheesecake 請參見 起司蛋糕
cake tins 蛋糕模 4,14–15
calamari see squid 卡拉馬利 參見 烏賊
Campari442
canola oil 低芥酸菜籽油 16
Carbonnade à la flamande 330–32
carrots 胡蘿蔔
Venetian carrot cake 威尼斯胡蘿蔔蛋糕 278–9
cast iron cookware 鑄鐵鍋具 2–3,326
Castle, Barbara443
Chambord442–443
cheese 起司
Blue cheese dressing 藍紋起司調味汁 125
Cheesy chilli 墨西哥起司肉醬 31–2
Crustless pizza 無殼披薩 26
Curly pasta with feta, spinach and pine nuts 捲義大利麵佐費達起司、菠菜和松子 209–10
Halloumi with beetroot and lime 哈魯米起司和甜菜根以及萊姆 212–13
Mortadella and mozzarella frittata 摩德代拉香腸和莫札里拉起司義式蛋餅 24–5
Pappardelle with butternut and blue cheese 寬麵和奶油南瓜以及藍紋起司 333–5
Red Leicester mash 紅萊斯特起司薯泥 402,407
Venetian lasagne 威尼斯千層派 336–8
see also cream cheese 請參見 奶油起司
cheesecake 起司蛋糕
Banoffee cheesecake133–4
Chocolate peanut butter cheesecake 巧克力花生醬起司蛋糕 175–6
Old fashioned cheesecake 老派起司蛋糕 173–4
cherries, dried 櫻桃，乾燥
Coconut and cherry banana bread 椰子和櫻桃香蕉蛋糕 136–7
chicken 雞肉 220–221
African drumsticks 非洲雞腿 46
Chicken, bacon and avocado salad 雞肉、培根和酪梨沙拉 226–7
Chicken escalope sandwich 雞肉片沙拉 30
Chicken fajitas 雞肉法士達 50–53
Chicken teriyaki 照燒雞肉 38–40
Chicken tortillas 雞肉墨西哥薄餅 100
Chicken with40 cloves of garlic 四十瓣大蒜的烤雞 326–9
Chicken with Greek herb sauce 雞肉和希臘香草醬 102
Chinatown chicken salad 中國城雞肉沙拉 228–9
Crisp chicken cutlets with salad on the side 香酥雞排和佐餐沙拉 28–30
Dragon chicken 龍雞 415–16
Homestyle jerk chicken with rice and peas 家庭式牙買加烤雞佐白飯與豌豆 343–5
My mother's praised chicken 我母親的讚雞 222–6
Plain roast chicken 原味烤雞 220
Poached chicken with lardons and lentils 水煮雞肉佐五花肉與扁豆 234–5
Roast chook with leeks and squash 烤雞和韭蔥以及奶油南瓜 222
Quick chick Caesar 快速凱薩雞肉 230
Spanish chicken with chorizo and potatoes 西班牙雞肉、臘腸與馬鈴薯 100
Spatchcocked poussin 蝴蝶剪處理春雞 323–4
Spring chicken 春雞 97–8
Sweet and sour chicken 糖醋雞 36–7
Tarragon chicken 茵陳蒿雞肉 64–5
Thai chicken noodle soup

泰式雞湯麵 232
chickpeas 鷹嘴豆
Chorizo and chickpea stew 西班牙臘腸和鷹嘴豆燉菜 202–4
Peanut butter hummus 花生醬鷹嘴豆泥 434
Chilli, Cheesy 墨西哥起司肉醬 31–2
chillies 辣椒
Cheesy chilli 墨西哥起司肉醬 31–2
Jumbo chilli sauce 大顆辣椒醬 121–2
Chinatown chicken salad 中國城雞肉沙拉 228–9
chocolate 巧克力
Blondies 金髮尤物 313–14
Chocolate banana muffins 巧克力香蕉馬芬 138
Chocolate brownie bowls 巧克力布朗尼小盃 161–2
Chocolate chip bread pudding 巧克力豆麵包布丁 142–3
Chocolate chip cookies 巧克力餅乾 256–7
Chocolate dipping sauce 巧克力蘸醬 437–8
Chocolate key lime pie 巧克力萊姆派 156,158–60
Chocolate martini (cocktail) 巧克力馬丁尼（雞尾酒）444
Chocolate orange loaf cake 巧克力柳橙麵包 308–9
Chocolate peanut butter cheesecake 巧克力花生醬起司蛋糕 175–6
Churros with chocolate dipping sauce 吉拿棒和巧克力蘸醬 437–8
Devil's food cake 惡魔蛋糕 253–4
Everyday brownies 日常布朗尼 216–17
Flourless chocolate lime cake with margarita cream 無麵粉巧克力萊姆蛋糕和瑪格麗塔鮮奶油 281–2
Hot chocolate 熱巧克力 441,444
Rice Krispie brownies 脆米香布朗尼 312
Sweet and salty crunch nut bars 甜鹹香脆堅果棒 310–11
chorizo sausages 西班牙臘腸 186
Cheesy chilli 墨西哥起司肉醬 31–2
Chorizo and chickpea stew 西班牙臘腸和鷹嘴豆燉菜 202–4
Clams with chorizo 蛤蜊與西班牙臘腸 115
Crustless pizza 無殼披薩 26
Sherry glazed chorizo 雪莉酒漬西班牙臘腸 429
Spanish chicken with chorizo and potatoes 西班牙雞肉、臘腸與馬鈴薯 100
Churros with chocolate dipping sauce 吉拿棒和巧克力蘸醬 437–8
chutney 酸甜醬
Gooseberry chutney 醋栗酸甜醬 288–9
Spiced pumpkin chutney 香料南瓜酸甜醬 290–91
cider 蘋果酒
freezing cider 冷凍蘋果酒 18
Cidery ham stock 蘋果酒火腿高湯 372
Cidery pea soup 蘋果酒豌豆湯 374
Ham hocks in cider with leeks in white sauce 蘋果酒煮蹄膀佐白醬韭蔥 367–71
Mussels in cider 蘋果酒煮淡菜 60
cinnamon 肉桂
Apple and cinnamon muffins 蘋果和肉桂馬芬 128–30
Cinnamon plums with French toast 肉桂李子和法式吐司 140–41
clams 蛤蜊
Clams with chorizo 蛤蜊和西班牙臘腸 115
Roast seafood 爐烤海鮮 318–20
San Francisco fish stew 舊金山燉魚 346–8
coconut 椰子
Coconut and cherry banana bread 椰子和櫻桃香蕉麵包 136–7
Coconut rice 椰子飯 110
Coconutty crab cakes 椰子蟹餅 427–8
Coconutty rice soup 椰子米湯 345
Piña colada ice cream 鳳梨可樂達冰淇淋 180–81
coffee 咖啡
Coffee and walnut layer cake 咖啡核桃分層蛋糕 275–6
Coffee toffee meringues 咖啡太妃蛋白霜 262–3
Frangelico tiramisu 榛果酒提拉米蘇 164–6
Conker shiny spare ribs with pineapple and molasses392–5
cookies 餅乾
Chocolate chip cookies 巧克力餅乾 256–7
couscous 北非小麥
Lemony salmon with cherry tomato couscous 檸檬鮭魚佐櫻桃番茄北非小麥 119–20
Rocket and lemon couscous 芝麻菜和檸檬北非小麥 90
Standby starch 備用澱粉食物 211
crab 蟹
Coconutty crab cakes 椰子蟹餅 427–8
cream cheese 奶油起司
Banoffee cheesecake 香蕉太妃起司蛋糕 133–4
Buttery cream cheese frosting249
Chocolate peanut butter cheesecake 巧克力花生醬起司蛋糕 175–6
No fuss fruit tart 不忙亂的超簡單水果塔 177–8
crème de cacao 可可利口酒
Chocolate martini (cocktail) 巧克力馬丁尼（雞尾酒）444
Grasshopper (cocktail) 蚱蜢（雞尾酒）443
Grasshopper pie 蚱蜢派 182–5
crème de menthe 薄荷利口酒
Crème de menthe frappé (cocktail) 半凍薄荷酒（雞尾酒）444
Grasshopper (cocktail) 蚱蜢（雞尾酒）443
Grasshopper pie 蚱蜢派 182–5
Crisp chicken cutlets with salad on the side 酥脆雞排和佐餐沙拉 28–30
crumbles 酥頂
Gooseberry and elderflower crumble 醋栗和接骨木花酥頂 251–2
Strawberry and almond crumble 草莓和杏仁酥頂 131–2
Crunch nut bars 香脆堅果棒 310–11
Crustless pizza 無殼披薩 26
CSI gloves CSI 手套 17
cupboards, kitchen 櫥櫃，廚房 5–6
Cupcakes, Red velvet 杯子蛋糕，紅天鵝絨 246–8
cup measures 用杯來測量 19
Curly pasta with feta, spinach and pine nuts 捲義大利麵佐費達起司、菠菜和松子 209–10
curries 咖哩
Patara lamb shanks 帕他拉咖哩羊腿 364–6
South Indian vegetable curry 南印度蔬菜咖哩 154–5
Tomato curry with coconut rice 番茄咖哩和椰子飯 108–10
custard 卡士達
Baked egg custard 烘烤雞蛋卡士達 260–61
Vanilla custard 香草卡士達 265–6

Date steak 約會牛排 321–2
Del Conte, Anna49,214,333,336,442
desserts 甜點
Baked egg custard 烘烤雞蛋卡士達 260–61
Banoffee cheesecake 香蕉太妃起司蛋糕 133–4
Chocolate brownie bowls 巧克力布朗尼小盃 161–2
Chocolate chip bread pudding

巧克力豆麵包布丁 142–3
Chocolate key lime pie 巧克力萊姆派 158–60
Chocolate peanut butter cheesecake 巧克力花生醬起司蛋糕 175–6
Churros with chocolate dipping sauce 吉拿棒和巧克力蘸醬 437–8
Cinnamon plums with French toast 肉桂李子和法式吐司 140–41
Coffee toffee meringues 咖啡太妃蛋白霜 262–3
Drunken fool 喝醉的芙爾 295
Frangelico tiramisu 榛果酒提拉米蘇 164–6
Gooseberry and elderflower crumble 醋栗和接骨木花酥頂 251–2
Grasshopper pie 蚱蜢派 182–5
Guinness gingerbread 健力士薑味麵包 305–6
Lemon meringue fool 檸檬蛋白餅芙爾 168
Lemon polenta cake 檸檬玉米粉蛋糕 272–4
Marmalade pudding cake 柑橘果醬布丁蛋糕 269–71
No churn piña colada ice cream 免攪拌鳳梨可樂達冰淇淋 180–81
No fuss fruit tart 不忙亂的超簡單水果塔 177–8
Old fashioned cheesecake 老式起司蛋糕 173–4
Orange and blackberry trifle 柳橙和黑莓崔芙鬆糕 171,271
Pear pandowdy 鍋煎西洋梨派 144–5
Raspberry Bakewell slice 覆盆子貝克威蛋糕 299–300
Strawberry and almond crumble 草莓和杏仁酥頂 131–2
Treacle slice 糖蜜切片蛋糕 301–2
Devil's food cake 惡魔蛋糕 253–4
Dragon chicken 龍雞 415–16
drawers, kitchen 抽屜，廚房 5
dressings 調味汁 18
Blue cheese dressing 藍紋起司調味汁 125
see also sauces 請參見 醬汁
drinks 飲料（and cocktails）（和雞尾酒）
After eight 八點過後 443–4
Americano 美國佬 442
Baby Guinness 迷你健力士 440–41
Blackberry vodka 黑莓伏特加 292–4
Black velvet 黑天鵝絨 440
Bloody Maria 血腥瑪麗亞 207,441–2
Chocolate martini 巧克力馬丁尼 444
Crème de menthe frappé 半凍薄荷酒 444
Elderflower gimlet 接骨木花檸檬琴酒 444
Elderflower spritzer 接骨木花氣泡飲 444
Florida fizz 佛羅里達氣泡酒 443
French martini 法式馬丁尼 443
Giddy geisha 微醺藝妓 444
Grasshopper 蚱蜢 443
Hot chocolate 熱巧克力 441,444
Lagarita 拉格麗塔 441
Petunia 潘突妮雅 443
Pink margarita 粉紅瑪格麗塔 442–3
Prosecco sporco 骯髒氣泡酒 442
Raspberry cooler 覆盆子 443
Sake and tonic 清酒和通寧水 444
Drunken fool 喝醉的芙爾 295

duck 鴨肉
Roast duck legs and potatoes 烤鴨腿和馬鈴薯 388

Ed's mother's meatloaf 艾德母親的肉捲 458–60
eggs 雞蛋
freezing egg whites 冷凍蛋白 257,265
whisking egg whites 攪打蛋白 17
Baked egg custard 烘烤雞蛋卡士達 260–61
Coffee toffee meringues 咖啡太妃蛋白霜 262–3
Egg and bacon salad 水煮蛋和培根沙拉 56–9
Fiery potato cakes with fried eggs 香辣薯餅和煎荷包蛋 387
Mortadella and mozzarella frittata 摩德代拉香腸和莫札里拉起司義式蛋餅 24–5
Pepper, anchovy and egg salad 甜椒、鯷魚和水煮蛋沙拉 214–15
Toad in the hole 香腸鹹布丁（蟾蜍在洞）453–4
electric mixer 攪拌機 6
Elderflower crumble, Gooseberry and 醋栗和接骨木花酥頂 251–2
Elderflower gimlet（cocktail）接骨木花檸檬琴酒（雞尾酒）444–5
Elderflower spritzer 接骨木花氣泡飲 444
Engbrink, Anna264
equipment, kitchen 設備，廚房 2–11
Everyday brownies 日常布朗尼 216–17

Fajitas, Chicken 法士達，雞肉 50–53
feta cheese 費達起司
Curly pasta with feta, spinach and pine nuts 捲義大利麵佐費達起司、菠菜和松子 209–10
Fiery potato cakes with fried eggs 香辣薯餅和煎荷包蛋 387
fish 魚肉
Golden sole 黃金比目魚 70–71
Lemony salmon with cherry tomato couscous 檸檬鮭魚佐櫻桃番茄北非小麥 119–20
Salmon and sushi rice with hot, sweet and sour Asian sauce 鮭魚和壽司米以及亞洲酸辣醬汁 116
San Francisco fish stew 舊金山燉魚 346–8
Smoked haddock my mother's way 煙燻黑線鱈，我母親的做法 456
see also seafood 請參見 海鮮
Fleming, Ian： Casino Royale442
Florida fizz（cocktail）佛羅里達氣泡酒（雞尾酒）443
Flourless chocolate lime cake with margarita cream 無麵粉巧克力萊姆蛋糕和瑪格麗塔鮮奶油 281–2
flour 麵粉 15
foil trays 鋁箔盒 3,19
Fontanina, La（restaurant）（餐廳）112
food processors 食物處理機 6
fools 芙爾
Drunken fool 喝醉的芙爾 295
Lemon meringue fool 檸檬蛋白餅芙爾 168
forks, carving 叉子，分切 4
frankfurters 法蘭克福香腸
Pigs in blankets 包毯子的小豬 425–6
Frangelico cream 榛果奶醬 441
Frangelico hot chocolate 榛果酒熱巧克力 441
Frangelico tiramisu 榛果酒提拉米蘇 164–6
freezing food and drink 冷凍食物和飲料
bacon 培根 15
bread 麵包 15
stock 高湯 17–18
wine 葡萄酒 18
French martini（cocktail）法式馬丁尼（雞尾酒）443
French toast 法式吐司 140,141
frittata 義式蛋餅
Frittata sandwich 義式蛋餅三明治 25
Mortadella and mozzarella frittata 摩德代拉香腸和莫札里拉起司義式蛋餅 24–5
frosting 表面糖霜
Buttercream frosting

奶油霜表面糖霜 275,276
Buttery cream cheese frosting249
fruit see berries, mixed and specific fruits
frying pans 平底鍋 3–4
frying tips 煎炒等訣竅 20

garlic 大蒜
Chicken with40 cloves of garlic40瓣大蒜的烤雞 326–9
Garlicky chicken sauce 蒜味雞肉醬汁 329
Garlicky soup 蒜味濃湯 329
Soup made with garlic and love 大蒜愛心濃湯 448–50
Giddy geisha（cocktail）微醺藝妓（雞尾酒）444
ginger 薑
Guinness gingerbread 健力士薑味麵包 305–6
Tangy parsnip and potato mash 防風草根和馬鈴薯泥 86
Wholegrain mustard and ginger cocktail sausages 芥末籽醬和薑雞尾酒香腸 418–20
Gingerbread, Guinness 健力士薑味麵包 305–6
gloves 手套
CSI（disposable vinyl）17
oven 烤箱 4
gluten free 無麥麩 281,278
gnocchi 馬鈴薯餃
Rapid roastini 香煎馬鈴薯餃 68–9
Golden sole 黃金比目魚 70–71
gooseberries 醋栗
Gooseberry and elderflower crumble 醋栗和接骨木花酥頂 251–2
Gooseberry chutney 醋栗甜酸醬 288–9
Graham, Harry： Ruthless Rhymes for Heartless Homes444
Grasshopper（cocktail）蚱蜢（雞尾酒）443
Grasshopper pie 蚱蜢派 182–5
graters 磨棒 7
gravy 肉汁
Onion gravy 洋蔥肉汁 454
BBQ gravy 燒烤肉汁 458
Wild mushrooms with leek and marsala 野菇佐韭蔥以及馬沙拉酒肉汁 405
Greek herb sauce 希臘香草醬汁 102
Greek lamb chops with lemon and potatoes 希臘羊排和檸檬以及馬鈴薯 390–91
green beans 四季豆
Pasta alla genovese（with potatoes, green beans and pesto）熱那亞義大利麵 41–2
griddles, non stick，不沾橫紋鍋 4
griddling 橫紋鍋 20

Guinness 健力士
Black velvet 黑天鵝絨 440
Guinness gingerbread 健力士薑味麵包 305–6
gurnard 魴魚
San Francisco fish stew 舊金山燉魚 346–8

haddock, smoked 煙燻黑線
Smoked haddock my mother's way 煙燻黑線鱈，我母親的做法 456
Halloumi with beetroot and lime 哈魯米起司佐甜菜根以及萊姆 212–13
ham 火腿
cooking in Coca-Cola 與可樂共煮 18
freezing stock 冷凍高湯 17
Ham and leek pies 火腿和韭蔥派 372,373–4
Ham and leek "Welsh" pasties 火腿和韭蔥威爾斯派 373,374
Ham hock and soya or broad bean salad 蹄膀和黃豆或蠶豆沙拉 375–6
Ham hocks in cider with leeks in white sauce 蘋果酒煮蹄膀佐白醬韭蔥 367–71
hanging rails, kitchen 懸掛吊桿，廚房 6
Home-made pork scratchings with apple and mustard sauce 自製脆豬皮和蘋果芥末醬 412–14
Homestyle jerk chicken with rice and peas 家庭式牙買加烤雞佐白飯與豌豆 343–5
Hopkinson, Simon131
Hot and sour shredded salad 酸辣絲沙拉 385
Hotpot, Pork and apple 豬肉和蘋果鍋 463–4
Hummus, Peanut butter 胡姆斯，花生醬 434

ice cream 冰淇淋
No churn piña colada ice cream 免攪拌鳳梨可樂達冰淇淋 180–81
see also Chocolate brownie bowls 請參見 巧克力布朗尼小盃
icing 表面糖霜
Buttercream frosting 奶油霜糖霜 275,276
Buttery cream cheese frosting249
Indian roast potatoes 印度風味爐烤馬鈴薯 207–8
Indian rubbed lamb chops 印度香料羊排 92–3
Irish oaten rolls 愛爾蘭燕麥麵包 86–7
Italian tomato and pasta soup 義大利番茄義大利麵濃湯 470–71

Jam, Jumbleberry 什錦莓果果醬 285–6
jam making 製作果醬 285
Japanese prawns 日本蝦 190
Jerk chicken, Homestyle 家庭式牙買加烤雞 343–5
Jumbleberry jam 什錦莓果果醬 285–6
Jumbo chilli sauce 辣椒醬 121–2

Kasha 卡莎 459
Keema, Korean 韓式肉末咖哩 76–7
knives 刀子 4,5,11
mezzaluna 彎月刀 4–5
Korean calamari 韓式烏賊 74–5
Korean keema 韓式肉末咖哩 76–7

Lagarita（cocktail）拉格麗塔 441

lamb 羊肉
Greek lamb chops with lemon and potatoes 希臘羊排和檸檬以及馬鈴薯 390–91
Indian rubbed lamb chops 印度香料羊排 92–3
Lamb with rosemary and port 羊肉佐迷迭香與波特酒 62
Patara lamb shanks 帕他拉羊腿 364–6
Redcurrant and mint lamb cutlets 紅醋栗和薄荷羊排 67
Shoulder of lamb with garlic, thyme, black olives and rosé wine 烤羊肩佐大蒜、百里香、黑橄欖以及粉紅酒 396–9
lardons 五花肉 186
Egg and bacon salad 水煮蛋和培根沙拉 56–9
Poached chickens with lardons and lentils 水煮雞肉佐五花肉與扁豆 234–5
Sweet potato supper 甘藷晚餐 340
Lasagne, Mexican 墨西哥千層派 105–7
Lasagne, Venetian 威尼斯千層派 336–8
leeks 韭蔥
Ham and leek pies 火腿和韭蔥派 372,373–4
Ham and leek "Welsh" pasties 火腿和韭蔥威爾斯 373,374
Leeks in white sauce 白醬韭蔥 370–71
Roast chook with leeks and squash 烤和韭蔥與奶油南瓜 222
Wild mushrooms with leek and marsala 野菇佐韭蔥以及馬沙拉酒肉汁 405
leftovers, storing 保存剩菜 19–20
of stock 保存高湯 17–18
of wine 保存葡萄酒 18
lemons 檸檬 17
Lemon meringue fool1

檸檬蛋白餅芙爾68
Lemon polenta cake
檸檬玉米粉蛋糕272–4
Lemony salmon with cherry tomato couscous 檸檬鮭魚佐櫻桃番茄北非小麥119–20
limes 萊姆 17
Chocolate key lime pie
巧克力萊姆派 158–60
Flourless chocolate lime cake with margarita cream 無麵粉巧克力萊姆蛋糕和瑪格麗塔鮮奶油281–2
linguine see below
Lone linguine with white truffle oil 和白松露油81

Mackenzie, Jean425
McNully, Keith400
Maple pecan bundt cake
楓糖胡桃邦特蛋糕239–42
Margarita cream 瑪格麗塔鮮奶油282
Marmalade pudding cake
柑橘果醬布丁蛋糕269–71
see also Orange and blackberry trifle
請參見 柳橙和黑莓崔芙鬆糕
Marrow bones, Minetta
米內塔餐廳的小牛骨髓400–1
martinis 馬丁尼
Chocolate martini（cocktail）
巧克力馬丁尼（雞尾酒）444
French martini（cocktail）
法式馬丁尼（雞尾酒）443
measures, cup and spoon
度量，杯子和湯匙19
meatballs 肉丸 17
Turkey meatballs in tomato sauce
火雞肉丸與番茄醬汁44–5
meatloaf 肉捲
Ed's mother's meatloaf
艾德母親的肉捲458–60
Meatloaf sandwich 肉捲三明治460
Mencken, H. L.236
meringue 蛋白霜 265
Coffee toffee meringues
咖啡太妃糖蛋白餅262–3
Drunken fool 喝醉的芙爾295
Lemon meringue fool
檸檬蛋白餅芙爾168
see also eggs, freezing egg whites
請參見 雞蛋、冷凍蛋白
Mexican lasagne with avocado salsa 墨西哥千層派和酪梨莎莎105–7
mezzaluna 彎月刀4–5
Miers, Thomasina： Mexican Food Made Simple437
Minestrone 義大利蔬菜湯152–3
Minetta marrow bones 米內塔餐廳的小牛骨髓400–1
Minetta Tavern 米內塔餐廳400
Mixed meat pilaff 綜合肉類香料飯198
mixer, free standing electric
攪拌機，直立式電動6
monkfish 鮟鱇魚
San Francisco fish stew
舊金山燉魚346–8
Mortadella and mozzarella frittata 摩德代拉香腸和莫札里拉起司義式蛋餅24–5
mozzarella cheese 莫札里拉起司24–5,31–2,100
muffins 馬芬
Apple and cinnamon muffins
蘋果和肉桂馬芬128–30
Blueberry cornmeal muffins
藍莓玉米馬芬243–4
Chocolate banana muffins
巧克力香蕉馬芬138
mushrooms 蘑菇
Wild mushrooms with leek and marsala 野菇佐韭蔥以及馬沙拉酒肉汁402,405
mussels 淡菜
Mussels in cider 蘋果酒煮淡菜60
San Francisco fish stew
舊金山燉魚346–8
mustard 芥末
Apple and mustard sauce
蘋果芥末醬414
Mustard dipping sauce
芥末蘸醬425,426
Wholegrain mustard and ginger cocktail sausages 芥末籽醬和薑雞尾酒香腸418–20
My mother's praised chicken
我母親的讚雞222–6

Nasr, Riad 400
nigella seeds 黑種草籽110,111
No churn piña colada ice cream
鳳梨可樂達冰淇淋180–81
No fuss fruit tart 不忙亂的超簡單水果塔177–8
non stick cookware 不沾鍋具3–4
noodles 麵條
Thai chicken noodle soup
泰式雞湯麵232
Vietnamese pork noodle soup
越南豬肉湯麵82

oats 燕麥
Irish oaten rolls 愛爾蘭燕麥麵包86–7
oils 油16
Old fashioned cheesecake
傳統起司蛋糕173–4
omelettes 蛋餅 *see* frittata 請參見義式蛋餅
Onion gravy 洋蔥肉汁454
onions, frying 煎炒洋蔥20
oranges 柳橙
Chocolate orange loaf cake
巧克力柳橙麵包308–9
Marmalade pudding cake
柑橘果醬布丁蛋糕269–71
Orange and blackberry trifle
柳橙和黑莓崔芙鬆糕171,271
oven gloves 烤箱手套4

Paella, Pantry 櫥櫃常備料之西班牙海鮮飯196–7
pancetta 義式培根 186
Pasta with pancetta, parsley and peppers 義大利麵和義式培根、巴西里和甜椒194–5
Spring chicken 春雞97–8
see also Poached chicken with lardons and lentils 請參見水煮雞肉佐五花肉與扁豆
pans 平底鍋3,6
Pantry paella 櫥櫃常備料之西班牙海鮮飯196–7
Panzanella 義式麵包丁沙拉148–50
Pappardelle with butternut and blue cheese 義大利寬麵和奶油南瓜以及藍紋起司333–5
Parmesan, ready grated
現成磨碎的帕瑪善起司336
Parsley pesto 巴西里義大利青醬123–4
parsnips 防風草根
Fiery potato cakes with fried eggs 香辣薯餅和煎荷包蛋387
Tangy parsnip and potato mash 386
pasta 義大利麵 186
cooking and weighing pasta
烹調和秤重義大利麵14
Curly pasta with feta, spinach and pine nuts 捲義大利麵佐費達起司、菠菜和松子209–10
Garlicky chicken sauce for pasta
可搭配義大利麵的蒜味雞肉醬汁329
Italian tomato and pasta soup
義大利番茄和義大利麵濃湯470–71
Lone linguine with white truffle oil 81
Minestrone 義大利蔬菜湯152–3
Pappardelle with butternut and blue cheese 義大利寬麵和奶油南瓜以及藍紋起司333–5
Pasta alla genovese（with potatoes, green beans and pesto） 熱那亞義大利麵（和馬鈴薯、四季豆以及青醬）41–2
pasta alla puttanesca188
Pasta with pancetta, parsley and peppers 義大利麵佐義式培根、巴西里以及甜椒194–5
Quick calamari pasta
快速烏賊義大利麵112
Slut's spaghetti 蕩婦義大利麵188–9

Small pasta with salami 小型義大利麵和薩拉米香腸 200–1
Spaghetti with Marmite 馬麥醬義大利麵 49
Spring chicken sauce for pasta 搭配義大利麵的春雞醬汁 98
pasties 茴香酒
Ham and leek "Welsh" pasties 火腿和韭蔥威爾斯 373,374
pastry brushes 糕點刷 15
Patara lamb shanks 帕他拉羊腿 364–6
peanut butter 花生醬
Chocolate peanut butter cheesecake 巧克力花生醬起司蛋糕 175–6
Peanut butter hummus 花生醬鷹嘴豆泥 434
Pear pandowdy 鍋煎西洋梨派 144–5
peas 豌豆
Cidery pea soup 蘋果酒豌豆湯 374
Thai scented pea purée 泰式香料豌豆泥 72
peppers 甜椒
Jumbo chilli sauce121–2
Pasta with pancetta, parsley and peppers 義大利麵佐義式培根、巴西里以及甜椒 194–5
Pepper, anchovy and egg salad 甜椒、鯷魚和水煮蛋沙拉 214–15
Sunshine soup 陽光濃湯 78
pesto 青醬 41,42
Parsley pesto 巴西里青醬 123–4
Pasta alla genovese 熱那亞義大利麵 41–2
Petunia 潘突妮雅（cocktail）（雞尾酒）443
pies 派
Chocolate key lime pie 巧克力萊姆派 158–60
Grasshopper pie 蚱蜢派 182–5
Ham and leek pies 火腿和韭蔥派 372,373–4
Pear pandowdy 鍋煎西洋梨派 144–5
Pigs in blankets with mustard dipping sauce 包毯子的小豬和芥末蘸醬 425–6
Pilaff, Mixed meat 綜合肉類香料飯 198
Piña colada ice cream, no-churn 鳳梨可樂達冰淇淋 180–81
pine nuts, toasting 烘烤松子 209
Pink margarita（cocktail）粉紅瑪格麗塔（雞尾酒）442–3
Pizza, Crustless 無殼披薩 26
plums 李子
Cinnamon plums with French toast 肉桂李子和法式吐司 140–41
Poached chicken with lardons and lentils 水煮雞肉佐五花肉與扁豆 234–5
polenta 玉米粉 / 玉米糕 336
Lemon polenta cake 檸檬玉米粉蛋糕 272–4
Venetian lasagne 威尼斯千層派 336–8
pork 豬肉
Beer braised pork knuckles with caraway, garlic, apples and potatoes 啤酒慢燉蹄膀和葛縷籽、大蒜、蘋果以及馬鈴薯 378–80
Conker shiny spare ribs with pineapple and molasses392–5
Home made pork scratchings with apple and mustard sauce 自製脆豬皮和蘋果芥末醬 412–14
leftover pork 豬肉剩菜 380
Pantry paella 櫥櫃常備料之西班牙海鮮飯 196–7
Pigs in blankets with mustard dipping sauce 包毯子的小豬和芥末蘸醬 425–6
Pork and apple hotpot 豬肉和蘋果鍋 463–4
Sherry-glazed chorizo 雪利酒西班牙臘腸 429
Slow roast pork belly 慢烤五花肉 465–6
Speedy scaloppine with rapid roastini 快速香煎肉片和馬鈴薯餃 68–9
Spicy sausage patties with lettuce wraps 辣味香腸肉餅包生菜 421–3
Vietnamese pork noodle soup 越南豬肉湯麵 82
Wholegrain-mustard and ginger cocktail sausages 芥末籽醬和薑小香腸 418–20
see also ham 請參見 火腿
potatoes 馬鈴薯
Fiery potato cakes with fried eggs 香辣薯餅和煎荷包蛋 387
Indian roast potatoes 印度風味爐烤馬鈴薯 207–8
Pasta alla genovese（with potatoes, green beansand pesto）熱那亞義大利麵（和馬鈴薯、四季豆和青醬）41–2
Red Leicester mash 紅萊斯特起司薯泥 402,407
Roast duck legs and potatoes 烤鴨腿和馬鈴薯 388
Roast potatoes 爐烤馬鈴薯 222
Spanish chicken with chorizo and potatoes 西班牙雞肉和臘腸以及馬鈴薯 100
Tangy parsnip and potato mash 386
see also Sweet potato supper and Rapid Roastini
potato ricers 馬鈴薯壓泥器 7,407
Poussin, Spatchcocked 春雞蝴蝶剪處理 323–4
prawns 蝦子
frozen186
Japanese prawns 日本蝦 190
Pantry paella 櫥櫃常備料之西班牙海鮮飯 196–7
Roast seafood 爐烤海鮮 318–20
prosecco 氣泡酒 442
Petunia 潘突妮雅（cocktail）443
Prosecco sporco 骯髒氣泡酒（cocktail）442
puddings 布丁 156
see desserts 請參見 甜點
pumpkins 南瓜
Pumpkin scones 南瓜司康 451–2
Spiced pumpkin chutney 香料南瓜酸甜醬 290–91

Quesadillas, Avocado 墨西哥捲餅，酪梨 433
Quick calamari pasta 快速烏賊義大利麵 112
Quick chick Caesar 快速雞肉沙拉 230

rabbit see Spring chicken 兔子 請參見春雞
rapeseed oil 芥花油 16
Rapid roastini 快速香烤馬鈴薯餃 68–9
raspberries 覆盆子
Raspberry Bakewell slice 覆盆子貝克威蛋糕 299–300
Raspberry cooler 覆盆子 443
see also berries, mixed 請參見 綜合莓果
Red Leicester mash 紅萊斯特起司薯泥 402,407
Redcurrant and mint lamb cutlets 紅醋栗和薄荷羊排 67
Red velvet cupcakes 紅絲絨杯子蛋糕 246–8
refrigerators, cleaning 清理冰箱 15
rib of beef 牛肋排 402–7
rice 白飯
Coconut rice 椰香飯 110
Coconutty rice soup 椰香米湯 345
Garlicky chicken sauce for 可搭配米飯的蒜味雞肉醬汁 329
Korean keema 韓式肉末咖哩 76–7
Mixed meat pilaff 綜合肉類香料飯 198
Pantry paella 櫥櫃常備料之西班牙海鮮飯 196–7
Rice and peas（rice and beans）白飯和豌豆（白飯和四季豆）344–5
Risotto Bolognese 波隆那燉飯

355–8
Saffron rice cakes with bacon 番紅花米餅佐培根 354
Saffron risotto 番紅花燉飯 352–3
Squink risotto 墨汁燉飯 359–61
see also sushi rice 請參見 壽司米
rice cookers 電子鍋 8
Rice Krispie brownies 脆米香布朗尼 312
risotto 義大利燉飯 350
Risotto Bolognese 波隆那燉飯 355–8
Saffron risotto 番紅花燉飯 352–3
Squink risotto 墨汁燉飯 359–61
Roast chicken 烤雞 220
Roast duck legs and potatoes 烤鴨腿和馬鈴薯 388
Roast pork belly, slow 慢燉五花肉 465–6
Roast potatoes 爐烤馬鈴薯 222
Roast rib of beef 爐烤牛肋排 402–7
Roast seafood 爐烤海鮮 318–320
roasting tins 烤盤 3
rocket 芝麻菜
Butternut, rocket and pine nut salad 奶油南瓜、芝麻菜和松子沙拉 92,94–5
Rocket and lemon couscous 芝麻菜和檸檬北非小麥 90
Rolls, Irish oaten 愛爾蘭燕麥麵包 86–7

Saffron rice cakes with bacon 番紅花米餅佐培根 354
Saffron risotto 番紅花燉飯 352–3
Sake and tonic（cocktail）清酒和通寧水（雞尾酒）444
salads 沙拉
Butternut, rocket and pine nut salad 奶油南瓜、芝麻菜和松子沙拉 92,94–5
Chicken, bacon and avocado salad 雞肉、培根和酪梨沙拉 226–7
Chinatown chicken salad 中國城雞肉沙拉 228–9
Egg and bacon salad 水煮蛋和培根沙拉 56–9
Ham hock and soya bean salad 火腿和毛豆沙拉 375–6
Hot and sour shredded salad 酸辣絲沙拉 385
Panzanella 義式麵包丁沙拉 148–50
Pepper, anchovy and egg salad 甜椒、鯷魚和水煮蛋沙拉 214–15
Quick chick Caesar 快速雞肉凱薩沙拉 230
Salad on the side30 佐餐沙拉
Thai tomato salad 泰式番茄沙拉 408–9
salami 薩拉米
Small pasta with salami 小型義大利麵和薩拉米 200–1
salmon 鮭魚
Lemony salmon with cherry tomato couscous 檸檬鮭魚佐櫻桃番茄北非小麥 119–20
Salmon and sushi rice with hot, sweet and sour Asian sauce 鮭魚和壽司米以及亞洲酸辣醬汁 116
Salmoriglio sauce 蒜味香草醬 121
Salsa, Avocado 酪梨莎莎 107
Salsa, tomato 番茄莎莎 105–6
salt, sea 海鮮 20
San Francisco fish stew 舊金山燉魚 346–8
sauces 醬汁
Apple and mustard sauce 蘋果芥末醬 414
Blue cheese dressing 藍紋起司 125
Chocolate dipping sauce 巧克力蘸醬 437–8
Curry sauce 咖哩醬 155
Garlicky chicken sauce 蒜味雞肉醬汁 329
Greek herb sauce 希臘香草醬汁 102
Hot, sweet and sour Asian sauce 亞洲酸辣醬汁 116
Jumbo chilli sauce121–2
Mustard dipping sauce 芥末蘸醬 425,426
Parsley pesto 巴西里青醬 123–4
Salmoriglio sauce 蒜味香草醬 121
Spring chicken sauce for pasta 搭配義大利麵的春雞醬汁 98
Tarted up tartare sauce 酸味塔塔醬 70–71
Toffee sauce 太妃糖醬汁 133,134,262,263
Tomato sauce 番茄薑 44–5
sausages 香腸
cocktail sausages 小香腸 418–20
Pigs in blankets with mustard dipping sauce 包毯子的小豬和芥末蘸醬 425–6
Spicy sausage patties with lettuce wraps 辣味香腸肉餅包生菜 421–3
Toad in the hole 香腸鹹布丁（蟾蜍在洞）453–4
Wholegrain mustard and ginger cocktail sausages 芥末籽醬和薑小香腸 418–20
see also chorizo sausages 請參見西班牙臘腸
scallops 扇貝
Scallops with Thai scented pea purée 扇貝和泰式香料豌豆泥 72
Thai roast scallops 泰式烤扇貝 430
scissors 剪刀 7,16
scones 司康
Buttermilk scones 白脫鮮奶司康 283–4
Pumpkin scones 南瓜司康 451–2
Scott's restaurant 264
seafood 海鮮
frozen 冷凍 186
Roast seafood 爐烤海鮮 318–20
Speedy seafood supper 快速海鮮晚餐 193
Squink risotto 墨汁燉飯 359
see also clams; crab; fish dishes; mussels; prawns; scallops; squid 請參見蛤蜊、螃蟹、魚肉料理、淡菜、蝦子、扇貝、烏賊
sea salt 海鹽 20
Seed cake 葛縷籽蛋糕 296–8
Sherry glazed chorizo 雪莉酒西班牙臘腸 429
Shoulder of lamb see under lamb 羊肩肉，請參見羊肉以下條目
silicone liners, baking 矽膠烘焙墊 14
skillets, cast iron 鑄鐵平底鍋 2
Slut's spaghetti 蕩婦義大利麵 188–9
Slow roast pork belly 慢燉五花肉 465–6
Small pasta with salami 小型義大利麵和薩拉米香腸 200-1
Smoked haddock my mother's way 我母親的煙燻黑線鱈 456
sole 比目魚
Curry sauce for lemon sole 小頭油鰈的咖哩醬汁 155
Golden sole 黃金比目魚 70–71
soups 湯 6
Cidery pea soup 蘋果酒豌豆湯 374
Coconutty rice soup 椰香米湯 345
Garlicky soup 蒜味濃湯 329
Italian tomato and pasta soup 義大利番茄和義大利麵濃湯 470–71
Minestrone 義大利蔬菜湯 152–3
Soup made with garlic and love 大蒜愛心濃湯 448–50
Sunshine soup 陽光濃湯 78
Thai chicken noodle soup 泰式雞湯麵 232
Vietnamese pork noodle soup 越南豬肉湯麵 82
South Indian vegetable curry 南印度蔬菜咖哩 154–5
soya beans 黃豆
Ham hock and soya bean salad 火腿和毛豆沙拉 375–6
soy sauce bottles 醬油瓶 18
spaghetti 義大利直麵
alla puttanesca188
Pasta with pancetta, parsley and peppers 義大利麵佐義式培根、巴西里以及甜椒 194–5
Slut's spaghetti 蕩婦義大利麵

188–9
Spaghetti with Marmite 馬麥醬義大利麵 49
Spanish chicken with chorizo and potatoes 西班牙雞肉和臘腸和馬鈴薯 100
spare ribs 肋排（排骨）392–5
Spatchcocked poussin 春雞蝴蝶剪處理 323–4
Speedy scaloppine with rapid roastini 快速香煎肉片和馬鈴薯餃 68–9
Speedy seafood supper 快速海鮮晚餐 193
Spicy sausage patties with lettuce wraps 辣味香腸肉餅包生菜 421–3
spinach 菠菜
Curly pasta with feta, spinach and pine nuts 捲義大利麵佐費達起司、菠菜和松子 209–10
spoon measures 湯匙衡量 19
Spring chicken 春雞 97–8
squash see butternut squash 請參見 奶油南瓜
squid 烏賊
frozen 冷凍 186
Korean calamari 韓式烏賊 74–5
Quick calamari pasta 快速烏賊義大利麵 112
Roast seafood 爐烤海鮮 318–20
Squink risotto 墨汁燉飯 359–61
Squink risotto 墨汁燉飯 359–61
Standby starch 備用澱粉餐 211
steak see under beef 牛排 請參見 牛肉
sterilizing jars 玻璃罐高溫消毒 285
stews 燉菜
Beer braised beef casserole 啤酒燉牛肉 330–32
Carbonnade à la flammande330–32
Chorizo and chickpea stew 西班牙臘腸和鷹嘴豆燉菜 202–4
San Francisco fish stew 舊金山燉魚 346–8
stick blender 手持式攪拌棒 6
sticky ingredients, working with 處理黏性強的食材時 17
stock 高湯 350,367,368,372,374
freezing 冷凍 17–18
strawberries 草莓
Strawberry and almond crumble 草莓和杏仁酥頂 131–2
Swedish summer cake 瑞典夏日蛋糕 264–8
see also berries, mixed 請參見 綜合莓果
Sunshine soup 陽光濃湯 78
sushi rice 壽司米 18–19
Korean calamari 韓式烏賊 74–5
Korean keema 韓式肉末咖哩 76–7
Salmon and sushi rice with hot, sweet and sour Asian sauce 鮭魚和壽司米以及亞洲酸辣醬汁 116
Swedish summer cake 瑞典夏日蛋糕 264–8
Sweet and salty crunch nut bars 甜鹹香脆堅果棒 310–11
Sweet and sour chicken 糖醋雞 36–7
sweetcorn 玉米
Sunshine soup 陽光濃湯 78
Sweet potato supper 甘藷晚餐 340

Tabbouleh 塔布蕾沙拉 205
Tangy parsnip and potato mash 386
Tarragon chicken 茵陳蒿雞肉 64–5
Tart, No-fuss fruit 不忙亂的超簡單水果塔 177–8
Tartare sauce, Tarted up 酸味塔塔醬 70–71
teaspoons 小匙 7
tea stained mugs 茶垢馬克杯 17
tea towels 廚房布巾 20
Tears of a clown 小丑的眼淚 444
Teriyaki, Chicken 照燒雞 38–40
Texas brisket 德州烤牛腩 467–8
Thai chicken noodle soup 泰式雞湯麵 232
Thai roast scallops 泰式烤扇貝 430
Thai scented pea purée 泰式香料豌豆泥 72
Thai tomato salad 泰式番茄沙拉 408–9
thermometers 溫度計 6–7,402
Thorogood, Nick326
timers, kitchen 廚房計時器 7
Tiramisu, Frangelico 榛果酒提拉米蘇 164–6
Toad in the hole 香腸鹹布丁（蟾蜍在洞）453–4
toffee 太妃糖
Banoffee cheesecake 香蕉太妃起司蛋糕 133–4
Coffee toffee meringues 咖啡太妃蛋白霜 262–3
tomatoes 番茄
Italian tomato and pasta soup 義大利番茄和義大利麵濃湯 470–71
Panzanella 義式麵包丁沙拉 148–50
Small pasta with salami 小型義大利麵和薩拉米香腸 200–1
Thai tomato salad 泰式番茄沙拉 408–9
Tomato curry with coconut rice 番茄咖哩和椰香飯 108–10
Turkey meatballs in tomato sauce 火雞肉丸和番茄醬汁 44–5
tortillas 墨西哥薄餅
Avocado quesadillas 酪梨墨西哥摺餅 433
Chicken fajitas 雞肉法士達 50–53
Chicken tortillas 雞肉墨西哥薄餅 100
Mexican lasagne with avocado salsa 墨西哥千層派和酪梨莎莎 105–7
Treacle slice 糖蜜切片蛋糕 301–2
Trevisa, John362
trifle 崔芙鬆糕
Orange and blackberry trifle 柳橙和黑莓崔芙鬆糕 171,271
truffle, white 白松露 81
truffle oil 松露油 81
turkey 火雞
Korean keema 韓式肉末咖哩 76–7
Speedy scaloppine with rapid roastini 快速香煎肉片和馬鈴薯餃 68–9
Turkey meatballs in tomato sauce 火雞肉丸和番茄醬汁 44–5
Tyler, Anne448

Vanilla custard 香草卡士達 265–6
veal 小牛肉
Minetta marrow bones 米內塔餐廳的小牛骨髓 400–1
vegetable mills 手動食物研磨器 7
vegetables 蔬菜
scissor snipping vegetables 用剪刀剪的蔬菜 16
Minestrone 義大利蔬菜湯 152–3
South Indian vegetable curry 南印度蔬菜咖哩 154–5
see also specific vegetables 請參見 各式蔬菜
Venetian carrot cake 威尼斯胡蘿蔔蛋糕 278–9
Venetian lasagne 威尼斯千層派 336–8
vermouth 苦艾酒 16
Vietnamese pork noodle soup 越南豬肉湯麵 82
Vodka, Blackberry 黑莓伏特加 292–4

water, boiling 煮水 14
water baths 隔水蒸烤 133,134,175
West, Mae312
whisks 攪拌 6,7
Wholegrain mustard and ginger cocktail sausages 芥末籽醬和薑小香腸 418–20
Wild mushrooms with leek and marsala 野菇佐韭蔥以及馬沙拉酒肉汁 402,405
wine 葡萄酒
freezing leftovers 冷凍剩菜 18
substitutes 替代品 16
woks 中式炒鍋 4

yogurt 優格 15
Greek herb sauce 希臘香草優格 102

Express Index 快速食譜索引

從開工到上菜不到30分鐘的快速食譜

Avocado quesadillas 酪梨墨西哥摺餅 433
Avocado salsa 酪梨莎莎 107

blackberries 黑莓
Drunken fool 喝醉的芙爾 295
Blue cheese dressing 藍紋起司調味汁 125
Buttermilk scones 白脫鮮奶司康 283–4

chicken 雞肉
Chicken, bacon and avocado salad 雞肉、培根和酪梨沙拉 226–7
Chicken fajitas 雞肉法士達 50–53
Chicken teriyaki 照燒雞肉 38–40
Chinatown chicken salad 中國城雞肉沙拉 228–9
Quick chick Caesar 快速雞肉凱薩沙拉 230
Sweet and sour chicken 糖醋雞 36–7
Tarragon chicken 茵陳蒿雞肉 64–5
Thai chicken noodle soup 泰式雞湯麵 232
chickpeas 鷹嘴豆
Chorizo and chickpea stew 西班牙臘腸和鷹嘴豆燉菜 202–4
Chilli sauce, Jumbo 121–2
Chinatown chicken salad 中國城雞肉沙拉 228–9
Chocolate brownie bowls 巧克力布朗尼小盃 161–2
chorizo sausages 西班牙臘腸
Chorizo and chickpea stew 西班牙臘腸和鷹嘴豆燉菜 202–4
Clams with chorizo 蛤蜊和西班牙臘腸 115
Sherry glazed chorizo 雪莉酒西班牙臘腸 429
Cinnamon plums with French toast 肉桂李子和法式吐司 140–41
Clams with chorizo 蛤蜊和西班牙臘腸 115
cocktails see drinks 雞尾酒 請參見飲料
couscous 北非小麥
Lemony salmon with cherry tomato couscous 檸檬鮭魚佐櫻桃番茄北非小麥 119–20
Rocket and lemon couscous 芝麻菜和檸檬北非小麥 90
Curly pasta with feta, spinach and pine nuts 捲義大利麵佐費達起司、菠菜和松子 209–10

curries 咖哩
South Indian vegetable curry 南印度蔬菜咖哩 154–5
Tomato curry with coconut rice 番茄咖哩和椰香飯 108–10

Date steak 約會牛排 321–2
drinks 飲料（and cocktails）（和雞尾酒）
Americano 美國佬 442
Baby Guinness 迷你健力士 440–41
Black velvet 黑絲絨 440
Bloody Maria 血腥瑪麗亞 441–2
Elderflower gimlet 接骨木花檸檬琴酒 444–5
Elderflower spritzer 接骨木花氣泡飲 444
French martini 法式馬丁尼 443
Giddy geisha 微醺藝妓 444
Lagarita 拉格麗塔 441
Petunia 潘奕妮雅 443
Pink margarita 粉紅瑪格麗塔 442–3
Prosecco sporco 骯髒氣泡酒 442
Raspberry cooler 覆盆子庫樂 443
Drunken fool 喝醉的芙爾 295

eggs 雞蛋
Egg and bacon salad 水煮蛋和培根沙拉 56–9
Fiery potato cakes with fried eggs 香辣薯餅和煎荷包蛋 387
Pepper, anchovy and egg salad 甜椒、鯷魚和水煮蛋沙拉 214–15

Fiery potato cakes with fried eggs 香辣薯餅和煎荷包蛋 387
fish 魚肉
Golden sole with tarted up tartare sauce 黃金比目魚和酸味塔塔醬 70–71
Salmon and sushi rice with hot, sweet and sour Asian sauce 鮭魚和壽司米以及亞洲酸辣醬汁 116

Smoked haddock my mother's way 煙燻黑線鱈，我母親的做法 456

Golden sole with tarted up tartare sauce 黃金比目魚和酸味塔塔醬 70–71

Halloumi with beetroot and lime 哈魯米起司佐甜菜根以及萊姆 212–13
Ham hock and soya bean salad 堤旁和黃豆沙拉 375–6
Hot and sour shredded salad 酸辣絲沙拉 385

Indian rubbed lamb chops 印度香料羊排 92–3
Irish oaten rolls 愛爾蘭燕麥麵包 86–7

Japanese prawns 日本蝦 190
Jumbo chilli sauce 121–2

Korean calamari 韓式烏賊 74–5
Korean keema 韓式肉末咖哩 76–7

lamb 羊肉
Indian rubbed lamb chops 印度香料羊排 92–3
Lamb with rosemary and port 羊肉和迷迭香以及波特酒 62
Redcurrant and mint lamb cutlets 紅醋栗和薄荷羊排 67
Leeks in white sauce 白醬韭蔥 370–71
Lemon meringue fool 檸檬蛋白餅芙爾 168
Lemony salmon with cherry tomato couscous 檸檬鮭魚佐櫻桃番茄北非小麥 119–20
Lone linguine with white truffle oil 和松露油 81

Minetta marrow bones 米內塔餐廳的小牛骨髓 400–1
Mortadella and mozzarella frittata 摩德代拉香腸和莫札里拉起司義式蛋餅 24–5

Mussels in cider 蘋果酒煮淡菜 60

noodles 麵條
Thai chicken noodle soup
泰式雞湯麵 232
Vietnamese pork noodle soup
越南豬肉湯麵 82
Orange and blackberry trifle
柳橙和黑莓崔芙鬆糕 171,271

Pantry paella 櫥櫃常備料之西班牙海鮮飯 196–7
Parsley pesto 巴西里青醬 123–4
pasta 義大利麵
Curly pasta with feta, spinach and pine nuts 捲義大利麵佐費達起司、菠菜和松子 209–10
Lone linguine with white truffle oil 和白松露油 81
Pasta alla genovese (with potatoes, green beans and pesto) 熱那亞義大利麵(和馬鈴薯、四季豆和青醬) 41–2
Pasta with pancetta, parsley and peppers 義大利麵佐義式培根、巴西里以及甜椒 194–5
Quick calamari pasta 快速烏賊義大利麵 112
Slut's spaghetti 蕩婦義大利麵 188–9
Small pasta with salami 小型義大利麵和薩拉米香腸 200–1
Spaghetti with Marmite 馬麥醬義大利麵 49
Peanut butter hummus
花生醬鷹嘴豆泥 434
peppers 甜椒
Jumbo chilli sauce121–2
Pasta with pancetta, parlsey and peppers 義大利麵佐義式培根、巴西里以及甜椒 194–5
Pepper, anchovy and egg salad
甜椒、鯷魚和水煮蛋沙拉 214–15
pesto 青醬
Pasta alla genovese 熱那亞義大利麵 41–2
Parsley pesto 巴西里青醬 123–4
plums 李子
Cinnamon plums with French toast
肉桂李子和法式吐司 140–41
pork 豬肉
Pantry paella 櫥櫃常備料之西班牙海鮮飯 196–7
Speedy scaloppine with rapid roastini 快速香煎肉片和馬鈴薯餃 68–9
potatoes 馬鈴薯
Fiery potato cakes with fried eggs
香辣薯餅和煎荷包蛋 387
Pumpkin scones 南瓜司康 451–2

Quick calamari pasta
快速烏賊義大利麵 112
Quick chick Caesar
快速雞肉凱薩沙拉 230
Rapid roastini 香煎馬鈴薯餃 68–9
Redcurrant and mint lamb cutlets
紅醋栗和薄荷羊排 67
rice 白飯
Rice and peas (rice and beans)
白飯和豌豆(白飯和四季豆) 344–5
Saffron rice cakes with bacon
番紅花米餅佐培根 354
Rocket and lemon couscous
芝麻菜和檸檬北非小麥 90

Saffron rice cakes with bacon
番紅花米餅佐培根 354
salads 沙拉
Chinatown chicken salad
中國城雞肉沙拉 228–9
Egg and bacon salad
水煮蛋和培根沙拉 56–9
Ham hock and soya bean salad
火腿和毛豆沙拉 375–6
Hot and sour shredded salad
酸辣絲沙拉 385
Pepper, anchovy and egg salad
甜椒、鯷魚和水煮蛋沙拉 214–15
Quick chick Caesar
快速雞肉凱薩沙拉 230
Tabbouleh 塔布蕾沙拉 205
Thai tomato salad 泰式番茄沙拉 408–9
salmon 鮭魚
Lemony salmon with cherry tomato couscous 檸檬鮭魚佐櫻桃番茄北非小麥 119–20
Salmon and sushi rice with hot, sweet and sour Asian sauce 鮭魚和壽司米以及亞洲酸辣醬汁 116
Salmoriglio sauce 蒜味香草醬 121
sauces 醬汁
Blue cheese dressing
藍紋起司調味汁 125
Jumbo chilli sauce121–2
Parsley pesto 巴西里青醬 123–4
Salmoriglio sauce 蒜味香草醬 121
sausages 香腸
Spicy sausage patties with lettuce wraps 辣味香腸肉餅包生菜 421–3
see also chorizo sausages 請參見西班牙臘腸
scallops 扇貝
Scallops with Thai scented pea purée 扇貝和泰式香料豌豆泥 72
Thai roast scallops 泰式烤扇貝 430
scones 司康
Buttermilk scones 白脫鮮奶司康 283–4
Pumpkin scones 南瓜司康 451–2

Seafood supper, Speedy
快速海鮮晚餐 193
Sherry glazed chorizo
雪莉酒西班牙臘腸 429
Slut's spaghetti 蕩婦義大利麵 188–9
Small pasta with salami 小型義大利麵和薩拉米香腸 200–1
Smoked haddock my mother's way
煙燻黑線鱈,我母親的做法 456
soups 湯
Thai chicken noodle soup
泰式雞湯麵 232
Vietnamese pork noodle soup
越南豬肉湯麵 82
South Indian vegetable curry
南印度蔬菜咖哩 154–5
spaghetti 義大利直麵
alla puttanesca188
Pasta with pancetta, parsley and peppers 義大利麵佐義式培根、巴西里以及甜椒 194–5
Slut's spaghetti 蕩婦義大利麵 188–9
Spaghetti with Marmite
馬麥醬義大利麵 49
Speedy scaloppine with rapid roastini
快速香煎肉片和馬鈴薯餃 68–9
Speedy seafood supper 快速海鮮晚餐 193
Spicy sausage patties with lettuce wraps 辣味香腸肉餅包生菜 421–2
squid 烏賊
Korean calamari 韓式烏賊 74–5
Quick calamari pasta
快速烏賊義大利麵 112
Standby starch 備用澱粉餐 211
Steak, Date 牛排,約會 321–2
Sweet and sour chicken 糖醋雞 36–7

Tabbouleh 塔布蕾沙拉 205
Tarragon chicken 茵陳蒿雞肉 64–5
Thai chicken noodle soup 泰式雞湯麵 232
Thai roast scallops 泰式烤扇貝 430
Thai tomato salad 泰式番茄沙拉 408–9
tomatoes 番茄
Thai tomato salad 泰式番茄沙拉 408–9
Tomato curry with coconut rice
番茄咖哩和椰香飯 108–10
turkey 火雞
Korean keema 韓式肉末咖哩 76–7
Speedy scaloppine 快速香煎肉片 68–9

Vegetable curry, South Indian 南印度蔬菜咖哩 154–5
Vietnamese pork noodle soup 越南豬肉湯麵 82

OILLY PRAT
FLAKES
Mustard Pommery
POMMERY

TK